日本野鳥の会のとっておきの野鳥の授業

編 公益財団法人 日本野鳥の会　監修 上田恵介

A special lesson on wild birds

山と溪谷社

chapter 1

深遠なる鳥たちの行動と生態

chapter 2

の仕組みとチカラ

鳥たちの

chapter 3 野鳥保護最前線 日本野鳥の会の取り組み

研究者撮影 のついた写真は、調査研究のために研究者が撮影したものです。

はじめに

この本は日本野鳥の会の会報誌『野鳥』で、この10年間に掲載された鳥の行動や生態について、それぞれの分野の鳥の研究者が執筆した特集をまとめたものです。

種の識別や写真撮影だけが野鳥との接し方ではありません。野鳥観察の楽しみはもっと深いところにあります。私たちが普段、何気なく見ているスズメやツバメやカラスなどの身近な鳥たちも、その生活を深く知れば知るほど、わからないことがいっぱい出てきます。

野鳥を知ることを通じて、自然全体を知ることなどの大切さ、守ることの重要さ、そして自然の生態系の仕組みがわかってきます。

この本は大きく3つの章に分かれています。第1章は鳥たちの行動と生態です。鳥のオスは求愛のために美しい羽をまとったり、奇妙なダンスをしたりして、メスの気を引こうとします。多くの鳥は一夫一妻のつがいをつくっているのですが、中には一夫多妻や一妻多夫の鳥もいます。一妻多夫ではメスのほうが大きくなったり、美しい羽をもっていたりします。

小鳥にはさえずりがあります。このさえずりについても、日本列島の西と東で、微妙にメロディがちがうことがわかっています。最近の研究で、シジュウカラは天敵の種類などの複雑な情報を、つがい（夫婦、ペア）間、そして親から子へと伝えることができる、文法のある言葉をもっていることがわかってきました。

不思議な生態をもった鳥もいます。たとえばカッコウの仲間は他人の巣に卵を産み込んで、自分のヒナを育てさせる托卵という習性をもっています。モズはなわばりの中に、カエルやトカゲなど捕らえた獲物をトゲに突き刺したりして貯えておく「はやにえ」をつくる習性をもっています。なぜこんな行動が進化したのでしょう。

第2章の鳥たちの驚異の仕組みとチカラでは、技術の進歩によって明らかになってきた、鳥のびっくりするような長距離の渡りの能力や潜水能力が。そしてこれまで私たちが知っているようで知らなかった羽毛や骨の仕組みについて述べます。

第3章の野鳥保護最前線では、私たち日本野鳥の会が取り組んでいるシマアオジとタンチョウとシマフクロウの保護の現状と今後の課題を、現場の第一線で活動している研究者をはじめとした執筆陣が紹介してくれます。

私たち日本野鳥の会の活動はバードウォッチングという健康的な野外活動を通じて、未来の子どもたちに豊かな自然を残していくための活動でもあります。この本を読んで、鳥が好きな子どもたちがいっぱい育ってくれたらと、願っています。

公益財団法人日本野鳥の会
会長　上田恵介

ご注意

　本書は（公財）日本野鳥の会の会報誌『野鳥』において、特集として掲載された記事を収録しています。

　本書には、営巣地、巣、卵、巣立ち前のヒナの写真が複数掲載されていますが、これらはすべて野鳥の生態を知っていただくために必要な科学的な情報として、掲載しています。また各写真は、調査研究を目的に研究者によって撮影されたものです。これらの写真には、その旨［研究者撮影］のマークを入れています。

　こうした科学的な生態情報の提供以外では、（公財）日本野鳥の会では繁殖地、営巣中の巣、卵、ヒナの写真について、日本野鳥の会発行の印刷物やHPへの掲載を禁止しています。また一般の皆さまにも「野鳥の繁殖行動に影響を与えたり、営巣放棄につながるような観察や写真撮影はしないでください」と、お願いしています。以上をご理解いただきまして、本書をお楽しみください。（編集部）

深遠なる鳥たちの行動と生態

chapter 1

A special lesson on wild birds

chapter 1 — 1

鳥たちの求愛行動

文 上田恵介
絵 富士鷹なすび

野鳥のオスは美しい色の羽やダンス、さえずり、ときにはプレゼントを使ってメスにアピールします。多様な求愛行動の進化や、それらのもつ意味について解説します。

求愛のための飾り―美しさの進化

スズメやカラスやオナガのように、オスとメスの区別がまったくつかない鳥もいますが、キジやオシドリなどは、メスと比べてオスは非常に美しい羽をもっています。キジの属するキジ科や、オシドリが属するカモ科では、とくにこの傾向が著しく、ほとんどの種でメスは褐色で地味な色なのに、オスはきらびやかな美しい羽をもっています。これを「性的二型」と言います。

夏になると日本へやってくるオオルリ、キビタキなど、美しい色彩のヒタキ類。オスが極端に長い尾羽をもつサンコウチョウ。コルリやルリビタキなどのオスは目も覚めるようなルリ色です。ノゴマやオガワコマドリも、オスはのどや胸に美しい色彩の羽毛をもっています。黒は地味な色彩かと思われますが、クロツグミやマミジロといったツグミの仲間のオスでは、黒色もメスの褐色で地味な色彩に対して、性的二型が発達していると言えます。

こうした性的二型の進化について、単に彼らがオスとメスを見分けるために一方が美しいのだとか、同種かどうかを見分けるために一方が美しくなったのだという単純な説明もできます。けれども、それならあんなに派手な色彩は必要ありません。同種かどうか、種間の認知に必要なものなら、オスだけでなくメスも美しくなってもいいはずですし、簡単なスポット（部分的な色彩）でも十分です。そもそも色彩の差がないと、種をまちがえてしまうほど鳥もバカではありません。

美しさは配偶システムと関係

性による色彩のちがいがある場合、タマシギなどの一妻多夫ではメスが、キジやクジャクなどの一夫多妻の鳥では圧倒的にオスのほうが美しいことから、この美しさは配偶者選びに関わって進化してきたのではないかと考えた人が、ダーウィンです。彼は1871年に出した『人間の由来と性淘汰』という本の中で、多くの例をあげてこの考えを述べています。

しかし、カモ類は一夫一妻なのに、なぜオスがあんなに美しいのかが、問題として残っており、この問題について、多くの研究者が頭を悩ませてきました。考えてみれば、簡単なことでした。〝鴛鴦（えんおう）の契り〟で取り上げられるオシドリのようなカモ類でも、一夫一妻はその繁殖期だけの話で、毎年、つがいは解消されて、新しいつがい形成が行なわれるわけです。この点が、ワシ類やツル類、ハクチョウ類のように、一度つがいが形成されると何年にもわたって続く鳥とちがうところです（これらの鳥には色彩的な性的二型はほとんどありません）。カモ類のオスは、毎年、メスによる選り好みの対象にされているから、美しい色彩という方向へ性淘汰が働いてきたのです。

鳥たちのなかには、日常的に美しいだけでは飽き足らず、求愛のときに、その美しい色彩をことさらに強調して見せる鳥がいます。普段は隠れて見えませんが、求愛時にだけあらわれる飾りもあります。このときよく使われるのが、尾羽や冠羽です。キジのオスは、早春、メスたちがなわばりにやってくると、身体を低くして傾け、尾羽をメスの側に向かって扇のように開いて見せびらかします。

求愛ディスプレイには、冠羽や尾羽以外にもいろいろな部分が用いられます。グンカンドリ類のオスは、のどの赤い袋を大きく風船のように膨らませます。キジのオスの顔の赤い肉垂も、求愛のときにはさらに鮮やかに大きくなって、首のきらきら光る濃い緑色の羽毛との対比は美しいものです。

きれいな尾羽や冠羽がないかわりに、お互いにダンスを踊って、つがいの絆を形成する鳥たちがいます。主に一夫一妻の、長年にわたってつがい関係を続ける鳥たちです。タンチョウなどのツルの仲間は、オスとメスが、首を上げて、お互いに声を出して、優雅にダンスを踊ります。

アホウドリ類もまた、くちばしと首を上手に使って、求愛の儀式を繰り広げます。カイツブリ類も水面で、追いかけ合ったり、冠羽を広げたりしつつ、オスとメスがつがいます。こうした長い時間をかけたダンスを通じて、互いに相手との相性を見ているのだと思います。

鳥はなぜさえずる

信州の初夏の森はアオジやキビタキ、クロツグミ、アカハラたちのさえずりであふれています。小鳥のさえずりは私たちの耳に心地よく響きます。なぜ鳥のさえずりは美しいのかと、人間である私たちは考えます。しかし、それは見方が逆で、鳥の発するさまざまな音声のうち、人の耳に心地よいものを我々が〝さえずり〟と呼んでいるにすぎません。鳥たちが自分でもそれを美しいと思っているのか、どう聞いているのか、鳥になってみない限りわかるはずがありませんが、そうでないとすれば、鳥はなぜさえずるのでしょう。

例えばタンチョウのラッパのような声や、キジの「ケンケーン」という声は、それなりによく響くいい声かもしれませんが、さえずりとは言いません。サギ類を筆頭に、大型の鳥は概して声が悪いので、「さえずり」をする種はいないように思います。

キジバトの「デデッ、ポーポー」やフクロウの「ゴロスケ、ホーホー」あたりになるとだいぶさえずりに近いと感じる人もいるかもしれませんが、やはりさえずりと言いきるには抵抗があります。モズの高鳴きや、カッコウの声はどうでしょう。どちらも割と単純ですが、このあたりからさえずりに入れる人もいるでしょう。セッカの「ヒッヒッ、チャッ、チャッ」も単純ですが、まあこれくらいになるとほとんどの人はさえずりに含めてくれるかなと思います。

世間で了解されているさえずりのだいたいの定義は「小鳥類が主に繁殖期に発する、なわばり維持や配偶に関わる多少とも音楽的な鳴き声」とでもいえばよいのかもしれません。「きれいなのがさえずりで、地味なのが地鳴き」というくらいの答えでもいいのではないでしょうか。けれどさえずりはその複雑さゆえに、単調な鳴き声がもつ意味とはまたちがった意味をもっています。

なぜあんなに複雑なのか―性選択―

キビタキやミソサザイやオオヨシキリは、そのさえずりがかなり複雑です。それらに比べれば比較的単純に聞こえるホオジロのさえずりでも、一羽が平均16通りくらいのレパートリーをもって、さえずり分けていることがわかっています。単にメスに自分の存在を知らせたり、なわばり防衛の信号として用いたりしているのなら、セッカのどちらかというと単調なさえずりでも、充分にその役目をはたしているわけですから、こんなに複雑なレパートリーは必要ありません。

　一見、複雑なさえずりはオスの生存にとって何の意味もないような気もします。しかし、より複雑なさえずりをもつオスがより多くのメスに選ばれるとしたら、どうでしょうか。複雑なさえずりはクジャクの美しい尾（上尾筒）やカモ類の美しいオス同様、メスによる配偶者の選択、つまり性選択によって進化してきたと考えられています。

　事実、カナリアのメスは実験的に単純化されたさえずりを聞かされたときよりも、複雑なレパートリーのさえずりを聞いたときのほうが、速やかに造巣活動を始めるという報告があります。ヨーロッパのスゲヨシキリのさえずりは複雑なことで有名ですが、その複雑さが増せば増すほど、早くつがいになれるそうです。北米のハゴロモガラスでも、レパートリーの数が多いオスが、一夫多妻になりやすいという論文が出ています。結果的に、年をとった経験豊富なオスは多くのレパートリーをもっているから、そういったオスを選ぶことはメスにとって有利だと言えます。こうして複雑なさえずりは、メスによるオス選びの結果、進化してきたらしいのです。つまり、セッカのように単調なさえずりしかしない鳥では、メスは少なくとも声でオスを選んでいるのではないということです。

　日本の鳥でも、キビタキやコヨシキリ

恋の季節は甘くない!!
ボクと結婚してください
キジ男さん
ちょっと待ったー!!
キジ太郎さん
オレの方が先だ
キジ子さんに決めてもらおう
どーだオレの尾羽
オレの肉垂の方が大きいぞ
やるかーっ
おーっ
バタバタ
バタバタ
タタタタタ…
私のタイプ♡
あっ…どーも

はさえずりが複雑なうえに、他の鳥の声を拾いこんで、自分のさえずりのレパートリーを増やしていることも知られています。ただし、こうしてレパートリーを増やすことが何の役に立っているかは、これらの鳥ではまだ解明されていません。

結婚のプレゼント

　鳥の世界には求愛の際に、オスがメスにエサを与える求愛給餌という行動が知られています。アトリ科の一部の鳥やカモメ類では、オスはエサを吐き戻してメスに与えますし、ワシタカ類では獲物を空中でメスに渡す行動が見られます。チョウゲンボウは交尾の際、オスがメスに小鳥などのエサを持ってきて交尾をせまります。カイツブリ類やアジサシ類でも求愛給餌は盛んです。この場合の贈りものは小魚です。

　ところで、求愛給餌と言ってしまうと単に求愛のときだけ給餌するようですが、オスからメスへの給餌は求愛のときだけではありません。メスへの給餌は、メスが産卵し、抱卵しているときにも続きます。とくに産卵期直前から産卵期にかけての給餌は、メスが卵形成に使う養分を補給する意味で重要です。

　最近の研究によると、どうもメスはオスの持ってくるエサの量を見て、将来のつれあいの〝稼ぎ高〟を評価しているらしいのです。それは稼ぎの悪いオスと結婚してしまうと、もらえるエサが少なくなり、ということは卵へまわす栄養も少なくなってしまうからです。

　アメリカでアジサシを調べた研究によると、求愛給餌の頻度が少ないと、結果的に3卵目の卵が小さくなり、孵化したヒナの生存率も低くなってしまうことがわかっています。3番目のヒナを無事巣立たせたペアのオスは、求愛給餌をよく行なったオスだったそうです。北欧のマダラヒタキでは、抱卵中にオスがあまり給餌をしてくれないと、メスが巣を空けて自分で採餌に行かねばなりません。すると卵が冷えて、孵化するまでの期間が延びてしまいます。長い期間抱卵していると、それだけ捕食にあう確率も高くなります。ですから、メスはしっかり求愛給餌をしてくれる稼ぎのよいオスを選ばねばなりません。

　こうしたメスの行動は、オスの側への〝進化的〟プレッシャーになります。メスに気に入ってもらいたいオスは、がんばって求愛給餌をするようになります。

　イギリスでのアジサシの研究では、オスは普段は小エビや目に見えないようなプランクトンをとって食べていますが、求愛給餌の時期にはメスのために大きな魚をつかまえてくるそうですし、ノドアカハチクイでは、オスは自分が食べるときにはミツバチやイトトンボをとっていますが、メスに与えるときには大きなトンボをとらえるそうです。

chapter 1 2

鳥の夫婦関係

文 上田恵介
写真 中野泰敬＋叶内拓哉
戸塚　学＋宮本昌幸

鳥の社会にも、多種多様な結婚のスタイルがあります。
さまざまな鳥たちの夫婦関係から、その裏側にある厳しい野生で生き抜くための知恵や工夫を知ることができます。

鳥類に一夫一妻が多い理由
動物の世界では珍しい

イギリスのデイヴィッド・ラック博士（※1）が1968年に著した鳥の繁殖についての名著『Ecological Adaptations for Breeding in Birds』によると、鳥の世界ではその92％が一夫一妻である。

その後、鳥の配偶システムの研究は20世紀後半の20年で飛躍的に進んだ。

しかし結果的に、一夫多妻やレック（※2）や乱婚があるものの、ラック博士の指摘は大まかに言ってまちがっていない。鳥の世界では圧倒的に、一夫一妻が多いのである。

哺乳類の世界では、イヌ科の動物やテナガザルなどを除けば、ほとんどの哺乳類は一夫多妻や乱婚で、鳥のような一夫一妻のつがい関係（※3）は稀である。

それは、哺乳類ではオスが妊娠や授乳を分担することができないからである。

仲睦まじいコアホウドリのつがい(写真/中野泰敬)

このことが、哺乳類のオスにとって、子育てをメスに押しつけて、〝逃げてしまう〟ことを可能にしている。

鳥には哺乳類のような長い妊娠期間はないし、しかも卵を外に産み出すので、メスもオスも抱卵に関わることができる。ヒナにエサを持ってくる鳥では、オス、メスどちらが持ってきてもよい。

さらにハト類やフラミンゴ類のように、両親ともに(オスも!)そ嚢でミルクを作り(※4)、ヒナに授乳する鳥では、育児の分担もオス・メス平等にできる。

これらのことが鳥において、一夫一妻が進化してきた基本的な理由である。

相手選びの主導権はメスにある

オスとメスの間で「育児負担を平等に分担できる」ということと、「平等に分担する」ということは、別問題である。もしこのとき、オスがヒナの世話をメスに押しつけて、メスだけに大きな育児負

鳥類のほとんどが一夫一妻である理由としては、ヒナへのエサやりが大変な作業であるため、夫婦で協力し合ったほうがメリットが大きいからだと考えられている。写真のエナガは、ヘルパーの存在（25頁参照）も認められている
（写真／叶内拓哉）

担がかかってきたらどうなるだろう。ここでオスとメスの間に駆け引きが生じる。

オスは精子をつくるほうの性だが、メスは卵を作るほうの性である。精子と卵とどちらが「投資量」が大きいか（つまり身体的に大変か）というと、卵をつくる性のほうが大きい。

オスは多くのメスとつがって、精子をばらまけばいいが、メスは無制限に卵をつくり続けることはできない。そこでメスは必然的に相手選びに慎重にならざるを得ない――これが結婚相手を選ぶ主導権がメスにあることの理由である。となると当然、メスがオスを選ぶときには、ぐうたらなオスよりも育児負担を積極的に分担する面倒見のよいオスを選ぶだろう。

こうしてメスがオスの「父親としての質」をターゲットにして選ぶとき、面倒見のいいお父さんがより多くの子孫を残せることになる。つまり面倒見のよさが進化してくる。これが、鳥において一夫一妻をさらに進化させた要因である。

夫婦で協力して子育てする利点

一夫一妻でヒナを育てること――それはヒナの成長にとって大きなメリットになる。なぜなら一度に4つも5つもの卵を産む鳥では、ヒナが小さいうちは給餌量はそんなに大きくないが、ヒナが成長してくるとエサの要求量も一気に高まってくる。巣立ち前のヒナなどは、親よりも大食漢である。

ひとつの巣で、ピーク時には親鳥は4～5羽分のエサを毎日運ばなくてはならないのである。このときにメス1羽で育てるより、夫婦2羽で育てたほうが、よりメリットが大きいのだ。

※1　デイヴィット・ランバート・ラック（1910年～1973年）イギリスの生態学者、鳥類学者。戦時中の経験から、鳥の渡りの研究にレーダーを使うアイディアを発案
※2　オス同士が特定の場所に集まって集団でメスに求愛ディスプレイを行なう。よりアピールできたオスが、多くのメスを獲得できる
※3　オス・メスが互いに相手を配偶者と認識して、多少とも継続的な繁殖生活が存在する場合の雌雄の関係
※4　消化管の一部であるそ嚢（一時的に食べたものを貯蔵しておく器官）の内壁から分泌される液体。タンパク質と脂肪分に富んでいる。哺乳類と異なり、オスも与えることができる
※5　「鴛」はオス、「鴦」はメスのオシドリを指す。夫婦仲のむつまじいことのたとえ。いわゆる「おしどり夫婦」のこと

繁殖羽のオスとメスのオシドリ。オシドリに限らず、カモ類には繁殖期ごとにつがいの相手を代える種が多い
(写真/戸塚 学)

婚姻形態のいろいろ

一夫一妻❶ シーズンごとに解消

夫婦仲睦まじいことを意味する「おしどり夫婦」や「鴛鴦(えんおう)のちぎり(※5)」で名高いオシドリが、実は生涯にわたるつがいの絆を形成しているわけではない、ということを私や私の師の山岸哲さんが、昔、あちこちで書いた。日本で鳥の配偶システムの研究が始まった1980年代である。

それが広まって、〝オシドリは一夫一妻ではない〟ということになってしまったのだが、実のところ、オシドリのつがい関係を研究した人はだれもいないので本当のところはよくわからない。

とはいえ、カモ類のオスは交尾が終わると抱卵や子育てをメスに任せ、ヒナの世話をしないのが通例である。そして繁殖が終わって、越冬地へ渡っていくと、冬の間にまた別のメスとつがいを形成して、繁殖地へ戻ってくる。毎年つがいの相手が交代しているカモ類では、オシドリも含め、「鴛鴦のちぎり」などはないと考えたほうがよい。

一夫一妻❷生涯継続

大型の鳥に多い家族の問題を考えるとき、オスとメスのつがいの絆がどれだけ強固なのかを考える必要がある。オーストラリアのイアン・ローリイは、繁殖データのある世界の鳥51種について、そのつがいの継続期間を調べてみた。

配偶者が生きている限りつがい関係を続ける鳥で、まず目につくのはアホウドリ類である。ニュージーランドアホウドリやワタリアホウドリでは、生涯にわたってつがい関係が続く。コアホウドリでも、生涯のうちにつがいが崩壊するのは全体の2%と非常に低い。このことは日本のアホウドリでも同様である。

先に述べたようにカモ目の鳥は、小型種ではつがいの絆はあまり強くないが、大形のガン類やハクチョウ類では、つがいの絆は非常に強い。コハクチョウやオオハクチョウはそのくちばしの黄色と黒の部分の配色パターンが個体ごとに異なり、それは年を経ても変わらないことから、注意深く観察すれば、年を経た個体の識別は可能である。

イギリスのスリムブリッジにある水禽協会のサンクチュアリでは、長年にわたってコハクチョウの個体識別がなされている。長野県の諏訪湖に渡来したペアもこの方法で識別され、毎年子どもたちをつれて越冬に訪れていたことが明らかになった。

ツル類も寿命が長く、永続的なつがい関係を継続している。タンチョウに代表されるように、相手が生きている限りつがい相手の交代はめったにないようだ。

このようにハクチョウ類やツル類、そしてワシ類やペンギン類もそうだが、大型で長生きする鳥のつがいの絆はかなり

コハクチョウは、夫婦はもちろん家族の絆も強い（写真／宮本昌幸）

繁殖期に見られるタンチョウの求愛のダンス。お辞儀をしたり、頭を振ったり、飛び上がったりといろいろな踊りをしながら、夫婦の絆を深めていると考えられる（写真／戸塚 学）

強固で、永続的なものだと考えてよい。

小型でも、夫婦の絆の強い鳥

ところでアホウドリ類など大型の鳥のつがいの絆が固いのは先述のとおりだが、ローリイの論文では、ミナミワタリガラス、オーストラリアムシクイ類など小型のスズメ目の鳥もつがいの絆が固い鳥として挙げられている。

大型のカラス類はかなり寿命が長そうなので、つがいの絆が固いのはうなずけるが、体重わずか7g程度しかないオーストラリアムシクイ類はどうなのだろう。

じつはオーストラリアムシクイ類は非常に寿命が長い小鳥で、なかには15年以上も生きている個体がいるのである。オーストラリア固有の鳥たちはもともと熱帯林に生息し、そこで進化してきた鳥たちである。

オーストラリア大陸が乾燥化し、熱帯林に生きていた鳥の多くは絶滅した。しかし生き残った鳥たちは熱帯林で生活していたときそのままの生活史で、乾燥した半砂漠的な気候に適応して生き抜いてきたのだ。

熱帯の鳥類は、土地に対する定着性が非常に強く、しかも寿命が長いことが知られている（10年以上はざら）。おそらく捕食にあって死ぬことさえなければ、一度つがいになると、生涯にわたるつがい関係を続けるものと思われる。

オーストラリア固有のスズメ目や熱帯域の渡りをしない小鳥類は、非繁殖期もつがいで繁殖地に留まることができるので、つがいの絆を維持することのメリットのほうが大きいのだろうと考えられている。

では、私たちの身近にいる小鳥類はどうだろうか。スズメも、ツバメも、ヒバリも、見たところ一夫一妻で子育てをしているのだが、そのつがいが何年も続くのかどうかは、その個体群のすべての鳥に個体識別の足輪をつけて調べねばなら

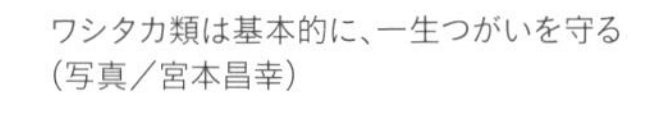

ワシタカ類は基本的に、一生つがいを守る（写真／宮本昌幸）

体は小さいながら、夫婦の絆が強いオーストラリアムシクイ類。非常に寿命が長いのが要因ではないかと考えられている。写真はルリオーストラリアムシクイ（写真／Benjamint444）

ないので、モズやホオジロなど、一部の鳥を除き、あまりきちんとした研究はなく、よくわかっていない。鳥のつがい関係の研究は、なかなかに大変なのである。

一夫多妻

スズメ目の小鳥類には、これまで考えられてきたよりもかなり多くの一夫多妻の種がいる。例えばセッカやオオヨシキリやミソサザイは一夫多妻だということが、すでに1970年代に信州大学の研究者等の研究で明らかになっていた。

セッカは河川敷などの草原に夏になるとやってくる小さなウグイス科の鳥だが、この鳥の一夫多妻は徹底している。私が大学院生のころ、大阪の信太山草原で行なったセッカの研究についてお話ししよう。

春先に渡来したセッカのオスは、まず100m四方くらいのなわばりを構えて、次いで求愛のための巣をつくる。オスは繁殖期間中に次々とこの求愛巣をつくっていき、多いときには20個もの巣をつくることがある（詳しくは50、52頁）。

なぜオスがこんなにたくさんの巣をつくるのかといえば、オスはひとつの巣ごとにメスを誘っては交尾し、卵やヒナの世話をメスに押しつけては、次のメスを誘う巣づくりに励むのである。こうして、もっとも成功したオスはシーズン中に18個の巣をつくり、一夫十一妻になった。

おそらくミソサザイもセッカと同じように、求愛巣をつくるタイプの一夫多妻

一夫多妻制のセッカは、ヒナの世話をメスに押しつける（写真／戸塚 学）

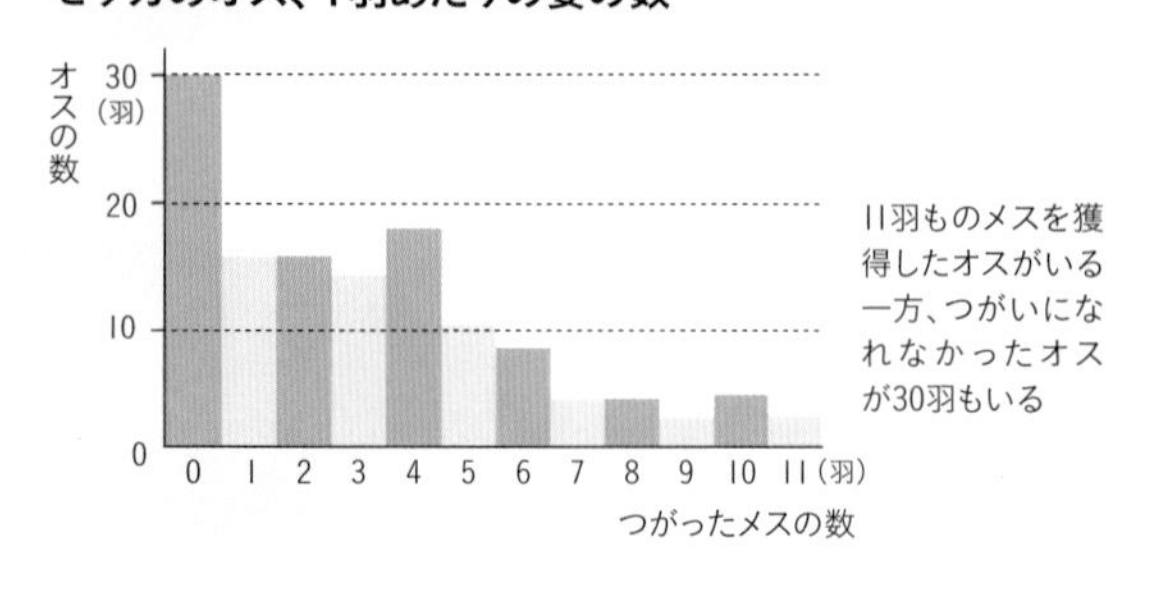

種である。その後、いくつかの鳥で研究が進み、コヨシキリ、ウグイス、オオセッカなども一夫多妻であることがわかった。またムクドリやスズメやシジュウカラなどでも、場合によっては一夫二妻が出ることもわかってきた。

多夫多妻

最近、高山にすむイワヒバリがこれまで知られていなかった多夫多妻という配偶システムをもつことが明らかになってきた。日本とヨーロッパで行なわれた研究によると、イワヒバリは複数のメスと複数のオスがかなり定着的な集団をつくって生活している。イワヒバリの集団の中では、一夫一妻のつがい関係は存在せず、オスもメスも、複数の異性と交尾を行なう。

そしてオスは、自分と交尾したすべてのメスの巣のヒナにエサを運ぶのである。オスの側からすれば、どのヒナが自分のヒナかはわからないが、少なくとも自分

高山の岩石地帯で繁殖する多夫多妻制のイワヒバリ（写真／戸塚 学）

声を張り上げ、ほろうち（翼を打ち鳴らす）をしているキジのオス（写真／戸塚 学）

アリーナ（求愛場）でオスたちが美しさを競い合うエリマキシギは、エリの部分が白いとコートをもてない（写真／iStock／Ian Dyball）

と交尾したメスの巣には自分の遺伝子をもったヒナがいる可能性があるので、一生懸命エサを運ぶのである。

見方を変えれば、メスは子どもたちのエサを確保するために複数のオスと交尾をしているといえる。イワヒバリのこの集団はかなり安定した集団で、翌年にはまた同じメンバーで集団が形成される。

このような配偶システムを多夫多妻といい、ヨーロッパカヤクグリでも知られている。日本のカヤクグリではどうだろう。

レック(求愛場)型

次に、クジャクやシチメンチョウ、北米のソウゲンライチョウなど、キジ科の鳥で多く見られるレック型の配偶システムについて見てみよう。

レック型とは、繁殖期が近づくと「求愛場」に集まり、オス同士の優劣をつけることで、そのまま繁殖行動にも優先順位がつくシステムである。

キジは一夫多妻であると言われ、オスとメスの間には継続するつがい関係は存在しない。春先にオスがなわばりをもって、あの「ケン、ケーン」という声を張り上げてメスを誘い（21頁写真）、そこに複数のメスがグループで出現する。そこで交尾が行なわれるが、多くのメスに好まれるオスがいる一方で、メスに好かれないオスもいるらしい。交尾後、オスは抱卵や子育てはメス任せにしてしまい、ヒナの世話を一切しない。

シギの仲間で、レックをつくることで有名なのは、エリマキシギだろう。繁殖期になるとオスは美しい飾り羽を襟の周りに発達させ、「アリーナ」とよばれる求愛場に集まる（21頁写真）。そこでお互いに飾り羽の美しさを競い合い、「コート（裸地）」を確保し、他のオスを締め出す。アリーナ内のいい場所を占めたオスが、より多くのメスと交尾できるのだ。

コートをもてる「定住オス」は襟が黒や茶色などで、もてないオスは白色である。この色彩は遺伝的に決まっており、生涯変わらない。だが白エリマキのオスは一生メスを得ることができないかというと、そうとも限らない。

コートをもつオスはそこを防衛し続ける必要があるためエサをとりに行けず、空腹を我慢しながらメスがくるのを待つ必要がある。

一方、白エリマキのオスはコートに居候させてもらい、定住オスが他のオスと争っている間にメスに求愛できたりもするし、コートを守る必要がないため、好きなときに空腹を満たすこともでき、エネルギーの消費を抑えられるのだ。

一妻多夫

一妻多夫は哺乳類においても、鳥類においても、まれである。それは先に述べたように、精子と卵への「エネルギー投資量」がちがうからである。

メスが選ばれる立場のため、繁殖羽はメスのほうがきれい
（写真／戸塚 学）

タマシギは鳥類では珍しく、一妻多夫。オスは子煩悩で、きっちりヒナを巣立たせる
（写真／中野泰敬）

熱帯域に生息するレンカク類は一妻多夫。写真は日本に飛来したレンカク

タマシギのメスが巣から5m以内にいる割合

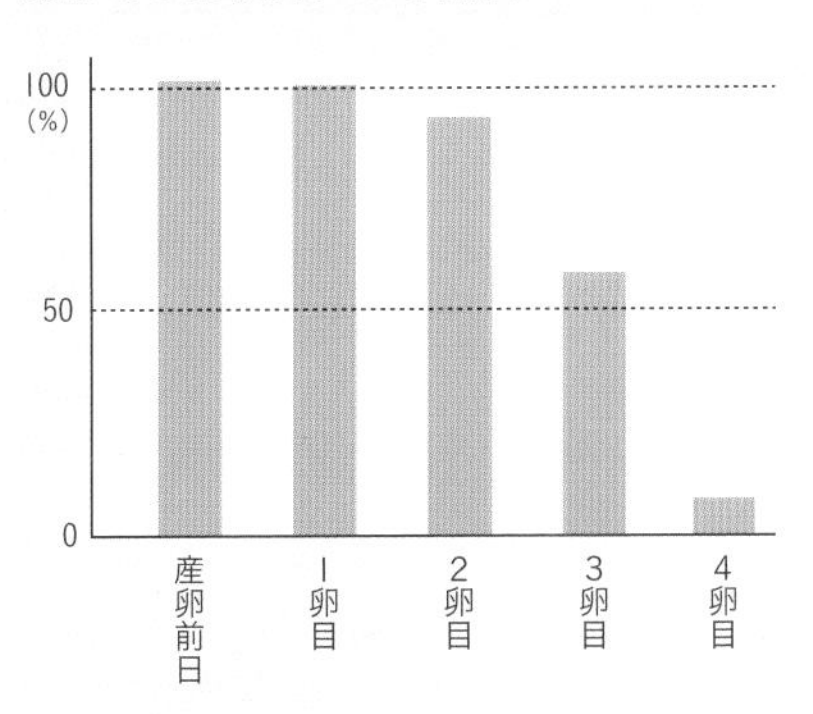

3卵目を産むと、メスは急にオスにたいしてよそよそしくなり、4卵目を産むと、巣とオスを残して立ち去ってしまう（米田 1983）

一妻多夫の、アカエリヒレアシシギ（手前）とハイイロヒレアシシギ（奥）
（写真／宮本昌幸）

日本ではタマシギが一妻多夫である（23頁写真）。タマシギは鳥の世界では変わり者で、オスよりメスのほうが美しい。なぜオスよりメスのほうが美しいかというと、この鳥はメスがオスに求愛するからである。

湿地にすむタマシギは春から秋にかけての長い繁殖期間にメスが次々と巣をつくっては卵を産み、その抱卵をオスに任せて、また次のオスと巣をつくる場所を探して去っていく。

オスは任せられた卵をきちんと温めて、ヒナをかえし、ある程度ヒナたちが大きくなるまで、連れ歩いてめんどうをみる。まさに〝育メン〟の鑑のような鳥である。

ヒレアシシギ類も一妻多夫である（23頁写真）。日本ではアカエリヒレアシシギもハイイロヒレアシシギも春と秋の渡りの途中に通過するだけだから、彼らのつがい関係を目にすることはないが、彼らも一妻多夫で有名である。

ヒレアシシギ類は繁殖地のシベリアやアラスカのツンドラへ戻ると、メスが派手なディスプレイフライトをしてオスを引きつける。そこへメスより地味で小型のオスがやってきて、つがいになる。メスは産卵するとオスに巣を任せて、また別のオスに求愛し、一妻多夫になっていく。

日本では迷鳥のレンカク（23頁写真）も、どんな配偶システムをもつのかあまり知られていないが、熱帯域の湿地に生息するレンカク類の多くは一妻多夫である。メスがなわばりを守って、オスに求愛し、複数のオスと繁殖を行なう。ときには隣のなわばりのメスと争って、そのメスを追い出して、夫を寝取るということまでやってのける。

奄美・沖縄にすむミフウズラも、メスのほうが美しく、オス親がヒナを連れて歩いているのが目撃されるので、一妻多夫だと言われているのだが、あまり研究されていない鳥である。いつか機会があれば調べてみたい鳥のひとつである。

遺伝子をより多く残すために

鳥類の配偶システムは基本的に、「自分の遺伝子を残すために、その種が置かれた環境の下でどのように配偶関係を形成し、ヒナを育てればよいか」ということにつきる。

しかし子育てに関して、オスとメスの利害は異なる。オスもメスも自分の遺伝子を残すために行動しているのだが、そこにはなるべく自分が投資するエネルギーは少なくして、相手に多くのエネルギーを投資させたいという駆け引きが存在する。この関係のもと、一夫一妻から乱婚までさまざまな配偶システムが進化してきたのである。

まだまだ知りたい鳥夫婦
鳥にとっての「家族」とは

めったにない家族団欒

巣立ったヒナたちは、巣を離れて遠くへ分散していく。その意味で鳥たちの社会には、ヒナが巣立ってしまうと〝家族団欒〟という光景はめったに見られない。

スズメやムクドリが秋から冬にかけて群れているのは、別に家族でもなんでもなく、ただ単にその地域で生活する鳥たちがいっしょにねぐらをとって、群れでエサ場にやってくるだけである。彼らの群れの中に「家族」という単位はない。

例外のひとつは前に述べた一夫一妻のツルやハクチョウやガン等、シベリアから冬を過ごしにやってくる大型の鳥たちである。彼らは、つねに家族いっしょで日本にやってくる。父親と母親、そして数羽の若鳥というのが、彼らの家族単位である。

何百羽もの群れで田んぼや湖面に降りていても、ハクチョウなら若い鳥は灰色っぽい体色をしているし、ツルの仲間の幼鳥は頭から顔が茶色っぽいので、こうした若鳥を連れてひとかたまりで行動している小さな群れは、ひと目で家族だとわかる。

ヘルパーによる協同繁殖社会

家族という単位がはっきり見られるもうひとつの例外は、協同繁殖をする鳥たちである。中にはヒナが巣立った後も親のなわばりにとどまって、年下の兄弟の世話をしたり、なわばり防衛を手伝ったりする、社会的に高度な家族群を営む種類が知られている。この個体は「ヘルパー（手伝い鳥）」と呼ばれている。

エナガはつがいで繁殖しているが、繁殖に失敗したつがいは隣の繁殖ペアの育雛を手伝う。いわゆるヘルパー行動である。この隣のつがいもいくらかは血縁関係のある家族らしい。

繁殖が終わると10羽ものヒナを引き連れた家族が集団で秋から冬にかけて生活している。このとき隣接する家族群も加わり、30～40羽もの大集団になることもある。そして春になると、つがいに分かれて繁殖に取りかかる。

ヘルパーシステムはカラスやカケスの仲間でよく発達しており、オナガはかなり込みいった社会関係をもつ。いつだったか暮れも押し詰まった冬の小石川植物

オナガ

園（東京都文京区）で、オナガの48羽もの群れを見たことがある。おそらく、この植物園を中心に生活しているオナガの家族群が集合した大集団であろう。

オナガも基本的には10羽から20羽くらいの集団で生活しており、繁殖期になるとその中のつがい（古参の個体）が群れのなわばり内に巣をつくる。一夫一妻のつがいがいくつか集合して生活しているのがオナガの社会である。

だからひとつのなわばり内に複数の巣がつくられ、巣立った若鳥はそのグループのなわばり内に翌年も残って、ヘルパーとして働く。オナガの場合、ヘルパーはすべてオスで、抱卵中・抱雛中のメスやヒナに給餌したり、ヒナのフンを運びだしたりして繁殖を手伝う。

オナガの若鳥たちが群れを出て、自分でなわばりをもって繁殖しないのは、繁殖に好適な場所は年齢の高い鳥によってほぼ占有されてしまっていて、なかなか自分のなわばりをもてないのだと考えられている。若鳥たちは仕方なく親のなわばりに留まり、グループ生活をすることを余儀なくさせられているのだと考えられる。

バン（写真／戸塚 学）

弟や妹を可愛がる？

もうひとつ大切なことは、弟や妹は若鳥たちにしてみれば、自分と同じ遺伝子を4分の1共有している血縁者だということである。自分で繁殖することが困難な場合、親を手伝うことによっても、自分と同じ遺伝子の何分の1かを子孫に伝えることができるというのもヘルパーシステムが進化してきたひとつの要因だと考えられている。

水辺にすむ水鳥のバンは、1シーズンに2回以上繁殖する。すると初めに巣立った1番子（若鳥）が、2番子の世話をする。これと同じことがツバメの巣でも見られる。私たちにごく身近なスズメやムクドリにもヘルパー的な個体の存在が知られている。

ただし、すべてのヒナがヘルパーをするわけではないので、鳥の社会はそう単純なものではなさそうである。

鳥の離婚の原因は？

妻のほうから三行半

繁殖シーズンごとに相手を代える鳥に

おいての「離婚」の定義は人間とは異なる。鳥にとっては、「繁殖シーズンの途中で、配偶者の縁を切ること」が離婚にあたる。鳥たちの間での「離婚」は意外に多く、ごく当たり前のことである。

その主たる理由は繁殖の失敗で、巣が落ちたり、卵やヒナが捕食されてしまったときなどで、一方的にメスがオスの元から去って行く。

ホオジロは一夫一妻で、数シーズンつがいを継続すると言われているが、山岸哲さんが調べた例では、メスの3分の1程度が繁殖途中に別のオスのなわばりに移動した。原因はやはり、卵やヒナの捕食であった。

セッカ（20頁）などは、もっと淡白だ。メスはオスのなわばりや求愛巣を気に入ったらそこで繁殖するのだが、繁殖が成功してもしなくても、別のオスのなわばりに移動してしまう。通常1シーズンに2、3回繁殖するが、ほぼすべて異なる相手とつがうことが知られている。

ところで鳥の場合の離婚は、妻がなわばりを出て行く形なのにお気づきだろうか。オスにとって「なわばり＝財産」なのでなかなか捨てられず、一方メスは子どもがいなくなれば（巣立ったり、捕食されたり）、オスに執着する理由もなくなってしまうともいえる。「子はかすがい」とは、人にも鳥にも当てはまる言葉のようだ。

鳥にもあった同性愛？

鳥にも同性愛があるといったら、驚かれるだろうか？ これまで、鳥の夫婦関係をさまざまなパターンでみてきたが、そのどれもが「いかにして確実に自分の子孫を残すか」を目的に進化してきたものである。そんな中で、有性生殖のできない同性のペアが存在することに、矛盾を感じる方も多いのではないだろうか。

だが、野外や飼育下でのいくつかの観察例からは、それは決して〝異常〟な行動ではなく、その種独自の社会システムに組み込まれた、ある条件下で現れる必然的な行動のように思われる。

メスと(&)メスペア

カモメ類では時々、通常よりも多く卵の入った巣が見つかることがある。この巣にあった卵の模様が異なるため、2羽以上のメスに産卵されたと考えられるのだが（カモメ類は、産んだ個体によって卵の模様が異なる）、これまでは同じ種の中での托卵によるものと考えられていた。

しかし、カリフォルニア湾で調べられたウスオオカモメが、じつはメス同士でペアを組んでおり、しかも巣には受精卵も産まれていることがわかったのだ。

メス同士のつがいが産んだ卵が受精卵であることは驚くべきことだった。これには、以下の推測がなされている。

●オスとメスがつがい、交尾をした後に

ユリカモメ
（写真／宮本昌幸）

別れたか、オスが死に、残されたメス同士でペアを組んだ

● 既婚のオスがつがい相手以外の未婚メスを受精させ、元のメスと未婚メスがペアになった

● メス同士でペアを組んだ後に、オスによって受精させられた

　既婚オスがつがい相手以外のメスに産卵させ、自分がヒナの世話をしなくても、メス同士のペアがきちんと育てているとしたら、オスは労力をかけずにより多くの子孫を残せることになる。

オスと(&)オスペア

　オランダの大学で飼育されていたユリカモメは、形成された57の繁殖ユニットのうち、6つがオス同士のペアだった。彼らは巣づくりをし、人工卵を入れると交代で抱卵まで行なった。さらに研究者が受精卵を入れてみたところ、ヒナを孵（かえ）したばかりか、きちんとエサもやり、無事に巣立たせたという。

　野生環境下では、オス同士で子孫を残すことはできない。しかし、ユリカモメではメスが他の巣へ出かけて行って托卵する行動が知られている。自然界で本当にあるかどうかはわからないが、オス同士のペアがつくった巣へメスが産卵し、子育てをオスたちに任せてしまうことも可能だ。そうすればタマシギの例のように、メスが少ないエネルギーで、自分の遺伝子を多く残すことができるだろう。

　同性同士のペアが生じるのは、いったん選んだ配偶相手に対する強い刷り込み現象であると考えられる。「一度つがいになったら一生添い遂げること」それが進化史的に有利だったから、これらの鳥は場合によっては同性ペアをつくってしまうのである。

創立者・中西悟堂と会報誌『野鳥』―1―

そして、1934（昭和9）年5月の第1号の巻頭には「日本野鳥の会趣旨」として、「本会は科学的、民俗学的、飼育的、美術的、文学的な諸方面から鳥を観察し、研究し、伝達する公の機関となり、月刊の機関紙『野鳥』に諸家の協力に俟つ文献を逐次掲載して学術、趣味の両面から真に健全な愛鳥の思想を普及する」と書かれ、『野鳥』が「野鳥に関する科学面と文化芸術面の双方向の発信」をめざして創刊されたことを物語っています。

創刊当時の『野鳥』には、清棲幸保、内田清之助、鷹司信輔、山階芳麿、黒田長禮など、日本の鳥類学を築いたそうそうたる学者たちが論考を寄せています。さらに文芸や民俗学からも北原白秋、内田百閒、与謝野晶子、柳田國男、金田一京助など、第一線の執筆陣が誌面を飾っています。

B 日本野鳥の会の歴史❶

日本野鳥の会の歴史は、1934（昭和9）年に始まります。鳥と言えば「飼うか、食うか」の時代に、創設者の中西悟堂は、東洋思想に基づく自然と一体化する木食生活の経験などから「鳥は空間生活者であり、渡り鳥は最大の地球規模生活者である。そういう鳥たちを守ることは、とりもなおさず日本の山河を守ることである」という哲学をもっていました。現在では「エコロジー」と呼ばれるこの思想に共感した英米文学者の竹友藻風が、悟堂に野鳥の雑誌を創刊することを強く勧めたのです。これが日本野鳥の会会報誌『野鳥』の誕生のきっかけとなりました。「野鳥」という言葉も、悟堂の著作によって日本に広まったと言われています。

中西悟堂
（1895年11月16日〜1984年12月11日）。僧侶・歌人・野鳥研究家。日本野鳥の会創設者で初代会長。法整備への働きかけなど、野鳥保護の啓もう活動に生涯を捧げる一方で100作以上の著作を執筆。『野鳥と生きて』で日本エッセイスト・クラブ賞、『定本野鳥記』で読売文学賞を受賞。
（写真提供／小谷ハルノ）

鳥には方言がある！

鳴き声の秘密｜1｜

文 松田道生
絵 富士鷹なすび

最近の観察と研究によって、鳥のさえずりには地域によって差があることがわかってきました。日本中のウグイスが「ホーホケキョ」と鳴くわけではなかったのです。

よそのフィールドに行くと何の鳴き声かわからない？

兵庫県北部の山に行ったとき、美しい小鳥のさえずりが聞こえてきました。ところが、頭に鳥の名前が浮かびません。恥を忍んで案内してくれた知人に「あれは何？」と聞くと「オオルリです」とのこと。オオルリならば、栃木県日光でたっぷりと聞いています。名前がわからないはずはないのですが、わからなかったのです。

同じような体験を、北海道でカワラヒワ、キビタキ、センダイムシクイなどの声を聞いたときにしています。とくにセンダイムシクイは、「チヨチヨ」と鳴くだけで「ジーィ」がなくて悩みました。沖縄県石垣島では「ピックイーッ」と鳴く声が聞こえて、大珍鳥かと思って一生懸命録音していたらヒヨドリだったことがあります。まるで方言で話されて意味が通じないときのようなもどかしさを感じ、いずれのときもへこみました。

ここで気がついたのは、野鳥の鳴き声には地域差があって一筋縄ではいかないということです。そう思って、音源をチェックするといろいろな鳥で地域差があることがわかりました。

例えばイカルの聞きなしは「お菊二十四」が有名です。ところが、日光のイカルがこのように鳴いているのを聞いたことがありません。「お菊二十四」の聞きなしの出典を調べたら、長野県軽井沢のイカルの記録でした。直線で100㎞も離れていない日光と軽井沢で、もう鳴き方が異なっていたのです。

ウグイスは全国どこでも「ホーホケキョ」とさえずると思っていましたが、やはり北海道のものはちょっとちがっていて「ホーホケペチョ」と聞こえます。文化放送の『朝の小鳥』で、この音源を使ったら、アナウンサーの石川真紀さんが「ふるさと秋田のウグイスのさえずりに似ていますね。子どものころ、ウグイスはホーホケキョと鳴くと教わったけれど、そのように聞こえなくて疑問に思っていました」とのことでした。こうした〝なまり〟程度のちがいはたくさんあります。

生息密度、競争相手の有無で鳴き声に変化が

どういう鳥に地域差があるのか、なかなか傾向はつかめません。オオルリやキビタキは複雑な節で鳴く鳥の代表です。では、複雑さがカギかというと、そうでもないのです。同様に複雑なさえずりのクロツグミは個体差のほうが大きく、地域差を推し量ることができませんでした。ホオジロも同じく個体差が大きいので、不明。ただ、同じホオジロの仲間のコジュリンは関東と九州、ノジコは栃木県と新潟県ではかなり異なって聞こえます。

ひとつに同じ鳥でも生息密度によって、さえずりの複雑さが変わります。競争が激しければそれだけ鳴き合い、さえずりが複雑になる傾向があります。シジュウカラでさえ、東京と日光では、密度の高い東京のほうが音の幅が広く長く鳴きます。また、アオジやノビタキは関東と北海道とでかなりちがいがあり、密度が高い北海道の方がちがう鳥ではないかと思うほど、複雑な節回しで鳴きます。

また、他の種類の影響を受けるものもいます。例えば、コヨシキリは関東ではオオヨシキリとなわばりを競っているためか、オオヨシキリとの区別に迷います。北海道では、コヨシキリの周りにはシマセンニュウがよくいて、シマセンニュウの節が混じります。また、天売島のコヨシキリは、さえずりをより複雑にしてメスをひきつけたいのか、アマツバメの鳴き声をさかんに取り込んで鳴いていました。姿が見えなければ、地面でアマツバメが鳴いていると思ったかもしれません。

逆に、カッコウの仲間のように全国津々浦々どこでも同じように鳴く種類も

います。トラツグミもそうですね。しかし、ベテランでもわからない、あるいは迷うほどのちがいがあるのならば、図鑑の記述や野鳥の声を収録したCDも、そのあたりの情報を記しておかないとまずいことになります。

図鑑の鳴き声は関東弁 バリエーションを知ることが大事

こうした状況の原因のひとつに、多くの図鑑の筆者は、古くは富士山の須走、今でも軽井沢や日光など関東甲信越で研鑽した体験から記述をしています。鳴き声についても同じでしょう。収録された音源も同様です。この結果、典型だと思っていたのは関東弁、あるいは本州のものである可能性があります。そもそも図鑑の鳴き声の記述は短いですし、図鑑のカタカナ書きの鳴き声表記では、なまり程度の微妙なちがいを表現するには無理

地域による鳴き声のちがい

イカル

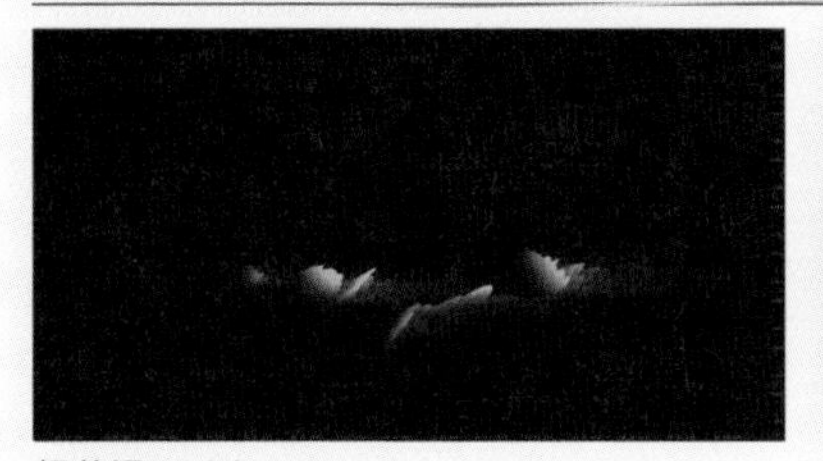
軽井沢のイカル
「お菊二十四」の声紋

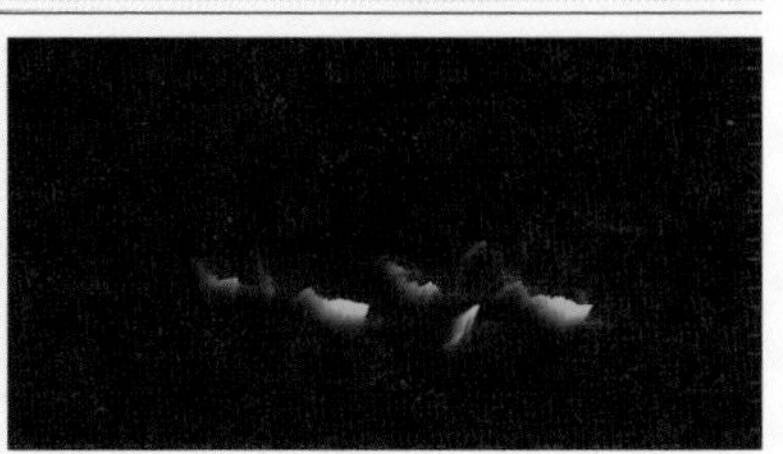
日光のイカル
抑揚のパターンがちがい、一節多い

ウグイス

典型的な「ホーホケキョ」の声紋

「ホーホケペチョ」と鳴くウグイスの声紋

があります。
改めてこれまで自分で収録した音源を丁寧に聞いてみると、今まで言われていたようには聞こえない鳴き声がけっこうあることに気がつきました。これでは、地方のバードウォッチャーや初心者には、とても不親切なことになります。
そのため、以前私が制作したCD『鳴き声ガイド日本の野鳥』では、少しでも多くのバリエーションを収録することにしました。結果、800件以上のバリエーション、6時間40分を超える音を収録することになりました。今後、野鳥録音がさらに普及していけば、もっと地域差やいろいろな鳴き方をする音源が収集できるでしょう。
そして、よりわかりやすい鳴き声の図鑑に発展していけば、さらに野鳥の鳴き声の魅力を楽しんでもらえるようになると思っています。

chapter 1 4

鳴き声の秘密 ―2―

島の方言からさえずりの進化を知る

文 濱尾章二
写真 戸塚 学

離島と本土のさえずりのちがいから進化の仕組みが見えてきます。

島のウグイスは単純にさえずる

ウグイスのさえずりといえば、「ホーホケキョ」に決まっている、とお思いではないだろうか。しかし、島では「ホーホキャッ」「ホーキョッ」などと聞こえるさえずりも聞くことが多い。本当に、島ではさえずりが異なるのだろうか。そうだとすれば、その原因は何だろうか。

これらの疑問に答えを得ようと、伊豆諸島・小笠原諸島・奄美群島をめぐり、ウグイスに鋭指向性マイクを向け、デジタル録音機でさえずりを収集した。

分析してみると、島のさえずりは本土のさえずりよりも1回のさえずりの時間

さえずるオスのウグイス
（写真／戸塚 学）

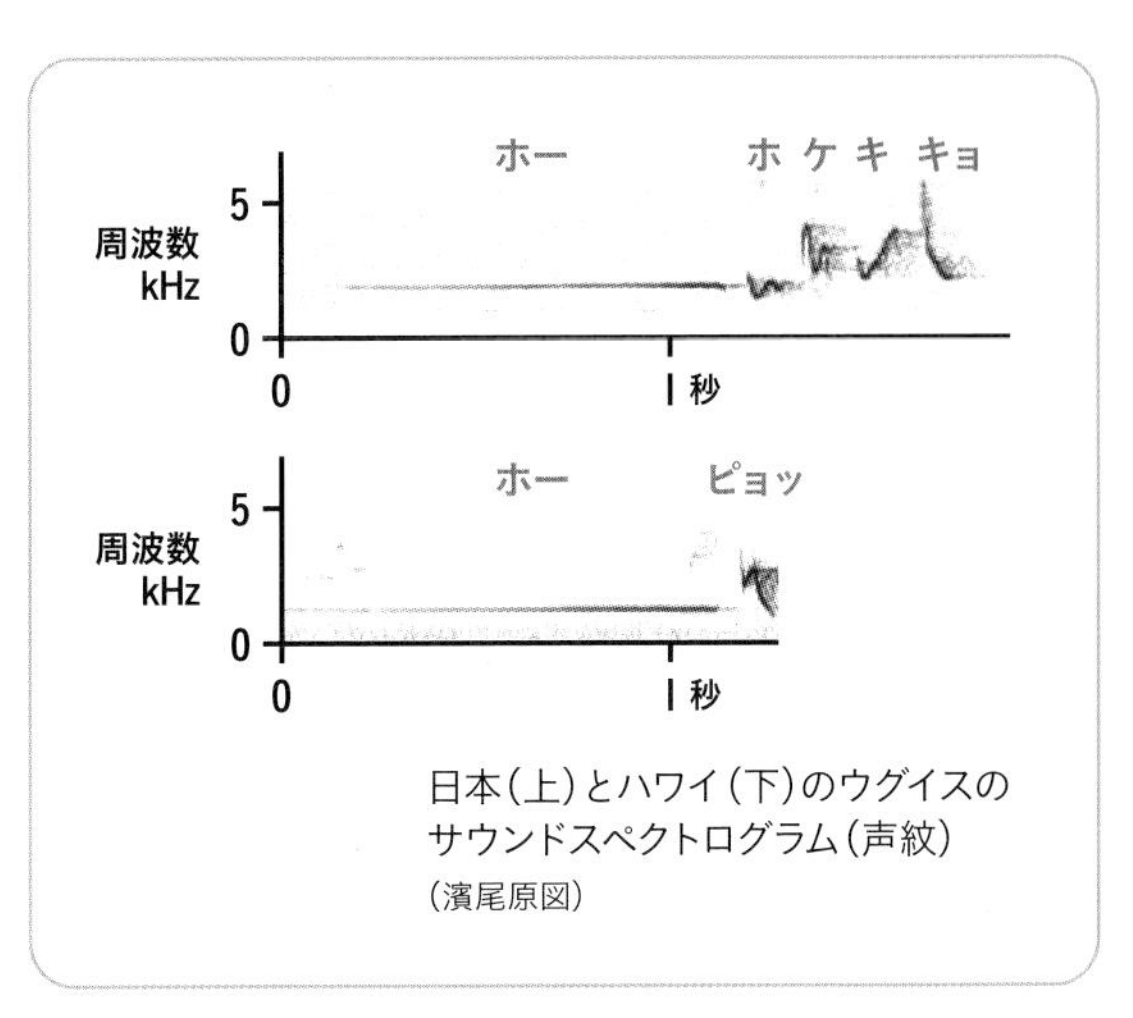

日本（上）とハワイ（下）のウグイスのサウンドスペクトログラム（声紋）
（濱尾原図）

が短く、少ない数の音素から構成されていた（「ホ」「ケ」「キョ」ならば3音素というように数える）。また、島では、さえずりの中の周波数変調（音の上がり下がりの変化）も少なかった。島のウグイスは、明らかに単純なさえずりをしていることが判明した。

雌雄の関係がさえずりを変える

さえずりは、ライバルのオスを排除したりメスを誘引したりするはたらきをもつ。多くの鳥で、複雑なさえずりほどなわばりを張ったり、つがい相手を得たりする際に有効であることがわかっている。

本土では、ウグイスは季節的な移動をしており、春、繁殖地にやってきたオスは、なわばりをまったく新たに確立しなくてはならない。また、捕食者に巣を襲われることが多く、メスは再営巣のために頻繁にオスのなわばりを移動する。メスの離婚、再婚が頻繁で、優れたオスだけが一夫多妻となることができる。オス間の競争も、メスによるオス選びも厳しく、複雑なさえずりが進化すると考えられる。それに比べて、島のウグイスは1年中移動をせずに暮らしている。また、島には、しばしば肉食獣やヘビ類が生息しておらず、巣の捕食やメスの再営巣は起こりにくい。なわばりも、つがい関係も安定しており、単純なさえずりであっても子を残すことができると考えられる。本土と島の環境のちがいが、ウグイスの生態、そしてさえずりの複雑さに影響しているのだ。

興味深いことに、ハワイの移入ウグイスも「島的な」単純なさえずりをする。オアフ島には、日本から1930年前後にウグイスが持ち込まれ野生化した。複数回、かなりの規模で移入が行なわれたことと、ハワイのウグイスの形態から、日本の島のウグイスが持ち込まれたとは考え難い。したがって、ハワイでは80年あまりの間に、さえずりが単純化したと考えられる。島のさえずりから、進化が短期間で起こることもわかるのである。

chapter 1 5

鳴き声の秘密 3

ここまでわかった！ シジュウカラの言葉

文・写真 鈴木俊貴
写真 戸塚 学
絵 富士鷹なすび

最近の研究で、シジュウカラは私たちと同じように、異なる単語を組み合わせてコミュニケーションをとっているということがわかりました。「言語をもつのは人間だけ」という従来の常識を覆す、身近な野鳥の知られざる能力を紹介します。

鳴き声の2つの基本

さえずりは鳥の〝ラブソング〟

桜のつぼみが膨らむころ、小鳥たちは恋の季節を迎えます。冬まで静けさに包まれていた森の中も、小鳥たちの鳴き声でにぎわいます。私たちの生活圏でも、街路樹の枝先にとまって「ツツピーツツピー」とさえずる白黒の小鳥をよく目にすると思います。これが本稿の主役・シジュウカラです。

シジュウカラのオスはこのさえずりにより、メスに自分の魅力をアピールします。さえずりのフレーズには、「ツツピーツツピー」以外にも、「ツピーツピー」「ピーツピーツツ」などいくつかの種類がありますが、そのレパートリーの多いオスのほうがメスにとってより魅力的であり、モテることが知られています。

また、さえずりにはなわばりの形成や保持という機能もあります。オスは、さ

シジュウカラは、複雑な鳴き声を用いてコミュニケーションを行なう（写真／戸塚 学）

えずりの声質のちがいからライバルをちゃんと認識していて、侵入者の存在に気づくと激しく追い返しにいくのです。

小鳥の鳴き声というと、真っ先にさえずりを想像する人も多いのではないでしょうか。ウグイスだったら「ホーホケキョ」、サンコウチョウなら「ツキ・ヒ・ホシ・ホイホイホイ」。スズメ目に属する鳥類の多くは、種に特異なさえずりをもっています。鳴禽類（あるいはソングバード songbird）との異名もあるように、このグループはよく鳴きます。多くの場合、さえずりは、いくつかの音声（ホー、ホ、ケ、キョなど）が組み合わさった複雑なフレーズですが、おのおのの音声要素が異なる意味をもつのではなく、フレーズ全体でひとつのメッセージを運ぶ「ラブソング」と言えそうです。

地鳴きは鳥の〝言葉〟

スズメ目の一部の鳥では、さえずり以

外の鳴き声もよく発達しています。これらの声は「地鳴き」と呼ばれ、オスもメスも発します。エサを見つけたときや天敵に出くわしたときなど、さまざまな文脈で用いられ、ヒナやつがい相手、群れの仲間など、さまざまな相手に対して情報を伝えます。鳥たちの地鳴き声の鳴き交わしは、まるで私たちの会話のようです。さえずりを「ラブソング」と例えるならば、地鳴きは「言葉」と言うことができるでしょう。

私は野外観察の中で、シジュウカラが非常に複雑な地鳴き声を発することに気づきました。「彼らは複雑な鳴き声を使って、どのような会話をしているのだろう」という単純な疑問が、私の研究人生の始まりでした。2005年に大学での卒業研究を始めて以来、15年以上にわたってシジュウカラの鳴き声の意味について、動物行動学的な観点から研究を続けてきました。その結果、シジュウカラが異なる鳴き声を使い分けたり、さらにそれらを組み合わせたりすることで、ヒナやつがい相手、群れの仲間に複雑な情報を伝え、自然界をたくみに生き抜いていることがわかってきました。

ここでは、これまでにわかってきたシジュウカラの会話の内容をご紹介したいと思います。

天敵を知らせる鳴き声

ヒナを狙う2種類の天敵

一夫一妻で繁殖するシジュウカラは、つがいを形成すると、樹木にできた空洞（樹洞）にコケを運び、巣づくりを始めます。メスは毎朝ひとつずつ、合計で7～13個ほどの卵を産み、温めます。およそ2週間の抱卵を経て、ヒナが孵化します。

樹洞への営巣は、卵やヒナを雨や天敵から守るために進化したと考えられています。しかし、それでもハンティング技術に優れた天敵が、卵やヒナを襲いにや

ハシブトガラス（左）とアオダイショウ（右）では、ヒナの襲い方が異なる

ってきます。日本では、ハシブトガラスとアオダイショウが、シジュウカラのヒナの主な捕食者です。ハシブトガラスは巣の入り口からくちばしをつっこみ、ヒナを引きずり出して捕食します。一方、アオダイショウはその細長い体で樹洞に入り込み、中のヒナたちを丸呑みにしてしまいます。シジュウカラは自然樹洞だけでなく巣箱もよく利用しますが、庭の巣箱のヒナたちがカラスやヘビに襲われたという話は、都市部においてもよく聞きます。

天敵からヒナを守る親鳥の鳴き声

シジュウカラの親は、巣に襲来した天敵を見つけると、鳴き声をあげて騒ぎ立てます。私は野外観察から、このとき、親鳥は天敵の種類に応じて、異なる鳴き声を使い分けることに気づきました。ハシブトガラスを見つけると「ピーピー」という甲高い声を発し、アオダイショウ

警戒声に対する親鳥の反応。カラスの「ピーピー」に対しては空を警戒し(上)、ヘビの「ジャージャー」に対しては地面を見下ろす(下)

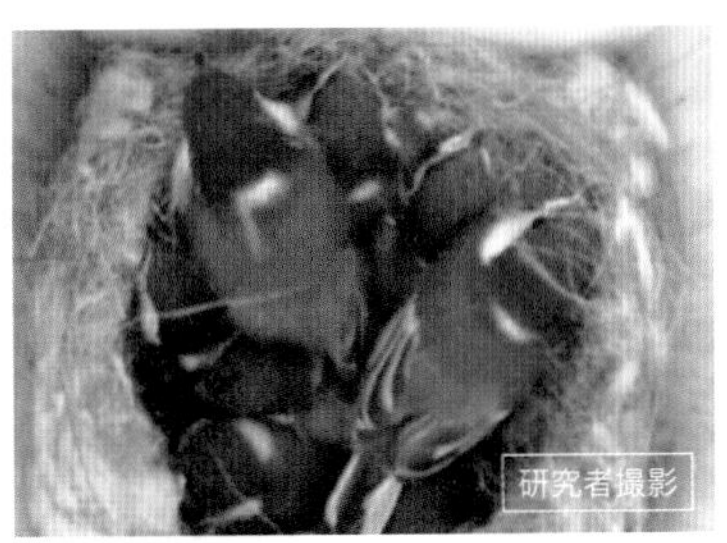

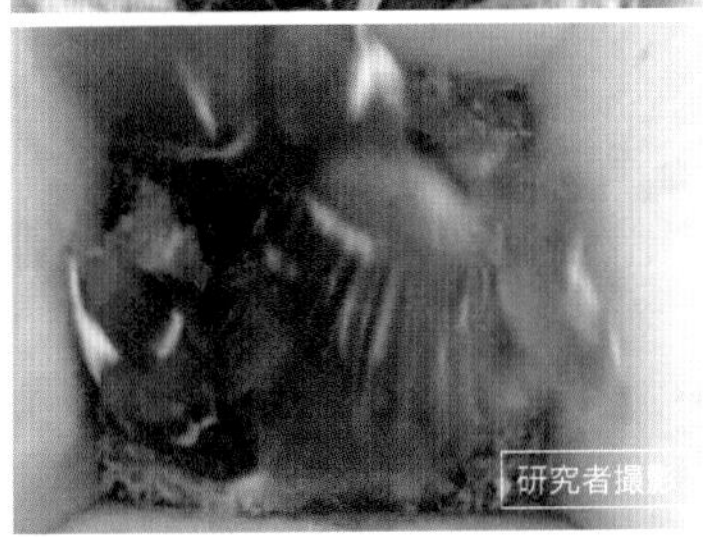

親鳥の警戒声に対するシジュウカラのヒナの反応。巣箱の内部を小型カメラで撮影。カラスに対する「ピーピー」を聞くとうずくまり(上)、ヘビに対する「ジャージャー」を聞くと巣箱を飛び出す(下)

を見つけると「ジャージャー」としわがれた声で鳴くのです。

シジュウカラの親は、なぜ異なる鳴き声を発するのでしょうか？　私はこれらの鳴き声が、ヒナに対してなんらかの情報を伝えているのではないかと考え、樹洞の中に小型カメラを設置し、鳴き声に対するヒナの反応を観察しました。

驚くことに、樹洞の中のヒナたちは、2種類の親鳥の鳴き声を正確に聞き分け、異なる行動を示すことがわかりました。カラスに対する「ピーピー」を聞くと、樹洞の中で体勢を低くし、うずくまります。このことで、巣口から襲ってくるカラスのくちばしを避け、身を守ることができるのです。一方、アオダイショウに対する「ジャージャー」を聞くと、ヒナたちは一斉に巣の樹洞から外へ飛び出します（39頁写真）。ヘビが侵入してくる前に巣を脱出することが、ヒナが捕食を回避する唯一の方法だからです。ヒナたちはいったん巣を逃げ出すと、二度と戻ることはなく、樹洞の外で親鳥と群れをなして新しい生活を始めます。シジュウカラは孵化後、約18～20日で巣立ちますが、「ジャージャー」に対する飛び出し行動は、巣立ち間近なヒナにだけ見られる特別な反応です。

つがい相手にも伝わる天敵の種類

さらに研究を進めると、親鳥の発する警戒の鳴き声は、ヒナだけでなく、ともに巣を守るつがい相手に対しても天敵の種類を伝えることがわかりました（39頁写真）。

カラスに対する「ピーピー」とヘビに対する「ジャージャー」をそれぞれスピーカーから再生し、親鳥の反応を調べる実験を行ないました。親鳥は「ピーピー」と聞くと、ヒナへの給餌をいったん中止し、首を左右に振りながら木々の枝を移り渡り、巣の上空を警戒しました。これは、あたかもカラスを探すような行動です。カラスなどの天敵は、周囲の木々を飛び渡りながら巣に近づくので、左右に首を振り周囲を確認することで、いち早くその存在に気づくことができるのです。カラスを見つけると、つがいは協力して追い払いにかかります。

一方、「ジャージャー」という再生音声を聞くと、親鳥は巣の周辺の地面を確認しました。ヘビは地面から木を這い上がって、樹洞に侵入するので、まず地面を確認することで、親鳥はいち早くヘビの接近に気づくことができるのです。いったんヘビの存在に気づくと、親鳥はヘビに近づき、翼や尾羽を広げながら、身を呈して撹乱しに行きます。可能な限り、ヘビを巣から遠ざけようとするのです。

古くから、動物の鳴き声は恐怖や喜びなどの感情の表れであると考えられてきました。しかし、一連の研究から、シジュウカラの鳴き声は単なる恐怖の表れというよりも、天敵の種類を伝える「単語」であることがわかってきました。

他種にも伝わる天敵情報

　私が調査地にしている長野県の落葉樹林では、シジュウカラは、コガラ、ヒガラやヤマガラ、ゴジュウカラ、コゲラなど多くの鳥たちと隣り合わせで生活しています。一般に、鳥類は繁殖する際になわばりを形成しますが、その多くは同種のライバルとの空間的な線引きです。他種とはつがいをめぐる争いがなく、食物資源をめぐる競合も少ないため、種間でなわばりをもつことはあまりありません。その結果、シジュウカラの巣の周りにも、さまざまな鳥類種が巣をつくり、繁殖する様子がよく見られます。

　私は、シジュウカラの「ピーピー」「ジャージャー」という鳴き声が、同種のみならず、周囲で繁殖する他種に対しても情報を伝えていることを発見しました。カラスに対する「ピーピー」をスピーカーから再生すると、それを聞いた他種の鳥たちは、音源の周囲で首を振り、あたかもカラスを探すような仕草を示します。一方、ヘビに対する「ジャージャー」を再生すると、彼らはわざわざシジュウカラの巣の近くまで飛んできて、周囲の地面を確認します。

　他種の鳥たちがなんのためにシジュウカラの警戒の声を聞き分けて、異なる反応を示すのかは、未だ明らかではありません。例えば、繁殖地にどのような天敵が迫っているのか、あらかじめ情報を集めておくことで、自身の巣の防衛に役立てることができるのかもしれません。ひょっとすると、シジュウカラの巣の防衛を手伝っておくと、将来、自分の巣に危

ヤマガラ（上）やゴジュウカラ（下）など、同じ森で生活する鳥類もシジュウカラの声を利用している

険が迫ったときに、シジュウカラに協力してもらえるという互恵性があるのかもしれません。いずれにせよ、シジュウカラの鳴き声は、周囲で暮らす鳥たちにとっても、貴重な情報源として役立っていることは確かです。

群れの中でも欠かせない音声コミュニケーション

繁殖を終えたシジュウカラは、秋になると、数羽から十数羽の仲間とともに群れ生活を始めます。木々が密集した森の中で、仲間の位置を確認したり情報を共有したりするには、音声によるコミュニケーションがとても役に立つようで、シジュウカラは群れの中でもよく鳴きます。

シジュウカラの群れを観察していて、もっともよく聞くのが「ヂヂヂヂ」という声です。この声は、群れの仲間と遠く離れてしまったときや、木の実やヒマワリの種といった有用なエサを見つけたときなど、さまざまな文脈において使われます。この声を聞くと、群れの仲間はその音源に近づいていくので、「ヂヂヂヂ」は「集まれ！」という意味を伝えているようです。

シジュウカラの群れは非常に広範囲を移動するので、しばしば群れの仲間同士がはぐれてしまうことがあります。そうなると、天敵である猛禽類の接近に気づきにくくなったり、周囲を警戒するあまり採餌に集中できなかったりするなど、さまざまな不利益が生じます。「ヂヂヂヂ」という声は、群れを維持し、安心した生活を営む上で重要な役割を担っているのです。

非繁殖期にも天敵はたくさん

秋も深まり木々の落葉が始まると、シジュウカラにとっては試練の季節が訪れます。ハイタカやオオタカは、上空を飛びながら首を傾げて、シジュウカラの群れを探します。葉が生い茂る夏に比べて隠れる場所も少ないため、1日に何度も猛禽類に狙われます。春から夏はバッタやトカゲを捕まえていたモズも、食物が枯渇する秋から冬にかけてはシジュウカラをよく襲います。モズは体が小さく小回りがきくので、とても危険な捕食者です。シジュウカラはこれらの天敵の襲来を、鳴き声を用いて仲間に知らせます。

非繁殖期によく聞かれる警戒の声は、2種類あります。ひとつは「ヒヒヒ」と聞こえる声で、猛禽類が上空に現れたときに発します。この声を聞くと、群れの仲間は猛禽類に襲われぬよう、枝の密集した藪を見つけてその中に逃げ込むか、存在に気づかれぬようその場でじっと身を潜めます。この声は小鳥に対してはよく聞こえますが、猛禽類には聞き取りにくい７～８ｋＨｚほどの単調な音声で、シジュウカラ以外にも多くの鳥で類似の波形をしています。

もうひとつの警戒の鳴き声は、「ピー

ツピ」と聞こえる音声です。この声は、枝にとまったフクロウなど、すぐには襲いにくるわけではないけれど、気づいておいたほうがよい脅威に対して発せられます。この声を聞くと、シジュウカラは首を左右に振りながら周囲を警戒します。つまり、この声は「警戒しろ！」という意味です。

鳴き声の組み合わせによる「言葉」

複雑な意味を伝える鳴き声の組み合わせ

このように、シジュウカラは群れの中でもさまざまな鳴き声（単語）を用いて情報を伝えていることがわかってきました。興味深いことに、シジュウカラは時折、これらの鳴き声を組み合わせて発することがあります。

例えば、「ピーツピ・ヂヂヂヂ」と聞こえる声。この声は、シジュウカラが仲間とともにフクロウなどの天敵を追い払いにかかる際に発するもので、「ピーツピ」という警戒の声と「ヂヂヂヂ」という集合の声から構成されています。

天敵を追い払うには、まさに「警戒」と「集合」という両方の行動を必要とします。警戒するだけでは、天敵の位置を把握できても追い払うことはできません。また、不用意に天敵に近づくと、攻撃されてしまうでしょう。「ピーツピ・ヂヂヂヂ」という鳴き声は、「警戒しながら集まれ！（そしてともに天敵を追い払おう）」という複雑な情報を伝えているのかもしれません。そこで、この仮説を検証するために、スピーカーから音声を再生し、シジュウカラの反応を調べました。

シジュウカラは、「ピーツピ」という再生音声を聞くと、首を水平に振って周囲を警戒しました（44頁図A）。一方、「ヂヂヂヂ」という声を再生すると、警戒する様子を見せず、音源に近づきました（44頁図B）。つまり、「ピーツピ」と「ヂヂヂヂ」は、それぞれ「警戒しろ」と「集まれ」という意味だということが確認できました。

次に、これらの組み合わせ音声である「ピーツピ・ヂヂヂヂ」を再生しました。すると、シジュウカラは、周囲を警戒しながら音源に近づいてきました（44頁図C）。これは、「ピーツピ」に対する警戒反応と「ヂヂヂヂ」に対する接近反応の両方を合わせた反応です。つまり、シジュウカラは組み合わせ音声から、おのおのの要素（単語）の意味を抽出し、同時に理解していたのです。

語順に従って意味を読み解く文法力

興味深いことに、シジュウカラは「ピーツピ」と「ヂヂヂヂ」を「ピーツピ・ヂヂヂヂ」という決まった順序にのみ組み合わせ、「ヂヂヂヂ・ピーツピ」の順に組み合わせることはありません。そこで、この文法規則が情報伝達にどのよう

A　周囲を警戒

ピーツピ

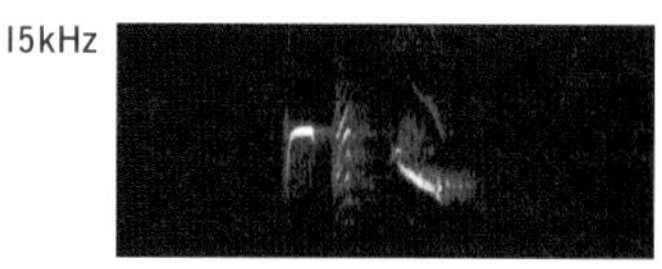

B　接近

ヂヂヂヂ

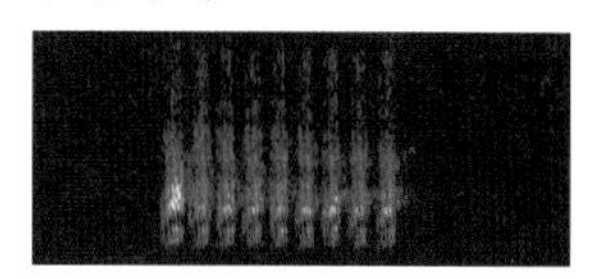

C　周囲を警戒しながら接近

ピーツピ・ヂヂヂヂ

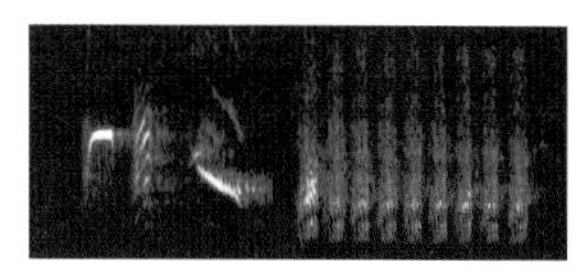

D　警戒も接近もせず

ヂヂヂヂ・ピーツピ

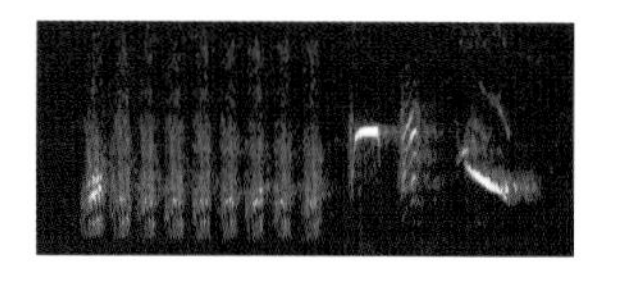

シジュウカラは、「ピーツピ」を聞くと首を水平に振り周囲を警戒し(A)、「ヂヂヂヂ」を聞くと音源に近づく(B)。組み合わせ音声である「ピーツピ・ヂヂヂヂ」に対しては、周囲を警戒しながら接近する行動を示す(C)。人工的に組み合わせの順序を入れ替えた音声(「ヂヂヂヂ・ピーツピ」)に対しては、警戒も接近もしない(D)。図の右端は各音声の声紋で、縦軸に周波数、横軸に時間をとることで、音声を可視化したもの

に役立っているのか調べるために、人為的に組み合わせ順序を変えた合成音（「ヂヂヂヂ・ピーツピ」）も再生し、シジュウカラの反応を調べました。

こちらも結果は明瞭でした。順序を入れ替えた「ヂヂヂヂ・ピーツピ」の再生音に対しては、シジュウカラは警戒行動も接近行動も示さなかったのです（図D）。つまり、シジュウカラは「ピーツピ」、「ヂヂヂヂ」のそれぞれの要素にただ反応していたわけではなく、組み合わせの順序（語順）まで正確に認知して、音声の配列（文）がもつ意味を読み解いていたのです。シジュウカラの鳴き声には文法規

則もあるようです。

驚くべきシジュウカラの言語能力

文法規則に従って単語を組み合わせ、文をつくる能力は、これまでヒトにおいて固有に進化した言語能力であると考えられてきました。しかし今回、シジュウカラが異なる意味をもつ鳴き声（単語）を規則に従って組み合わせ、より複雑なメッセージ（文）をつくることが明らかになりました。

オナガザルの仲間や類人猿にも、異なる種類の鳴き声を組み合わせる種が見つかっていますが、それによって意味が組み合わされる証拠は得られていません。また、小鳥のさえずりにも「ホー・ホ・ケ・キョ」など異なる要素の組み合わせが見られますが、前述したとおり、フレーズ全体として「なわばりの防衛」や「求愛」といったアバウトな情報を伝える「さえずり」であり、意味の組み合わせは見いだせません。それに対して、今回発見したシジュウカラの「地鳴き」の組み合わせは、まさに、単語の組み合わせといえます。さらに、単語を組み合わせるための文法規則も見つかりました。構造上も機能上も、ヒトの言語に限りなく近いコミュニケーションであるといえます。

ヒトに特有と考えられてきた言語能力が、鳥類の一種であるシジュウカラにおいて発見されたことは、驚きに値します。なぜなら、これまでに多くの研究がなされてきたにもかかわらず、文法を用いたコミュニケーション能力は、ヒト以外の霊長類に見つかっていないからです。つまり、この能力は動物に広く見られる性質というよりは、ヒトとシジュウカラとに独立に（収斂的に）進化した能力であると考えるのが妥当です。

１７５種を超える音声の配列

私のこれまでの研究で、シジュウカラは20種類以上の音声要素（アルファベットに相当）をもっており、それらをさまざまに組み合わせることで、「ピーツピ・ヂヂヂヂ」以外にも、「チチチ・ヂヂヂヂ」や「ピチュピー」など、１７５種類以上のユニークな鳴き声の配列を発することがわかってきました。今回の研究では、「警戒しろ！」と「集まれ！」からなる2語文の存在を明らかにしましたが、シジュウカラはほかにもさまざまな単語を組み合わせ、多様なメッセージをつくっていると思われます。今後は、シジュウカラが文法を用いて、どれほど複雑な情報をどれだけ正確に伝えているのか、明らかにしていこうと考えています。

ほかの鳥にも言語能力？

また、今回のシジュウカラの研究が契機となり、他の鳥類においても言語能力に関する研究が進むことを望んでいます。実際に、アフリカのカラハリ砂漠に生息

調査地の風景

するシロクロヤブチメドリという種では、シジュウカラに見られた単語の組み合わせに類似した現象が報告され始めています。彼らも仲間に警戒を促す鳴き声と仲間を呼ぶ声を組み合わせ、天敵を追い払う際に発することがあるそうです。ただし、チメドリの鳴き声の組み合わせに文法規則があるのかどうかは未だ明らかではなく、さらなる研究が望まれます。

シジュウカラ科とチメドリ科はそう近いグループではないので、鳴き声の組み合わせによる情報伝達は、鳥類のいくつかの系統で独自に進化した可能性があります。これら2つのグループは非常に社会性が発達しています。シジュウカラは数羽〜十数羽、ときには他種の鳥とも群れをつくって生活しますし、チメドリの群れではさまざまな社会行動（分業や協力行動）が見られます。ヒトの言語は社会性の発達とともに複雑化したと考える研究者は数多くいますが、鳥の鳴き声が複雑に進化する上でも、社会性の発達が大きな要因になりうるのではないかと思います。

もちろん、その他さまざまな要因も、鳴き声の進化において重要な働きをしてきたと考えられます。例えば、日本ではカラスとヘビがシジュウカラのヒナの主な天敵ですが、ヨーロッパではシジュウカラのヒナを狙うヘビはおらず、アカゲラが主な天敵だそうです。カラスとヘビを識別する能力や、それらを示す単語は、ひょっとするとアジアのシジュウカラにおいて特別に進化したのかもしれません。

今後は、シジュウカラ以外の鳥たちも対象に音声研究を進めていきたいと考えています。鳥類のもつ言語能力が、どのような要因によって、どのようなプロセスを経て進化したのか明らかにすることができれば、私たちの言語がどのように複雑化したのか理解することにもつながるのではないかと期待しています。

創立者・中西悟堂と会報誌『野鳥』―2―

前項の会報誌『野鳥』創刊に先立ち、1934（昭和9）年3月11日に内田清之助などの鳥類学者や、柳田國男らの文化人など有識者が集まり、「鳥を軸にした新しい文化の創造」を理念に、日本野鳥の会が発足しました。悟堂は科学と芸術の融合を会の方針として、『野鳥』の発行と「あるがままの野鳥の姿を愛でる」＝「愛鳥」の概念を広める活動を進めていきます。とくに終戦後は47都道府県の県鳥の制定を提唱し、かすみ網による密猟禁止運動を展開して、鳥獣保護法の制定を働きかけるなど社会的にも影響を与えていきました。「いかなる思想も、自然を欠いて語ることなど不可能である」と語っていた悟堂の活動は、日本における自然保護・環境保護に先鞭をつけるものでした。

会報誌『野鳥』は第二次世界大戦中も、ほぼ毎月100頁に及ぶ内容で発行されていましたが、戦局の悪化で1944年に停刊します。しかしそのころには1800人に達していた会員からの復刊を望む声もあり、四七年に復刊。以来、「鳥たちを守ることは、日本の山河を守ること」という悟堂の言葉を受け継ぎ、大規模開発などによる環境破壊に対して異を唱える社会的な側面と、野鳥や自然に関する科学的知見、およびそれらに親しむことの普及的側面をもちながら現在も刊行を続け、通巻870号を超えています。

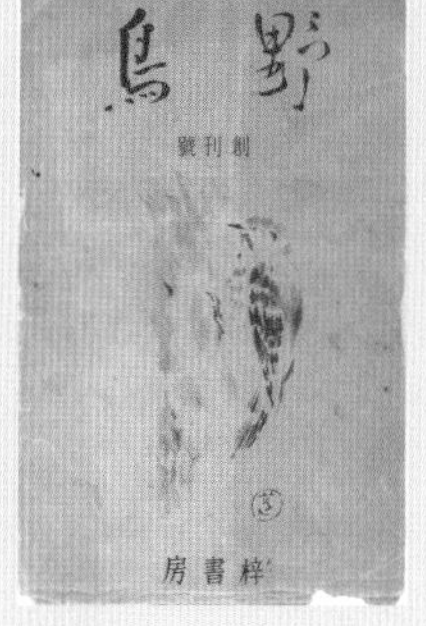

『野鳥』創刊号（1934年5月1日発行）。表紙画は山口蓬春による

『野鳥』2024年11・12月号。通巻873号となる

chapter 1-6

オスがつくる求愛のための巣

鳥の巣の不思議 ―1―

文・写真 上田恵介　写真 齋藤武馬

鳥たちがつくる巣は、形も大きさも、材料もさまざま。子育ての場としてはもちろん、求愛のためにも、ときに他の生物のすみかとしても利用されます。鳥の巣に秘められた驚きの役割を紹介します。

鳥の巣には、いろんな形状のものがあります。大きいもの、小さいもの、キジバトの巣のように、あまり手のかかっていない雑な巣から、木の枝先に上手に吊り下げられたメジロの巣まで、巣のつくりは千差万別です。ミソサザイの巣やエナガの巣（写真1、3）は、鳥の身体のサイズを考えると、よくこんなものをつくれるなぁと感心するような、立派で、きれいな巣です。セッカの巣（写真2）も、縫うという技術に支えられた繊細で美しい巣です。外国の鳥ではツリスガラのフェルトのような暖かそうな吊り巣、ツリスドリの下向きに入り口のある壺のような巣、ハタオリドリ類の草の葉できれいに編み上げられた巣も芸術品です。

巣が求愛の武器になる

ところで、これらの精巧な巣を、オスとメス、どちらがつくるのでしょう？エナガは一夫一妻で、夫婦で共同して、コケをクモの卵嚢（らんのう）でくっつけて、大きな巣をつくります。夫婦で共同してつくるので、エナガの巣は〝求愛巣〟ではありません。

南米のツリスドリ類ではメスが巣づくり担当です。例えばキゴシツリスドリのメスたちは、一本の木に集団で多数の巣を吊り下げます。メスは草の葉を丁寧に編み込んで、20日間くらいかけて、枝からトックリを逆さにしたような巣を吊り下げます。けれどオスは巣づくりから子育てまで、一切関与せず、なわばり防衛に専念します。

　一方、ミソサザイ、セッカ、ツリスガラ、ハタオリドリ類など、多くの鳥で、巣づくりはオスの仕事です。「なぜオスだけなのか」には理由があります。それは彼らの精巧な巣は、メスを呼び込んで、つがいを形成する、または交尾をするための〝求愛巣〟だからなのです。

　これら手の込んだ巣は、オスにとってはクジャクの派手な尾羽（上尾筒）と同じ機能をもっています。ミソサザイやセッカは、自分の身体にきれいな飾り羽を進化させるかわりに、巣を求愛のための飾りを兼ねるものにしたのです。

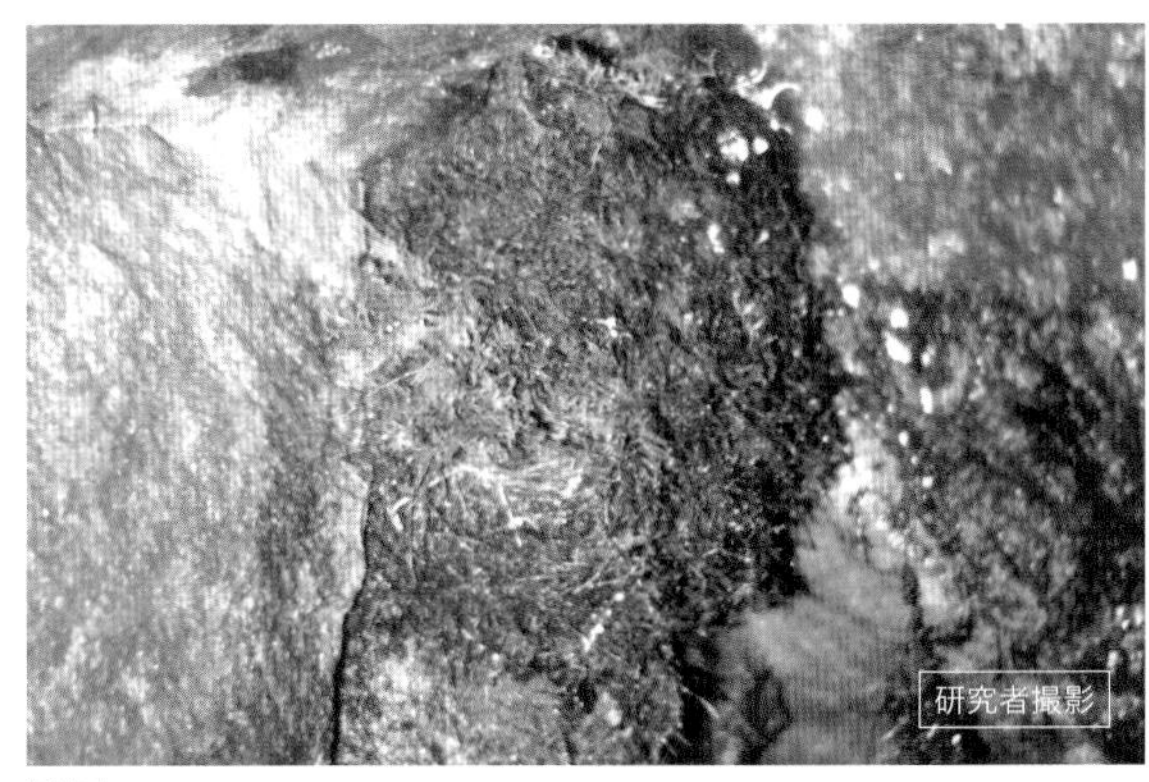

写真1
コケで精巧につくられたミソサザイの巣（写真／齋藤武馬）

写真2
メスが入って、産卵が終了したセッカの巣。枯れ草などの内装材が運び込まれている

写真3
エナガの巣（古巣）

セッカの巣は、枯れ草を使う他の鳥の巣とちがって、緑色の小さな壺のような感じがします。それはオスがクモの卵嚢から取った糸で、ススキやチガヤの生の葉を縫い合わせたものが巣の外壁になるからです。巣の外壁になっている葉をよく見ると、葉の縁に沿って小さな穴があけられており、そこにクモの糸が巧妙に通されて、結び目までついています（53頁写真2）。人間のような指もぬい針もない鳥にこのような巧妙な細工ができるとは、ほんとうに驚きです。

メスは巣の出来で相手選び

セッカのオスは春になわばりを確立すると、4月末あたりからメスを誘うための求愛巣づくりをはじめます。巣の土台はチガヤ、ススキ、メリケンカルカヤなど、イネ科植物の生の葉です。巣は地上20cmほどの案外低いところに、クモの卵嚢から取った糸で、生の葉を縫い合わせてつくられます。セッカのオスがつくる巣は、美しい縦長の壺巣で上部に出入り口があります。巣づくりは8月まで続き、オスは朝から夕方まで、一日中巣づくりにあけくれます。

オスより少し遅れて渡来したメスは、あちこちのなわばりを渡り歩いて、巣の品定めをします。そしてメスがその巣（もしくはオス）を気に入れば、つがいが成立し、交尾が行なわれます。交尾後、メスは巣の内装や産座を、枯れ草やチガヤの穂を運び入れて完成させます（49頁写真2）。セッカのメスは抱卵中も巣の手入れに余念がなく、卵やヒナのいる巣は、チガヤの穂や枯れ草などが補充されて、ほっこり暖かくつくられています。

巣を次々つくって、求愛し続ける

一方、オスは求愛巣をつくるのみで、交尾後は巣にはほとんど近寄らず、抱卵やヒナの世話はまったく行ないません。これらはすべてメスの仕事なのです。そして次の日には、もう別の求愛巣をつくりはじめ、こうして次々とメスを獲得して、一夫多妻になっていきます。セッカの一夫多妻は徹底していて、私の調査では、最多のオスは4月から7月の4か月間で計18個の巣をつくり、11羽のメスを獲得しました。

ミソサザイも連続的一夫多妻?

ミソサザイもセッカと同じく、オスが次々といくつもの巣をつくって、メスを誘う鳥です。オーバーハングした大岩の天井部分やひっくり返った倒木の陰に、コケで直径20cmくらいの大きくて立派な巣をつくります。長野県で過去に調べられた例では一夫四妻になった例があります。この論文にはオスが複数の巣をつくって、その中からメスに選ばせるという記述がありますが、どうも同時に複数の巣をつくるのではなく、ひとつの巣にメスが入ったら、また次の巣をつくってメスを誘うというセッカと同じ〝連続的一夫多妻〟の配偶システムをもっているようです。

ツリスガラ、子育ては雌雄どっち？

ツリスガラのオスも精巧で美しい巣を次々とつくって、メスを誘い、一夫多妻になろうとします。この点はセッカやミソサザイと同じなのですが、ツリスガラの場合、ことはそう簡単にはいきません。セッカの場合は抱卵や子育てはすべてメスの仕事なのですが、じつはツリスガラではこの繁殖分担が雌雄で決まっていないのです。スウェーデンでの研究によると、例えばあるメスなどは次々と4羽のオスとつがって、はじめの3つはオスに抱卵を任せ、最後の1巣だけを自分で抱卵しました。別のオスはシーズン中に7個の巣をつくり、3羽のメスとつがいましたが、最初の2つの巣では結局、メスは巣を放棄してしまいました。オスとメスの間に繁殖をめぐる熾烈な駆け引きがあるのです。

まさに機織る、ハタオリドリ類

ハタオリドリは、スズメが昔ハタオリドリ科に入れられていたように、その形態から、スズメ科に近いと考えられていたこともありましたが、現在ではＤＮＡ解析の結果、テンニンチョウ科やカエデチョウ科に近く、スズメ科とは系統的にかなり離れたグループだということがわかっています。

ハタオリドリはその名のとおり、オスがイネ科の草本などの草の葉を使って、機を織るように巣をつくります。ハタオリドリの巣はまだ青い新鮮な草の葉が、何重にも織り込まれている籐カゴのような巣で、この巣をメスが選び、つがいを形成します。

オスは長い草の葉を、ほんとうに編み物をするように編み込んで、精巧な壺状の巣をつくります。そして巣ができあがると、巣の入り口でメスを呼びます。巣材の葉っぱが古くなってくるとメスがなかなか来てくれなくなるので、オスはまた別の新しい巣づくりをはじめます。運よく、つがいになったオスは、すぐに別の巣づくりをはじめ、結果的に一夫多妻になっていきます。ハタオリドリの巣も、メスを次々と引き入れるための求愛巣なのです。

ハタオリドリの仲間
（写真／iStock・Utopia_88）

chapter 1 7

裁縫する鳥 セッカとサイホウチョウ

鳥の巣の不思議 2

文・写真 上田恵介

〝鳥が裁縫する〟と言うと、驚かれそうですが、セッカ科に属するいくつかの鳥は、ほんとうに裁縫をします。ここでは、セッカとサイホウチョウについて、彼らの驚くべき裁縫技術を紹介し、その進化の謎にせまりたいと思います。

セッカ科には現在27属１５９種の鳥が属していますが、そのうち裁縫をすることが知られているのは、（たぶん）セッカ属 Cisticola（52種）とサイホウチョウ属 Orthotomus（11種）です。

たぶんと言うのは、ほかのアフリカにすむセッカ科の鳥たち、例えばムシクイチメドリ属 Neomixis やイロムシクイ属 Apalis など、聞いたこともない残りの25のマイナーな属についての研究はまったくと言っていいほど行なわれておらず、その生態や行動はほとんどわかっていません。しかしいくつかの属については巣の写真がネット上で公開されており、それらを見る限り、精巧な巣をつくる種類はいますが、裁縫をして巣をつくる種は今のところいないようです（あやふやですみません）。

セッカはその形態的特徴から、過去にはヨシキリやムシクイ類の仲間（ウグイス科セッカ属）と考えられてきましたが、DNAの証拠から最近ではセッカ科として独立したグループに格上げされ、メジロやヒヨドリなどに類縁が近いグループであると考えられています。そしてさらに研究が進んだ現在、セッカ科には熱帯にすむサイホウチョウ類やハウチワドリ類、これまでムシクイ類やチメドリ類とされていた多数の鳥も含まれることがわかってきました。このうち、セッカ属とサイホウチョウ属の鳥が葉を縫い付けて巣をつくる習性（いわゆる裁縫）をもっています。

　セッカの起源はアフリカです。セッカとタイワンセッカ以外の50種のセッカ属の鳥は、アフリカだけにすんでいます。これらの鳥はすべて日本のセッカとよく似た地味な色彩で、翼長40～80㎜ぐらいの小鳥です（セッカの翼長は約50㎜）。セッカ属の中で、アフリカを出て世界に広く分布を広げたのが、日本にもいるセッカと、台湾、東南アジアからオーストラリアに分布するタイワンセッカです。なんとなく、アフリカを出た私たちの祖先ホモ・サピエンスの歴史を思い起こさせます。

　日本のセッカは草原にすんでいるので、セッカ属といえば草原の鳥のイメージがありますが、アフリカではサバンナの灌木林や森林性のセッカまでいるそうです。一方、サイホウチョウ属はインド、東南アジアからフィリピンまで生息していま

写真1
セッカのオス。オスの特徴である、口の中が黒いのがわかるだろうか

写真2
セッカのオスが作成中の求愛巣。クモ糸で葉が縫い合わされ、隙間に白いチガヤの穂が詰められている（西表島で撮影）

すが、草原ではなく林の鳥です。

布と糸として利用する材料

私が昔、セッカの研究をしていたとき、セッカのオス（53頁写真1）が白いものを運んで巣をつくるのを見ていました。この白いものは、はじめはチガヤの穂を運んでいるのだと思っていました。しかしよく観察をしていると、巣づくりのはじめのうちにオスが運んでいるのは、チガヤの穂ではなく、草原に網を張っているナガコガネグモや地上にいるコモリグモ類の卵嚢であることがわかってきました。セッカのオスはクモの卵嚢で何をしているのでしょう。

見ていると、オスはくちばしを使って卵嚢を葉にこすりつけながら丁寧にほぐし、糸状にし、それを使ってチガヤやススキの生の葉を縫い付けているのがわかりました。セッカのオスは、イネ科植物の長い葉に、縦に次々と穴をあけては、ほぐしたクモの糸を通し、それを反対側からひっぱって、次は隣の葉にも同じことをして、2枚の葉を縫い付けていくのです（53頁写真2）。

セッカは脚が長いとよく言われます。離れた2本の草の茎をそれぞれの脚でつかんで、股を広げている写真もよく見かけます。実際、セッカには個体識別用の色足環が3個は楽につけられます（脚の短いカワセミやツバメには1個がやっとです）。

写真3
アカガオサイホウチョウ（シンガポールで撮影）

裁縫しやすい体の形態

セッカのこの脚の長さについて、最近、とても納得したことがあります。サイホウチョウがセッカの仲間である（セッカ科サイホウチョウ属）ということが、DNAによる最新の分子系統解析によってわかってきたのですが、セッカもサイホウチョウのようにくちばしを使ってススキやチガヤの葉を器用に縫い合わせる

〝サイホウ鳥〟です。私がセッカのこの行動をはじめて見たとき、「あれ、サイホウチョウと同じことをやっている」と思った記憶があります。当時、〝縫う〟という行動ができる鳥は、サイホウチョウ類だけだと思われていたのです。

シンガポールでサイホウチョウ類を見ていたとき、はじめてセッカの脚が長いわけがわかりました。シンガポールに生息しているオナガサイホウチョウもアカガオサイホウチョウも、小柄なその身体に比して脚がとても長いのです（写真3）。私は幸運にも、現地でオナガサイホウチョウの巣づくりを見ることができました。オナガサイホウチョウが巣づくり場所に選ぶのは決まってモモタマナという、大きな広い葉をもつ熱帯樹種です。見ているとオナガサイホウチョウのオスはまずその長い脚を使って、モモタマナの新しい葉の両端をつかんで足元に引き寄せ、丸い筒状の構造をつくったのです（写真4、5）。そして、おもむろに葉の両側に穴をあけては、くわえてきたクモの糸を通して、裁縫作業に入っていったのです。

だからセッカの長い脚は伊達ではなく、サイホウチョウ類と同じようにチガヤやススキの葉を両側から引き寄せて、縫い付けるために使われているのです。

「セッカの脚、長いねえ」と多くのバードウォッチャーはなんとなく思うだけで、その意味まで考えることはないと思いますが、自然淘汰のプロセスはこういう形質にまで働いているのです。

写真4
モモタマナの新しい葉先を丸めてつくられたオナガサイホウチョウの求愛巣

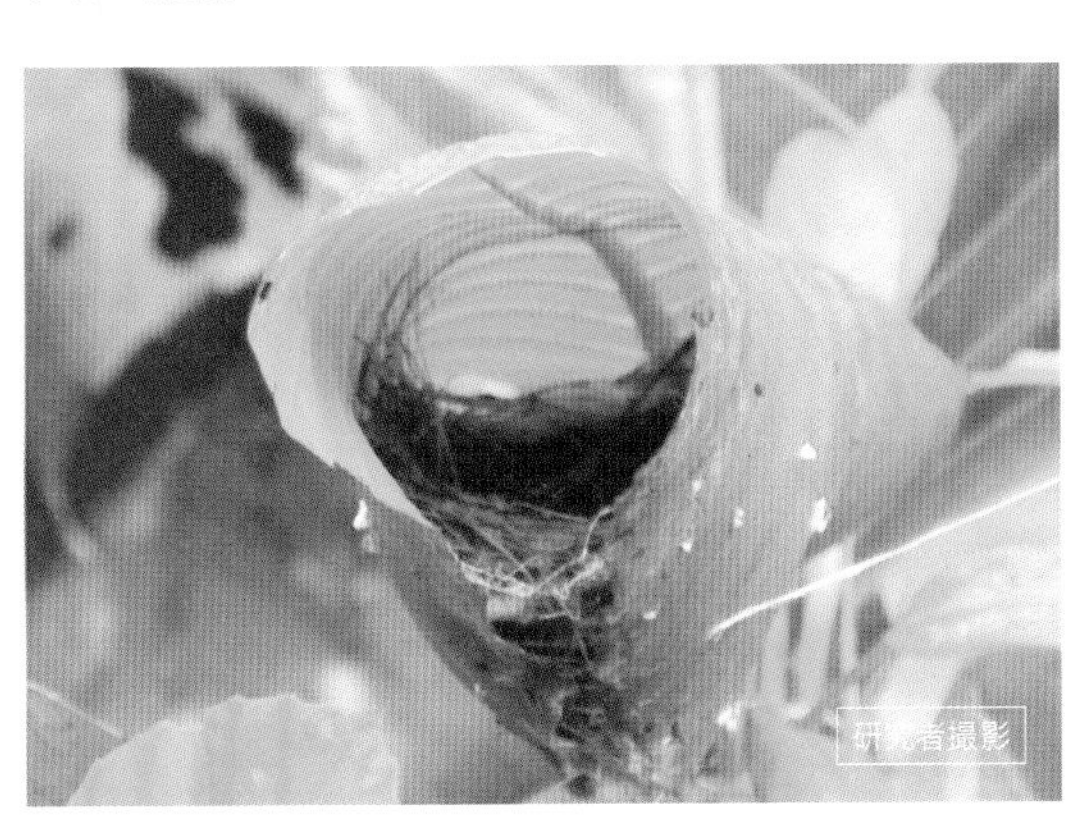

写真5
オナガサイホウチョウの完成した巣（中には卵が入っている）

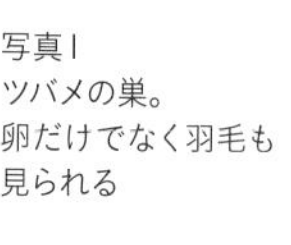

写真1
ツバメの巣。
卵だけでなく羽毛も
見られる

鳥の巣の不思議 3

鳥の巣を活用する昆虫

文 写真 那須義次

鳥は樹などに穴をあけたり、枯れ枝や枯れ草を一か所に集めたりして、お椀形やボール形といった巣をつくったりします。このような巣は、多くの生物にすみかやエサを提供していることをご存じでしょうか。ここでは、昆虫が鳥の巣をどのように活用しているのか、そしてそれに関連した興味深い生態や行動を紹介しましょう。

繁殖や越冬に鳥の巣を活用

市街地で繁殖するスズメは、建物の隙間などに大量の枯れ草を詰めて巣をつくります。ツバメやコシアカツバメは建物の軒下や壁などに泥で巣をつくり、中に枯れ草や他の鳥の羽毛などを敷きます(写真1)。このような巣からは、幼虫が毛織物の害虫として有名な、ヒロズコガ科のイガとコイガといった蛾が発生します。幼虫は巣内では羽毛などを食べています。さらに、穀類や乾燥食品の害虫として問題になるコメノシマメイガやカシノシマメイガといった蛾も発生します。幼虫は巣内のエサの残りや未消化物の植物質を食べています。

蛾の成虫が幼虫のエサとなる羽毛や植物質がある鳥の巣に飛来してきて、卵を産みつけているのです。
このように市街地の鳥の巣からは、屋内で発生する衣類や食品害虫が見られることから、害虫の野外での重要な発生源のひとつになっていると考えられます。ほかにもわら束やネズミ類の巣なども同様な害虫の発生源として知られています。

フクロウは、里山の樹洞や巣箱を繁殖に利用します。同じく里山で繁殖するオオタカも枯れ枝や青葉のついた小枝で大きな皿形の巣をつくります。猛禽類の巣内には食べ残しがあったり、親鳥やヒナが未消化物として吐き戻したペリットが散乱したりしています。ヒナや幼鳥のフンも溜まっています。このような動物質は、ヒロズコガ科のマエモンクロヒロズコガ（写真2）やフタモンヒロズコガ（写真3）といった蛾の幼虫のエサとなり、フクロウの巣では1巣から300個体以上羽化した記録があります。

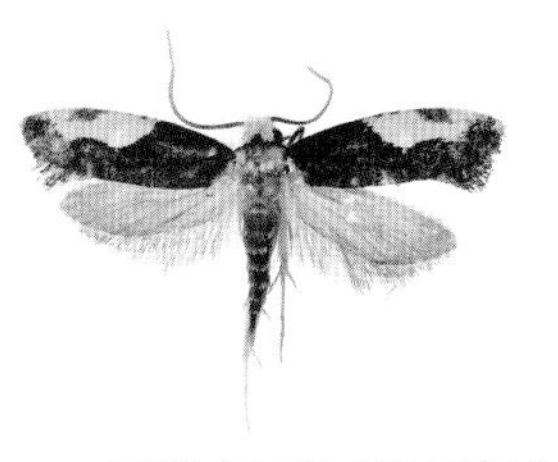
写真2／マエモンクロヒロズコガ

写真3／フタモンヒロズコガ

写真4
フクロウと関係の深いコブナシコブスジコガネ

フクロウの巣からは、コブナシコブスジコガネ（写真4）という甲虫が発生することもわかってきました。この甲虫の仲間は動物の骨や毛皮、羽毛などを食べているのですが、この種だけは何を食べているのか不明で、しかも採集例が非常に少ない、いわゆる珍品扱いされる虫でした。この幼虫は今のところフクロウとブッポウソウの自然巣あるいは巣箱からしか見つかっていません。幼虫は巣内の幼鳥が吐き出したペリットなどを摂食しているようです。

最近、兵庫県豊岡市で保護活動が実り野外で繁殖を再開したコウノトリは、高さ10ｍ以上の人工巣塔や電柱の上に枯れ枝を集めて直径約1・8ｍにもなる大きな皿形の巣をつくります。巣内には根ごと引き抜かれた草本やペリットに由来する大量の土が産座に堆積した特異な巣です（58頁写真5）。この巣にアカマダラハナムグリ（58頁写真6）という甲虫が大量に生息することがわかってきました。1巣から300個体にもおよぶ繭と成虫が発見されたのです。

この虫は、昔は普通にいたのですが、最近は非常に数が少なくなり、採集が難しいものになっていました。最近、オオタカ、ミサゴなどさまざまな猛禽類の巣で見つかり、その後、コウノトリやカワウ、カラスの巣といった比較的大きな鳥の巣

写真5
電柱の上につくられたコウノトリの大きな巣

写真6
猛禽類やコウノトリなどの鳥の巣から見つかるアカマダラハナムグリ

研究者撮影

に発生することがわかってきました。この幼虫は肉食の傾向が強く、巣内の腐植だけでなくエサの食べ残しなども食べていると考えられます。コウノトリの保護が希少種の甲虫の保護にもつながる例として、興味深いものです。この甲虫は、同様なエサがあると思われるフクロウの巣からは発見されていません。なぜフクロウの巣はだめなのかは、今後の研究課題です。

越冬場所として、巣を利用している虫もいます。マエモンクロヒロズコガやウスグロイガなどは、巣内で幼虫のままで越冬します。一方、成虫が越冬場所として巣を利用している事例もあります。ヤガ科のフクラスズメ成虫がコシアカツバメの1巣内で、8個体一塊になって越冬しているのが発見されたことがあります。

北海道のシマフクロウの巣箱では、クサモグリガ科の蛾が10月に見つかっています。この蛾は生の植物を食べますので、巣内で繁殖したものでなく、成虫が越冬場所に利用するために巣箱に入り込んできたと考えられます。

持ちつ持たれつ、相利的に共生

フクロウ類の巣内の蛾類は発生量が多く、巣内共生者として巣内堆積物の重要な分解者として働き、巣内清掃に重要な役割を果たしていることが示唆されています。すなわち、フクロウ類はヒロズコガ科に豊富なエサとすみかを提供し、蛾は巣内を清掃し毎年の巣利用を助けていると推測され、このような両者の関係は相利共生といえるかもしれません。

オーストラリアには、インコの巣と関係の深い蛾がいます。マルハキバガ科に属するもので、大きなシロアリの塚に穴を掘って巣をつくるキビタイヒスイインコの巣内に生息し、ヒナのフンを食べて育ち、ヒナの脚や羽毛に付着したフンまで食べて巣内を清潔に保っています。しかも、ヒナが死ねば蛾も生育できないという、まさに究極的な相利共生的関係が進化したといえる事例です。

亜南極海のマリオン島で繁殖するワタリアホウドリは、土でマウンド状の大きな巣をつくりますが、巣内には短翅で飛べないヒロズコガ科の蛾が生息しています。この蛾の幼虫は巣内の動物質を食べています。ワタリアホウドリが冬期に抱卵、抱雛することで巣内温度が外部よりも常に5℃高くなり、巣内のヒロズコガの死亡率が低下するとのことです。

一方で、巣内の昆虫が巣の持ち主に不利なあるいは危害を及ぼす場合もあります。鳥の巣からは、ヒナや幼鳥などの血を吸うマダニ類やシラミバエ類の記録も多く、アメリカでは、タニシトビやオオアオサギなどの巣でヒナに外部寄生して血を吸うカツオブシムシ科の甲虫も知られています。

また、日本からは特殊な例としてカラ類の巣をのっとったミツバチ科のコマルハナバチの事例が最近報告されました。コマルハナバチは木造家屋内や土中のネズミ類の空巣で営巣することが知られていますが、繊維状のものを集めて巣内の断熱材として利用しています。カラ類は巣材として繊維状のものを集めますが、ハチがこれを利用しようとしたため、鳥がいやがって巣を放棄したと考えられています。

巣内の昆虫は安全か

巣内に生息する昆虫は巣の持ち主である鳥からの捕食や攻撃を受けないのでしょうか。前出のキビタイヒスイインコの巣内にすむ蛾の幼虫がまれに親鳥に殺され、ヒナに与えられることが観察されています。猛禽類の巣に生息するアカマダラハナムグリも決して安全とはいえません。サシバの巣内で幼鳥がアカマダラハナムグリと思われる幼虫を捕食するのが観察されているからです。巣内の昆虫は、巣の持ち主から安全を保障されているとはいえないようです。

鳥の巣内で羽化したヒロズコガ科の蛾は飛翔性が悪く、刺激を与えるとすぐに巣材内に潜り込んで隠れます。これは、天敵あるいは巣の持ち主からの攻撃回避の適応行動ではないかと推察されます。また、猛禽類の巣でアカマダラハナムグリの幼虫が蛹化（幼虫からさなぎに変態すること）時に巣底部から発見されるのは、巣の持ち主の捕食からの回避あるいは高湿度条件下で発生する病気からの回避ではないかとも考えられています。

コウノトリの巣でも、アカマダラハナムグリなど甲虫類のほとんどの土繭は、巣の上部よりも底部で見つかり、また、アカマダラハナムグリ幼虫は昼間、堆積物中に隠れており、夜間活発に行動して、表面のエサを堆積物中に引き込むか、あるいは堆積物でおおう行動をとります。幼虫を堆積物中から掘り出すと、すぐに潜り込む行動も観察されています。

フクロウの巣内に生息するシラホシハナムグリも表面のエサを堆積物中に引き込むか、あるいは堆積物でおおう行動をとります。このような巣材にすみやかに隠れる、夜間に採餌する、巣の底部に潜むといった習性は、巣の持ち主からの捕食回避の意味があるかもしれません。

写真1／伊豆諸島鳥島

文 写真 鶴見みや古
写真 西 教生

鳥の巣や周辺に暮らすダニの仲間

鳥の巣の不思議 4

鳥に依存して生きるダニの仲間も多いのですが、本体に常時ついているのではなく、巣やその周辺で生きるダニもいます。その不思議な生活の一端を紹介します。

写真2／クロアシアホウドリの営巣地

鳥と密接な関係を築いている生物のひとつにダニがいます。しかし、一口にダニといっても、鳥の羽軸や羽にすむウジクダニやウモウダニの仲間のように、一生涯を鳥の体で過ごす終生寄生性のグループもいれば、ツツガムシやマダニ、ヒメダニの仲間のように、吸血するときにだけ鳥の体に寄生するもの、ツメダニ、ハエダニ、コナダニの仲間のように、鳥の巣の中にいて、鳥のフンや羽鞘（うしょう）などをエサとして自活するものなど、さまざまな生活様式をもったものが存在します。またダニの仲間には、ときにヒトや家畜の感染症を媒介するものもいることから、衛生害虫として、昔から嫌われ恐れられてきたことは周知の事実です。

　ところで、ダニは何の仲間かご存じでしょうか。ダニは、エビやカニなどを含む甲殻類、バッタやトンボといった昆虫類、クモ類やムカデ類などなど、さまざまな生き物を含んだ節足動物と呼ばれる動物群に分類されています。そしてさらに詳しく見てみると、この大きなグループのひとつを構成するダニの仲間はクモ綱（蛛形類）という分類群に分けられています。しかし、ダニの仲間には「これもダニ？」と思うような不思議な形をしたものや、初めにお話ししたような、さまざまな生活史をもつものもいて、まだまだわからないことがたくさんある謎多き生きものです。

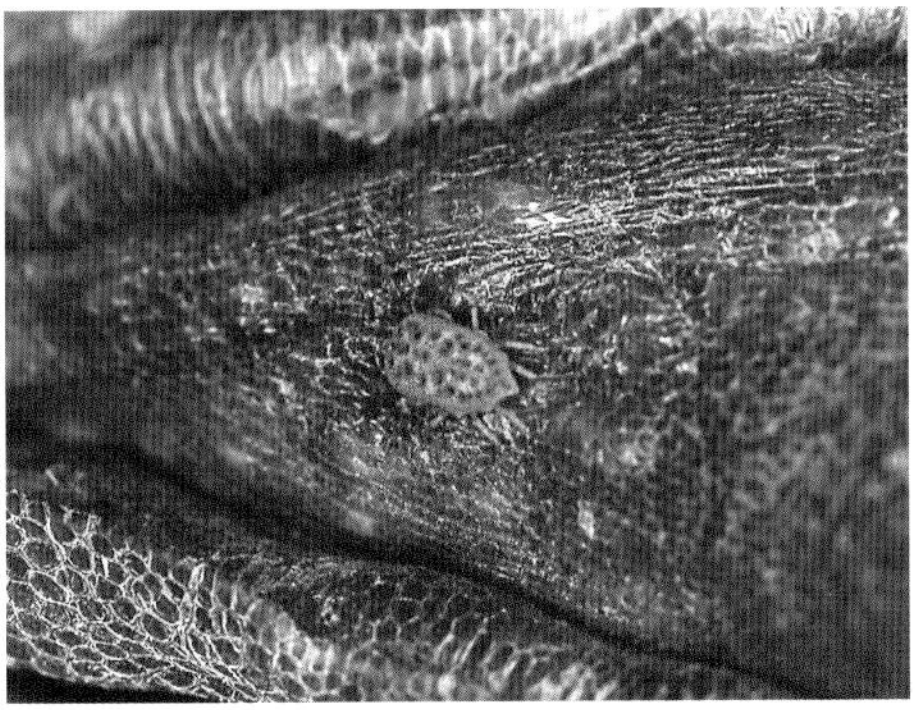

写真3
鳥の水かきから吸血中のクチビルカズキダニ。大きさは約5㎜

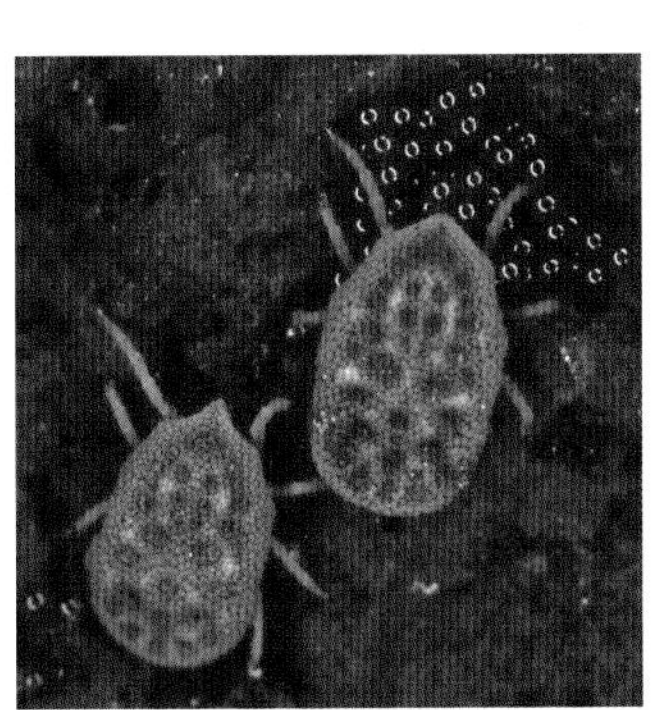

写真4
岩に産卵中のクチビルカズキダニとその卵

鳥の巣や営巣地でひたすら待つ

　このダニにはじめて出合ったのは、アホウドリやクロアシアホウドリなど海鳥の島として知られる太平洋の孤島鳥島（写真1）でした。そのダニは、アホウドリやクロアシアホウドリの営巣地（写真2）に集団で生息する、ダニ目ヒメダニ科のクチビルカズキダニ（写真3）です。このダニは、営巣地の地面や岩の隙間に潜んで（写真4）、鳥がやってくるのを今か今かと待ち続け、鳥がやってくると、体に這い上って吸血するのです。このダニの吸血スタイルは、イヌやネコの体表

写真6
ツバメヒメダニの腹面。
大きさは約7㎜

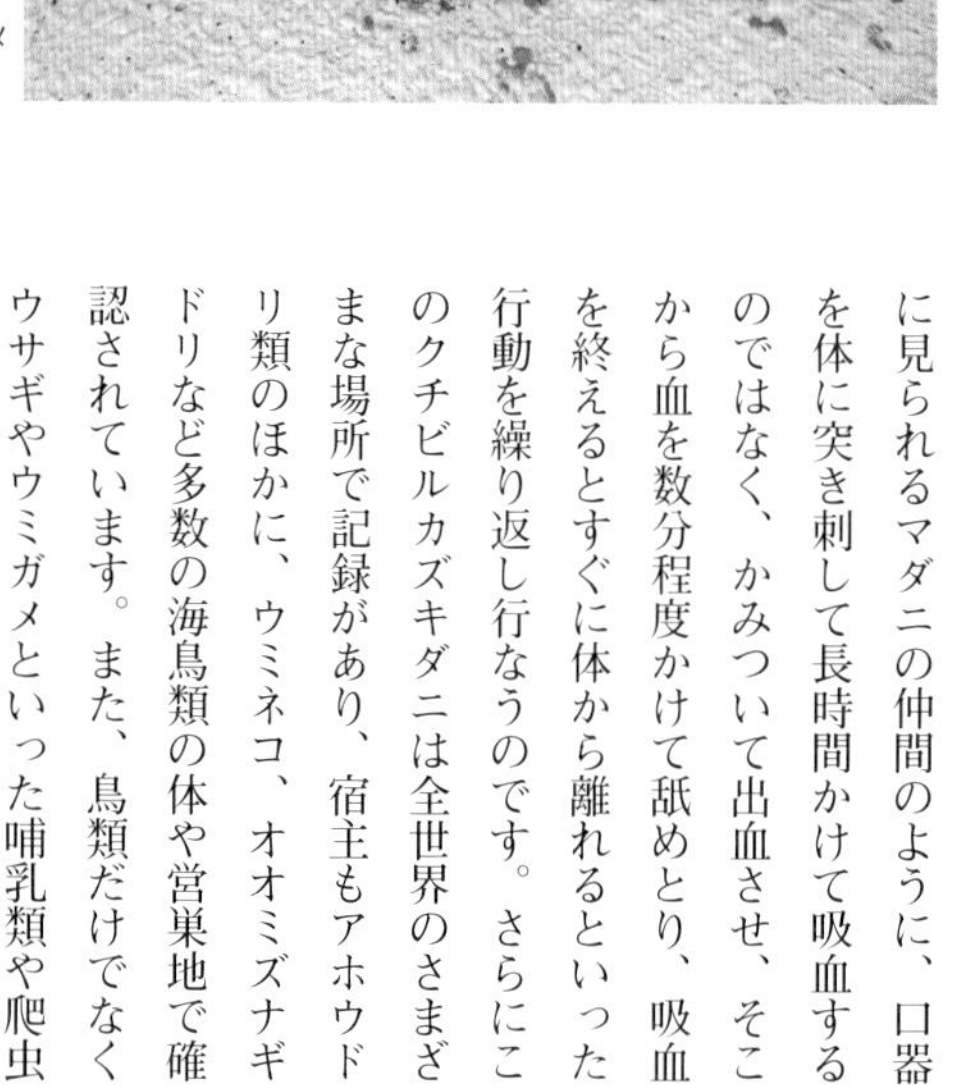

写真5
ツバメヒメダニがいたイワツバメの巣（写真／西 教生）

に見られるマダニの仲間のように、口器を体に突き刺して長時間かけて吸血するのではなく、かみついて出血させ、そこから血を数分程度かけて舐めとり、吸血を終えるとすぐに体から離れるといった行動を繰り返し行なうのです。さらにこのクチビルカズキダニは全世界のさまざまな場所で記録があり、宿主もアホウドリ類のほかに、ウミネコ、オオミズナギドリなど多数の海鳥類の体や営巣地で確認されています。また、鳥類だけでなくウサギやウミガメといった哺乳類や爬虫類からも記録があり、種間関係の再検討など、さらなる研究が望まれている種のひとつです。また、ツバメヒメダニ（写真6）はその名が示すように、ヒメアマツバメやイワツバメなどツバメ類の巣（写真5）から記録のあるヒメダニ科のダニで、終年巣に寄生し、巣内のヒナや巣に戻ってきた親鳥から繰り返し吸血することが知られています。

鳥に頼って生きている？

ところで、アホウドリもツバメも渡り鳥です。鳥がいない時期の営巣地や巣で、ダニはどうしているのでしょうか。わからないことも多いのですが、これらダニは、鳥が去った営巣地や巣内でじっと動かず、ひたすら鳥がやってくるのを待つことが知られています。実際にクチビルカズキダニは、実験室内で吸血源がない状態で数年間生存したという、恐るべき生命力をもっています。

これら鳥に依存して生きるダニにとって、鳥は生きてゆくための大事な存在で、欠くことのできないパートナーとも言えますが、鳥（巣を含めて）にはどのようなダニが関係しているのか、種類も生活史もまだまだわからないことがたくさんあります。ダニの仲間と鳥との関係は、今後解明が望まれる分野のひとつと言えるでしょう。

バードウォッチングと探鳥会

現在のようなバードウォッチングの歴史は、記録として確認できるものとしては1889年に英国王立鳥類保護協会が設立され、同協会が野鳥を見て楽しむことを奨励したことで、英国を中心としてヨーロッパで広まりました。野山に出て、野鳥の鳴き声に耳を傾け、野鳥の動きを静かに観察することは、野生の生き物の未知の世界を知るという楽しみをもたらすと同時に、心身のリラックスにもつながります。

日本野鳥の会・第1回探鳥会
昭和9年6月2〜3日、静岡県須走にて。右端が中西悟堂。
（写真提供／小谷ハルノ）

こうしたバードウォッチングという趣味・活動を日本にもたらしたのも、中西悟堂ら日本野鳥の会の創立メンバーでした。中西悟堂は「バードウォッチング」にあたる活動に「探鳥」という言葉をあて、1934（昭和9）年6月、富士山麓の須走にて、日本で第1回の探鳥会が行なわれました。この探鳥会には、金田一春彦、金田一京助、杉村楚人冠（すぎむらそじんかん）、内田清之助、清棲幸保（きよすゆきやす）、北原白秋、柳田國男ら34人が参加しています（写真）。

以来、日本野鳥の会では、より多くの方に野鳥への関心を深めてもらい、ひいては自然保護にも関心をもってもらうようにと、全国各都道府県にある支部（正式には連携団体）が中心となって、何万回もの探鳥会を行なってきました。

現在でも探鳥会は、支部の主催によって毎週末に開催されています。探鳥会は、日本野鳥の会の会員以外の方でも参加できます。各主催支部のリーダーが案内役となって、鳥を探したり、その鳥が何という鳥で、どんな生態なのかなどを説明してくれるため、初心者にもわかりやすく参加しやすくなっています。さらに、初心者向けに特化した探鳥会も全国数か所で開催しています。

chapter 1 10

カッコウ類はどこまでわかったか？
托卵の不思議

文 上田恵介
写真 戸塚 学＋内田 博＋今西貞夫
宮本昌幸＋古川裕之＋田中啓太

ほかの種の巣に卵を産んで、代わりに子育てをさせるカッコウ類。

托卵する側とされる側との攻防を観察する中で、謎多きカッコウたちの生態が見えてきました。

古代ギリシャ人も知っていた

カッコウは自分では巣をつくらず、ほかの鳥の巣に卵を産み込み、宿主の卵より少し早く孵化したカッコウのヒナは、宿主の卵をすべて巣外に押し出し、巣を独占して宿主に育てさせるという特異な

カッコウ・成鳥
（写真／戸塚 学）

上：カッコウ（左端）とアオジの卵　下：カッコウ（左端）とモズの卵。
カッコウの卵には線状紋が見られる
（写真／今西貞夫）

繁殖生態をもっていることを、バードウォッチャーなら知っておられるだろう。

カッコウについては、ヨーロッパではこの200年間で2000本以上の論文が発表されており、その習性は余すところなく解明されているように思える。すでに紀元前300年のアリストテレスの時代から、カッコウの托卵習性は知られていたというから驚きである。

ところで古代ギリシャ人たちは、カッコウがほかの鳥の巣に托卵しているという事実をどのように知ったのだろう。食用にもならないカッコウの生活に興味を示すというのは、彼らの生活にかなり洗練された文化的余裕を感じる。それとも野山で鳥の巣を探して遊んでいた子どもたちが、小鳥の巣を見つけて、ヒナが孵化したらそのヒナが卵を押し出して、大きくなるとカッコウになってしまったと親に知らせたのだろうか。当時のギリシャでは、カッコウはどんな鳥に托卵していたのだろう。

聖書にある予言者のモーゼの言葉に、カッコウは「ハゲワシと同じく、もっとも忌むべき生き物」と、めちゃくちゃに書かれている（ということは、モーゼもカッコウの習性を知っていたということだ）。だがそんなことを言われても、それがカッコウの習性なのだから仕方がない。カッコウが悪いのではない。人の社会の倫理観を自然界の生物に当てはめる人間のほうが身勝手なのである。

4種もいる日本のカッコウ類

ところで日本にはカッコウ以外に、ツツドリ、ホトトギス、ジュウイチという4種のカッコウ類が繁殖している。この点がカッコウ1種類しかいないヨーロッパとの大きな相違点である（スペイン南部ではマダラカンムリカッコウが繁殖しているが）。もしヨーロッパに多種類のカッコウが生息していたら、イワン・ワイリーの有名な著作『カッコウの生態』は、もっとちがったものになっていただろう。

カッコウ類が4種もいるということは、

ホトトギス・成鳥オス（写真／内田 博）

ウグイス巣に托卵されたホトトギスの卵（写真／内田 博）

カッコウ・成鳥オス（写真／内田 博）

ツツドリ・成鳥オス（写真／内田 博）

ジュウイチ・成鳥オス（写真／内田　博）

日本の鳥類学者にとって大きなメリットである。ヨーロッパではカッコウ以外のカッコウ類は研究できない。だから托卵といえば、カッコウが代表（モデル生物）で、カッコウのやっていることが托卵鳥の一般ルールだというイメージがつくられてしまっていた。

だが、日本にはカッコウ以外にホトトギスもツツドリもジュウイチもいる。これらカッコウ以外のカッコウ類が、カッコウと同じことをしているとはとても思えない。ということは、これらのカッコウ類を研究すれば、おもしろい発見が色々と出てくるはずである。日本のカッコウ類研究は、現在、どうなっているのか。今回は日本での研究を紹介し、何がわかって、何がわかっていないか、カッコウ類研究のおもしろさをお伝えしたい。

カッコウの宿主転換

カッコウが最近は減っているという。私の住んでいる埼玉県でも20年くらい前にはよく声が聞かれたが、最近はとんと聞かない。埼玉ではオオヨシキリに托卵していたのだが、オオヨシキリは減っていないのにカッコウだけ減っているということは、オオヨシキリ側にカッコウの托卵への対抗進化が生じて、カッコウ卵が排除され、それによってカッコウがオオヨシキリに托卵できなくなってしまったのではないだろうかと、私は思っている。

カッコウは、長野県ではモズやオナガに托卵しているが、それは長野ではモズやオナガの繁殖期が遅いので、ちょうどカッコウが渡来する時期に、托卵可能な宿主の巣が見つかるということだろう。関東の平野部でモズやオナガが繁殖するころは、まだカッコウは渡来していない。関東平野部と信州で、カッコウの宿主が異なるのはこういう事情があるのかもしれない。ヨーロッパでも地域によって、カッコウが卵の色彩や模様を変えて、異なる鳥の種に托卵している現象は広く知られている。

カッコウの卵にはまれに線状紋が見られる（64頁写真）。信州大学でカッコウの研究をしていた中村浩志さんによると、カッコウは戦前、ホオジロの巣によく托卵していたらしく、ホオジロの卵に特徴的な線状紋の入った卵を産んでいた。ホオジロは卵の識別能力が非常に高い種なので、ホオジロ卵そっくりの卵を産まない限り、ホオジロの巣に生まれたカッコウの卵は排除されてしまうのだ。

現在、日本のどの地域でも、カッコウのホオジロへの托卵は見られなくなった。カッコウがよく托卵するのは、アオジやオナガ、モズ、オオヨシキリであるが、これらの卵には線状紋は見られない。にもかかわらず、これらの巣に托卵するカッコウの卵にはときどき線状紋が見られるのだ（64頁写真）。

現在もカッコウの卵に線状紋をもつものがあるのは、かつてホオジロへ托卵していたカッコウがホオジロの卵識別能力の向上（進化）によってホオジロに托卵できなくなったものの、そのときの名残としての線状紋があるのだと考えられている。どうもカッコウでは数十年の単位で宿主転換が起こっているらしい。

ただし宿主転換といっても、ある宿主に托卵した卵を捨てられてしまったから、「来年は別の鳥に托卵してやろう」と、カッコウ自身が思って宿主を変えるわけではない。進化の仕組みはこうである。宿主に卵識別能力が進化してきて、いくらカッコウが卵を産み込んでも、宿主が捨ててしまったら、もうその宿主の巣からはカッコウのヒナは巣立ってこない。しかし、カッコウの親はそんなこととは知らずに托卵を続けるだろう。するとその地域では、その宿主に托卵するカッコウは段々と数を減らしていって、ついにはカッコウがいなくなってしまって終わりである。

ところが進化というのは決して単純なものでもない。それは托卵に関わる両者の攻防が、正確無比なものではないということである。カッコウにも宿主にも、まちがいはあり、そのまちがいが宿主の転換につながるのである。例えばモズに托卵しているカッコウが、ときにはまちがってモズの巣とよく似た巣をつくる鳥の巣に産卵することは十分に考えられる。

私も、長野県の野辺山高原でカッコウを調べていた際に、まちがってヒヨドリの巣に托卵されているカッコウ卵を見つけたことがあるし、富士山ではビンズイの巣に托卵されたジュウイチ卵や、ルリビタキの巣に托卵されたツツドリ卵を見たことがある。

カッコウが産卵状態になっているときに、対象とした巣が捕食にあってしまった場合、卵殻まで形成した卵を輸卵管から再度体内に戻すことはできない。そんな場合、近くにあった托卵時期ではない段階の巣（メスは自分の行動圏内の複数の宿主の巣をモニターしている）に産み込んだり、別種の巣に産み込んだりするのだろう。そうした卵が無事に抱卵されて、その巣からカッコウのヒナが巣立った場合、そのカッコウは翌年、繁殖地に戻ってきて、自分を育ててくれた仮親の巣に托卵するだろう（ヒナの時期に仮親に対する刷り込み現象が起こるのだと思われるが、このプロセスはまだ証明されていない）。

仮親となる種も、まだ対抗手段（卵識別能力）を進化させていないから、新しい宿主を選んだカッコウの卵は、どんどん新しい宿主に受け入れられて、〝モズカッコウ〟から、〝オナガカッコウ〟への進化（宿主転換）が起こるのである。このように、ときどき起こるカッコウ側の小さな〝ミス〟から、ホオジロからモズへ、モズからオナガへというような宿主転換が起こるのだろう。

ホトトギスはウグイスのスペシャリスト

ところで、カッコウで宿主転換が起こっているのに、ホトトギスではどうもそれが起こっていないらしい。ホトトギスは万葉集でもっとも多く歌の題材にされた鳥である。万葉集４６００首の中に、ホトトギスを詠んだ歌は１５３首もある。そのうち63首が、編者の大伴家持によって詠まれている。家持はよほどホトトギスが好きだったのかもしれない。

その一方で、確実にこれがカッコウを詠んだものだという歌はひとつもない。当時は「霍公鳥」と書いてホトトギスと詠ませていた。万葉集に「霍公鳥」として登場するのはおそらくすべてホトトギスである。当時、都のあった奈良盆地をはじめとした近畿一円は、今もそうだが、おそらく当時もカッコウはほとんど生息していなかったと思われる。カッコウの生息環境は、草地と疎林のミックスした環境、具体的に言うと高原の牧場や大きな川の中流域の河畔林などである。奈良盆地にそういった環境はない。南に下って吉野のほうにはいたかもしれないが、平城京周辺にカッコウが生息していたとはとても思えない。奈良時代の宮廷人は中国でカッコウに使われていた「霍公鳥」という字を、夏の夜に夜空を翔けて鳴くホトトギスに当てはめたのだろう。

いくつかホトトギスの歌を紹介しよう。

❶橘の花散る里の霍公鳥片恋しつつ鳴く日しぞ多き（大伴旅人、巻8・１４７３）

❷何しかもここだく恋ふる霍公鳥鳴く声聞けば恋こそまされ（坂上郎女、巻8・１４７５）

夜中にあの張り裂けるような声を聞けば、男も女も恋心が騒いだであろう。奈良時代、ホトトギスは激しい恋を象徴する鳥であったのだ。

だが、生物学的に重要なのは次のような歌（長歌）である。

❸鶯の生卵の中に独り生まれて霍公鳥、己が父に似ては鳴かず、己が母に似ては鳴かず、卯の花の咲きたる野辺ゆ飛び翔り（高橋虫麻呂、巻19・４１６６）

❹四月し立てば夜隠りに鳴く霍公鳥いに

しえゆ語り継ぎつる鶯の現し真子かも
あやめぐさ花橘を娘子らが……（大伴家持、巻９・１７５５）

ここに描かれている情景は、詠み人がホトトギスのウグイスへの托卵を明らかに知っていたことを物語っている。万葉の子どもたちも、野山に出て、ウグイスの巣を見つけて遊んでいたのかもしれない。

さて、万葉集が編纂されたのは8世紀後半、今から約１２００年前である。ホトトギスは今でもウグイスに托卵し続けている。ということは少なくとも１２００年間、宿主転換が起こっていないということを示している。ホトトギスはなぜ１２００年も同じ宿主で托卵し続けることができたのだろう。

ウグイスはホオジロと同じく、卵識別能力が非常に高いことが樋口広芳さんの研究でわかっている。ホトトギスの卵があんなにウグイスの卵と似たチョコレート色をしているのは、長い托卵進化の過程で似ていない卵は放り出され、ウグイスの卵と似ていない卵を産むホトトギスは淘汰されてしまったのだ。

そして現在、ホトトギスの卵はウグイスによって放り出されることはない。つまり、托卵と卵排除という進化のレースの中で、ホトトギスが勝利したのだといえなくもない。では、ホトトギスは托卵し放題なのか。やられっぱなしのウグイスは絶滅してしまわないのだろうか。

これについては、国立科学博物館の濱尾章二さんの研究がある。濱尾さんによると、留鳥であるウグイスの産卵時期は暖地では、3月末から4月初旬に始まる。一方、ホトトギスがやってくるのは5月中旬以降である。早く繁殖を開始したウグイスは、そのころにはすでに1回目のヒナを巣立たせている。1回目の繁殖に失敗したウグイスの巣や、2回目、3回目繁殖の巣がホトトギスに狙われるのである。

また繁殖期の後半になると、天敵（と

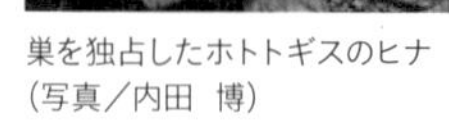

巣を独占したホトトギスのヒナ
（写真／内田 博）

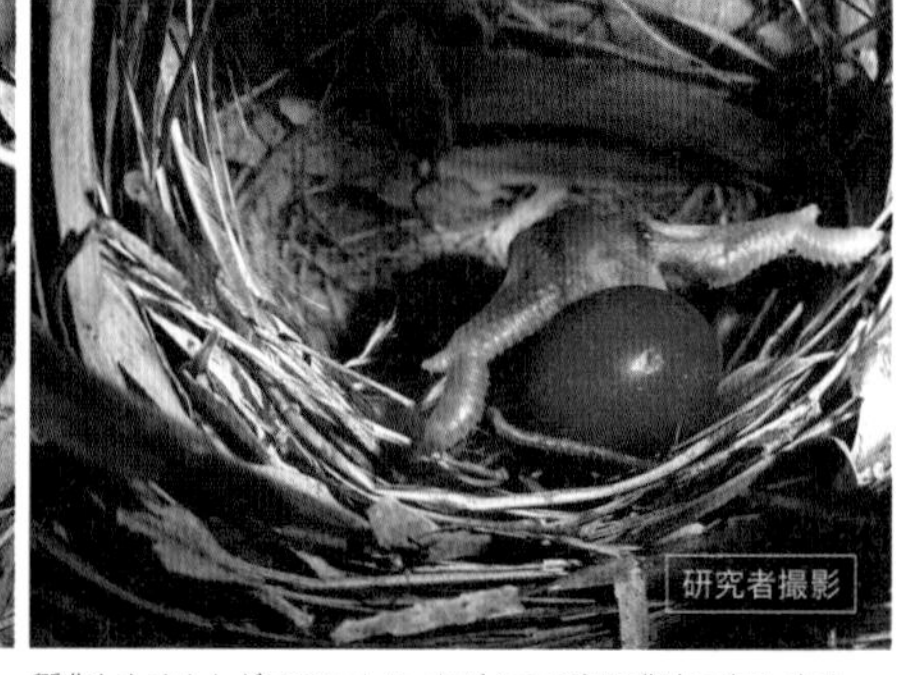

孵化したホトトギスのヒナは、ウグイスの卵を背中で押し出す
（写真／内田 博）

くにアオダイショウ）による捕食率が非常に高くなって、なわばり内につくられたいくつものウグイスの巣（ウグイスは一夫多妻）が軒並み捕食にあってしまうことも珍しくない。もちろん捕食者がウグイスとホトトギスのヒナや卵を区別しているはずはないので、この時期から托卵を行なうホトトギスの繁殖成功率はかなり低い。一方、ウグイスは1回目の繁殖でホトトギスの托卵を避けて、しっかりヒナを巣立たせている。

というわけで、ホトトギスだけが大量に増えて、ウグイスが絶滅してしまうことは起こらないのである。これがホトトギスがウグイスに托卵するスペシャリストとしてやっていける理由である。

赤い卵を産んだのは?

この話は、かつて樋口さんが『赤い卵の謎』という本で書いているので、知っておられる方も多いだろう。あらすじはこうである。北海道には、南部の函館あたりではホトトギスが分布しているが、中央部の旭川あたりではホトトギスはいない。ところが、地元の日本野鳥の会のメンバーが、この地域のウグイスの巣に、ホトトギスのような赤茶色の卵が産み込まれていることに気づいたのだ。

ホトトギスがいないのに、いったい誰がこの卵を産んだのだろうか。樋口さんらはこの問題に取り組み、ウグイスの巣に産まれた赤い卵を人工孵化させて、孵化したヒナがホトトギスのヒナではなく、ツツドリのヒナであることを突き止めたのだった。

本土のツツドリは主にムシクイ類に托卵し、ムシクイ類の白い卵に応じて、白地に赤っぽい斑点のある、小さな卵を産む。一方、北海道のツツドリは宿主のウグイスによく似た赤い卵を産む。また、北海道のツツドリの卵は、本土のツツドリの卵より大きく、ホトトギスの卵とほぼ同じ大きさだ。ホトトギスはツツドリよりも小さいが、ウグイスの巣に産み込まれるその卵は、体の割にはかなり大きい。

なぜホトトギスがウグイスの巣に大きな卵を産まなければならないのかは、おそらくウグイス側の卵に対する反応性に関わっていると思われる。ウグイスが大きいものしか受け入れないことが、北海道のツツドリの卵のサイズを大きくしたのか、本土のムシクイ類に托卵するツツドリが卵のサイズを非常に小さいものにしたのか、おそらくそのどちらも正しいのだろう。托卵するには卵の色彩だけでなく、大きさも相手に合わせなければならない制約が働いているのだ。

青い鳥が好きなジュウイチ

ジュウイチもこれまであまり生態がわかっていない鳥であった。野鳥生態写真家の下村兼史による戦前の16ミリフィルム「慈悲心鳥」は、コルリの巣に托卵するジュウイチの習性を描いた優れた科学映画として評価されている。

ジュウイチの托卵相手は、ほぼオオルリ、コルリ、ルリビタキという日本の〝三大青い鳥〟に限られる。どの種も低山～亜高山帯にかけての森林に生息する夏鳥で（ルリビタキは漂鳥の側面もある）、巣は崖や斜面のくぼみにつくられる。またメスは茶色～オリーブ色の地味な色彩をしていることも共通する。どうもジュウイチ（のオス）は「性的二型（生殖器以外の形質に雌雄のちがいが現れる）をもつ青い鳥」という特徴で宿主を認識して、これらの鳥が生息している場所に行動圏を定めるようである。おそらくメスもこれら青いオスの行動をモニターしてメスを見つけ、巣の位置を把握して托卵すると思われる。

ジュウイチの卵はきれいなコバルトブルーの色彩をしているが、托卵相手のうち、ジュウイチ卵と同じコバルトブルーをしているのは、コルリの卵だけである。オオルリやルリビタキは白地に褐色の小さな斑紋の入った卵を産む。ジュウイチはもともとコルリを宿主として托卵するのが本来の姿のようである。コルリとジュウイチの間では、過去に卵の色に関して、厳しい軍拡競争があったのだろう。それがジュウイチの卵の色をコルリそっくりにしたのだ。一方、オオルリやルリビタキはまだジュウイチ卵に対する卵識別能力を進化させていないらしい。

仮親をどう操るか?

托卵性のカッコウ類にとって大きな問題のひとつは、孵化したヒナが宿主の卵もヒナもすべて巣の外に落としてしまって、巣を独占することである。1羽で独占できていいじゃないかと思う方もいるかもしれないが、もともとカッコウ類が宿主とする温帯のスズメ目鳥類は一腹の卵数が4～5個というのが標準である。宿主の親は、自分のヒナが4羽も5羽も

ジュウイチが托卵するのは、コルリ（写真）、オオルリ、ルリビタキに限られる
（写真／宮本昌幸）

研究者撮影

口を開けてエサをねだるカッコウのヒナ
（写真／古川裕之）

いれば、一生懸命にエサを運ぶ。それがカッコウのヒナ1羽になってしまったら、仮親は「エサは1羽分でいいわ」と思ってしまわないのだろうか？　もし宿主が給餌量を減らせば、身体の大きなカッコウのヒナは成長に十分なエサをもらうことができずに死んでしまう。

カッコウはこれを3つの戦術で解決している。ひとつは口を開けたとき、大きなカッコウのヒナは、口の中の赤い部分の面積が大きくなるというものだ。これは動物行動学で超正常刺激と呼ばれており、赤い面積が大きいと、親鳥は過剰な刺激を受けて、たくさんエサを運んでくる。

2つめは、カッコウのヒナが巣立ち間際になってくると、エサ乞いの声がとても大きくなるというもの。私がさいたま市の秋ヶ瀬のヨシ原で鳥を調べていたころ、オオヨシキリの巣にいるカッコウのヒナの声は50m離れていても聞くことができた。

それともうひとつおもしろいことが、ケンブリッジ大学のN・B・デーヴィスらの研究でわかっている。それはカッコウのヒナの餌乞いの声の間隔が、ヨーロッパヨシキリの巣で複数のヒナが鳴いているのと同じ間隔になっているというのだ。つまりカッコウのヒナは1羽で、ヨシキリの4羽か5羽のヒナが出す声を、丸ごと擬態しているというわけである。

ジュウイチのヒナのだまし戦術

ジュウイチのヒナは、どうやって仮親をだましているのだろう。当時大学院生だった田中啓太君が、富士山で取り組んだのがこの問題であった。ジュウイチのヒナは、翼の肩の部分（翼角）の皮膚が裸出していて、鮮やかな黄色である。コルリやオオルリの親がジュウイチのヒナにエサを与えている写真を見ると、ジュウイチのヒナは、翼を半開きにして、この黄色い翼角部分をことさらに仮親に対して誇示しているように見える。これはひょっとして、黄色の部分を、エサをもらうための刺激として用いているのではないか。しかもよく見ると橙色の口が真ん中にあって、左右で黄色い翼角が突き出されていると、ヒナの口が3つ並んでいるように見えるではないか。これはおもしろいと思ったので、私の研究室に修士課程で入ってきた田中君にこの問題に取り組んでもらうことにした。

翼角を誇示して、仮親のルリビタキにエサをねだるジュウイチのヒナ（右）
（写真／田中啓太）

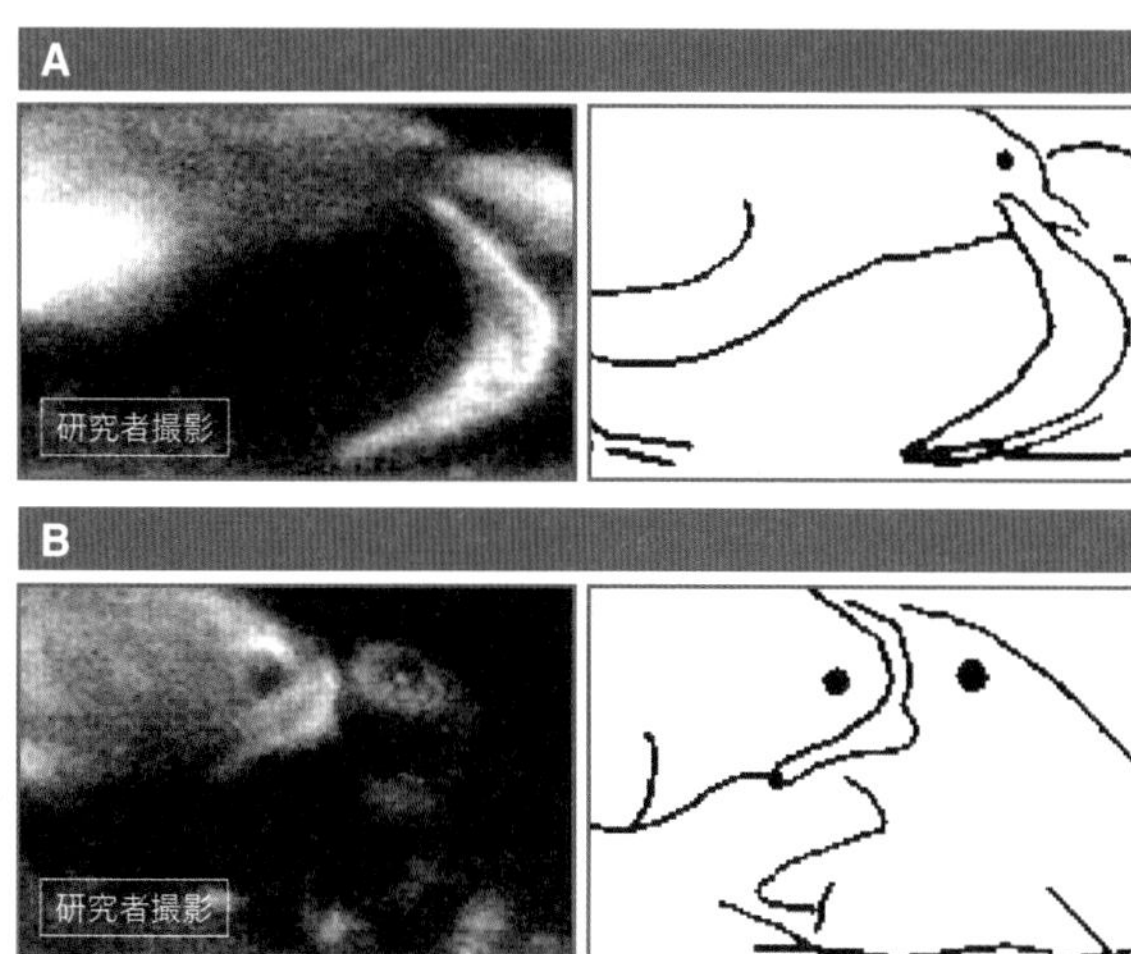

ジュウイチに給餌するルリビタキ。誤って翼角に給餌している（A）
（写真・画提供／田中啓太）

富士山には、院生の森本元君（現山階鳥類研究所）がルリビタキの研究で入っていたので、ルリビタキの巣探しもいっしょにできる。そんなわけで3人での調査が始まった。ときどき4年生や、メボソムシクイの研究をした院生の金子崇人君もいっしょになって、須走口5合目の駐車場を拠点に、富士山チームのジュウイチ研究がスタートしたのである。

富士山チームは5年間で200ものルリビタキの巣を見つけたが、そのうちジュウイチの托卵を受けていたのは1割強、しかもテンによる捕食が頻繁にあって、結局、翼角の実験に使えたのは6ヒナだけであった。この実験とは、ヒナの翼角の黄色が仮親からエサをもらう刺激になっているなら、翼角を黒く塗ったヒナへの給餌頻度は下がるだろうという予測を証明するためのものであった。

田中君はこの実験を見事にやり終えた。結果は明白なものだった。ルリビタキの親鳥は翼角を黒く塗られたジュウイチのヒナへの給餌頻度を低下させたのだった。この研究は、アメリカの科学雑誌『サイエンス』に掲載され、世界中の托卵鳥の研究者から注目されることになった。

カッコウ類のメスが見張るものは？

多くの鳥たちにあてはまるが、さえずったり、美しい色彩をしているほうがオスであることが多い。ではメスはどこにいるのか。メスはたいてい地鳴きしか出さないし、茂みや樹の葉の後ろに隠れていて、姿を見ること自体、難しいことが多い。鳥の行動や生態の研究でネックになるのは、メスを追跡することである。カッコウやホトトギスのメスは、オスに追尾されて飛んでいるときに、比較的、姿を見かけることは多い。しかし森林性のジュウイチやツツドリのメスは、繁殖期にはどこにいるのか、なかなかわからない。カッコウ類のメスたちはいったいどこで何をしているのだろうか？

森本君はルリビタキの巣を見張っていたとき、すぐ横でジュウイチのメスが枝にとまって微動だにせずに、2時間以上、森本君と同じようにルリビタキの巣を見張っているのを見たという。宿主の巣でいつ産卵が始まるかを知ることは、カッコウにとって重要な情報である。カッコウ類は宿主の1卵目から3卵目くらいまでの産卵期のわずか3日の間に卵を産み込まねばならない。それより遅れると、宿主のヒナが先に孵化してしまってカッコウのヒナにとって巣から押し出す苦労が増えるし、宿主のヒナを押し出せないままにカッコウのヒナの〝押し出し衝動〟が消失してしまえば、宿主のヒナといっしょに育つことになり、結局、十分なエサが得られずに栄養不良で死亡してしまう。だからカッコウ類のメスは、宿主が巣づくりをしている時期から、しっかり巣を見張って、自身の産卵周期を調整しながら、ここぞと思うときに托卵するのである。

宿主のだまし方

ジュウイチのヒナ

● 羽毛のない黄色い翼角を誇示　● 鳴き声は静か

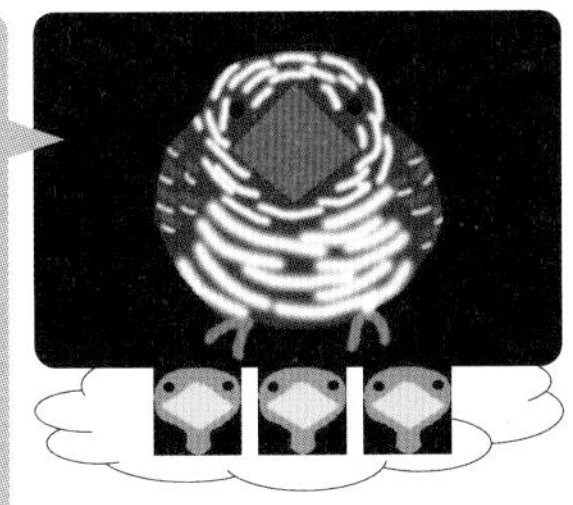

翼角をくちばしだと錯覚させる

カッコウのヒナ

● 真っ赤な口　● 大きな鳴き声

口の色で仮親を刺激し、鳴き声でヒナ数をごまかす

画・提供／田中啓太

メスのバブルコール

カッコウ類では形態に雌雄差は少ないが、雌雄の鳴き声には大きな差異があることが知られている。例えば、カッコウではオスは「カッコウ、カッコウ……」とだけさえずり、メスは「ピピピピ……」という、バブルコール（泡立ち鳴き）と称される鳴き声だけを出す。この鳴き声の雌雄差はホトトギスでも同じで、オスのさえずりは「トッキョキョカキョク」または「テッペンカケタカ」と聞きなされるけたたましい声だが、メスはカッコウのメスと同じような「ピピピピピ……」というバブルコールで鳴く。この声はオスに追尾されているときに発することが多い。じつはツツドリのメスも「ピピピピピ……」である。ジュウイチのメスはこれら3種よりもう少し太い声で、「ビビビビビ……」という声を出す。

カッコウはなぜか灰色型のみ

カッコウ類ではメスに灰色型と褐色型の二型が出る種がある。ツツドリとホトトギス、そしてまれにジュウイチにも出る。だが、カッコウは灰色型のみで、二型は出ない。なぜなのかよくわからないが、捕食者や寄生者が二型をもつことには適応的な意味がある。それは捕食や寄生の犠牲になる側の鳥たちが、はじめにどちらかのタイプの捕食者や寄生者に襲われたり、寄生されたりした場合、そのタイプの色彩を学習して、警戒を強めるだろう。そのときもうひとつのタイプの色彩型は、相手に警戒されない分、有利になるわけである。

つまり、灰色型のカッコウ類に托卵されて、灰色型に対して警戒心を強めた宿主は、褐色型が托卵を狙って周りをうろついていても、あまり警戒しないことが予想される（ただし、宿主もそんなにバカではないかもしれないが、こういう研

カッコウのヒナの色彩変異
（左：茶色型、右：黒色型）
（写真／今西貞夫）

究は行なわれたことがない)。頻度の少ない褐色型の鳥は、その分、有利になるわけである。このことがカッコウ類の集団中に、頻度の低い褐色型が維持されていることの理由だと考えられる。

褐色型のツツドリ・成鳥メス(写真/宮本昌幸)

私たちは、カッコウに茶色型が出ないのはなぜかと考え、カッコウのヒナの色彩を調べたことがある。じつは野辺山高原でカッコウとモズを研究している今西貞夫さんと話していたときに、「カッコウのヒナには茶色っぽいのがいるよ」という話を聞いたことがあったのだ。そこで今西さんの協力を得て、4年生の女子学生2人と、カッコウのヒナの色彩を調べ、その傾向を見た。

結果は、カッコウのヒナにはかなり茶色っぽいものから黒っぽいものまで、連続的な色彩変異があるということ。そして、茶色っぽいヒナはDNAによる性判定では、オスにもメスにもいるということだった。しかし、成長したカッコウはすべて灰色である。この茶色っぽいヒナの色彩は、換羽して成鳥羽になると消えてしまうらしい。というわけで、なぜカッコウには茶色型がいないのかについてはまだよくわかっていない。

このように、日本に生息する4種のカッコウ類については、カッコウ1種でさえわからないことがある。ジュウイチ、ツツドリ、ホトトギスにいたっては、まだまだその生態もよくわかっていない。日本の托卵鳥研究は、これからも楽しみである。

モズのオスは過眼線が黒く、背は青灰色。メスは過眼線も背も褐色なので、これで見分けることができる（写真／戸塚 学）

（写真／中野泰敬）

モズのはやにえの不思議

文・写真 西田有佑　写真 戸塚 学＋中野泰敬＋青木大輔　絵 富士鷹なすび

モズがなぜはやにえ（早贄）をするのかについて、これまで解明されていませんでした。２０１９年５月、大阪市立大学の西田有佑特任講師と、北海道大学の高木昌興教授との共同研究により、「はやにえを食べたオスがモテる」という非常に興味深い論文が発表されました。

はやにえの役割

里山生態系に君臨する肉食の小鳥「モズ」

里山には、さまざまな野生動物が暮らしています。里山において、捕食者として君臨する、ある〝小鳥〟が本日の主役です。その鳥の名前は〝モズ〟。スズメの仲間で、体の大きさは成人男性の手のひらですっぽり包めるくらいです（80頁

写真1）。そのかわいらしい見た目とは裏腹に、ワシやタカなどの猛禽類を思わせる、鋭くとがったカギ状のくちばしが特徴的です。モズはこの鋭利なくちばしを使って、バッタやカエル、ネズミなどの小動物のほか、ときには自分よりもひと回りも大きい鳥を捕まえて食べることもあります。モズは獰猛な肉食性の小鳥なのです。

モズの残酷な習性「はやにえ」とは？

モズのなわばりの中を散歩していると、おもしろいモノに出合うことができます。カエルやバッタ、ケラ、ヘビ、スズメバチ、ミミズ、シジュウカラなどさまざまな生きものが、なわばりの中の木々の枝先などに串刺しになっているのです（80頁写真2）。これはヤンチャな子どもたちのイタズラではなく、モズたちの仕業です。

モズは、オスもメスも捕らえた獲物を枝先や鉄条網、農作用の杭の先などの、とがった場所に突き刺す習性をもっています。この残酷な習性を「モズのはやにえ」といいます。モズがはやにえをつくる理由は、実はここ数年前までまったくわかっていませんでした。なにをかくそう、私がその謎を解明したのです！こ

冬の保存食

冬に備えて木の実を貯えておこう

これで食べ物が少ない冬も安心！

ホシガラス

カケス

ヤマガラ

の記事では、はやにえの謎が明らかになるまでの軌跡や調査秘話、そして現在進行中の最新研究の動向を、皆さんに紹介したいと思います。

モズのはやにえの役割とは?

モズのはやにえは日本では古くから知られており、平安時代の散木奇歌集（1100年ごろ）にも、はやにえの登場する歌が残されています。一説には、奈良時代の万葉集（西暦630年ごろ）にも、はやにえの歌があると言われています。モズのはやにえは、かなり昔から日本人に親しまれてきたようですね。

モズがはやにえをつくる理由は、これまでさまざまな解釈がなされてきました。例えば、なわばりを主張するマーキング行動であるとか、なわばりのエサの豊富さを誇示するための行動、獲物を食べている途中で放置しただけでとくに意味のない行動などです。その中でも、とくに

写真1
モズのオス。鋭いくちばし、大きな頭、長い尾羽が特徴的
（写真／青木大輔）

写真2
カエルのはやにえ。天日干しになり、かなり乾燥が進んでいる

人気のあるのが「冬の保存食説」です。この仮説では、モズはエサの少ない冬を乗り越えるためにはやにえを貯える、と解釈されています。

エサを貯える習性は専門的には「貯食」といい、越冬のための貯食はモズ以外のさまざまな鳥類で知られています。例えば、ヤマガラやホシガラス、カケスなどは、木の実を樹皮の割れ目や土の中などに貯えて、冬にこれを食べ物として利用します。

はたして、モズのはやにえにも同様の役割があるのでしょうか。

冬の保存食説を検証してみよう!

冬の保存食説には説得力があります。しかし、ありきたりでおもしろみに欠ける内容であるためか、検証例はこれまでありませんでした。これはつまり、はやにえ研究の先駆者になれるチャンスです。もし、はやにえが冬の保存食ならば、モズは気温の低い(=エサの少ない)時期にはやにえを活発に消費するはずです。そこで、この予想を確かめるため、私ははやにえの生産や消費の時期をつぶさに観察することにしました。

調査地は大阪府南部の里山で、私がモズの生態調査を長年してきた場所です。モズは9月ごろにここに渡ってきて、越冬のためのなわばりを巡って争い始めます。10月になるとなわばり争いも落ち着き、モズはなわばりの中にはやにえをせっせと貯えるようになります。はやにえの生産は越冬シーズン(10~1月)後の繁殖シーズン(2~5月)にも続いていく可能性があったため、はやにえ調査は10~5月に月1回の頻度で行ないました。

調査方法はいたってシンプルです。なわばりの中にある木の枝先や鉄条網、農作用の杭先などをすべて見て回り、はやにえの生産時期と消費時期をひたすらモニタリングするだけです。約2100個のはやにえをモニタリングした結果、おもしろいことがわかってきました。

真冬にはやにえをムシャムシャ食べるモズ

まず、はやにえの生産時期についてですが、モズは本格的に寒くなる前の時期である10~12月に、はやにえを集中的に生産することがわかりました(82頁図1)。月々の平均生産数は約40個で、合計120個ほどのはやにえがオスのなわばりに貯えられることになります。モズは1日あたり10個程度のエサを食べるため、貯えたはやにえは単純計算で、12日分のエサに相当すると考えられます。

次に、肝心のはやにえの消費時期についてです。モズは貯えたはやにえを、繁殖シーズンが始まる前までに食べ尽くしました(82頁図1)。月々のはやにえの消費数は、気温が低くなるにつれてどんどん増えていき、もっとも寒い1月にピークに達していました。これはつまり、モズが真冬のエサ不足を補うためにはやにえを貯えていたことを示しています。

　モズが真冬に何を食べているかを、彼らの吐き戻した物から調べた過去の研究によると、冬には植物の実を多く食べていることがわかっています。モズは肉食性の小鳥です。普段は食べない植物の実に頼らねばならないほど、エサが不足しているのでしょう。つまり、はやにえは真冬の貴重なエネルギー源だったのです。

はやにえの役割は冬の保存食だけ？

　これにて一件落着！　とはならないのが、研究のおもしろいところです。私はひとつ不思議なことに気づきました。はやにえの主な役割が冬の保存食ならば、1月と同じくらい寒い2月に、なぜはやにえがもっと多く消費されなかったのでしょうか（図1）。もしかすると、はやにえには「冬の保存食以外」の役割もあるのかもしれません。

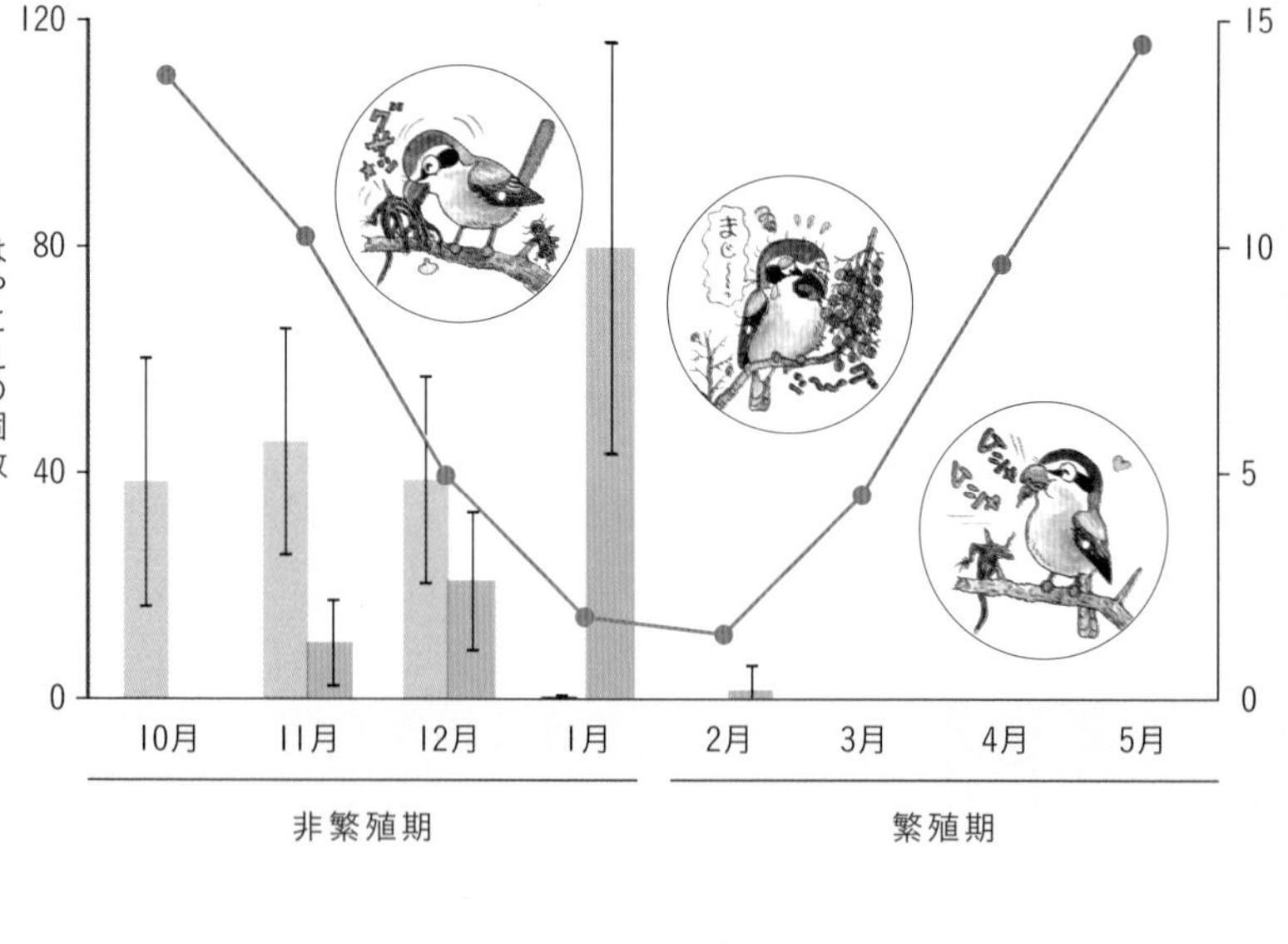

120
80
40
0
はやにえの個数
15
10
5
0
平均最低気温℃
10月　11月　12月　1月　2月　3月　4月　5月
非繁殖期　繁殖期

図1
モズのはやにえの生産量と消費量の季節変化と気温の関係。横軸の数値ははやにえ調査を行なった月を表す。灰色の棒グラフははやにえの生産数（平均値±標準偏差）、青色の棒グラフははやにえの消費数、赤の折れ線は最低気温の平均値を表す

図1のグラフを別の角度から見てみましょう。はやにえの消費が激しかった1月は、モズの繁殖シーズンの開始直前にあたることに気がつきます。モズのオスは繁殖シーズンになると、メスの気を引こうとして、なわばりの中で活発に歌い始めます。私の先行研究で、早口で（＝速い歌唱速度で）歌うオスほどメスからモテること、体調のよかったオスほど早口で魅力的に歌えることがわかっていました。

　そこで私は、はやにえの第二の役割として、「オスははやにえを食べることで、歌声の魅力を高められる？」という大胆な仮説を思いつきました。

　この仮説を検証するため、はやにえのモニタリング調査と並行して、繁殖シーズンにはオスの歌声の録音も行ない、はやにえの消費数とオスの歌唱速度（歌声の魅力の指標）の関係を調べてみました。すると、おもしろいことがわかってきたのです。

図2　はやにえの消費量と歌唱速度の関係

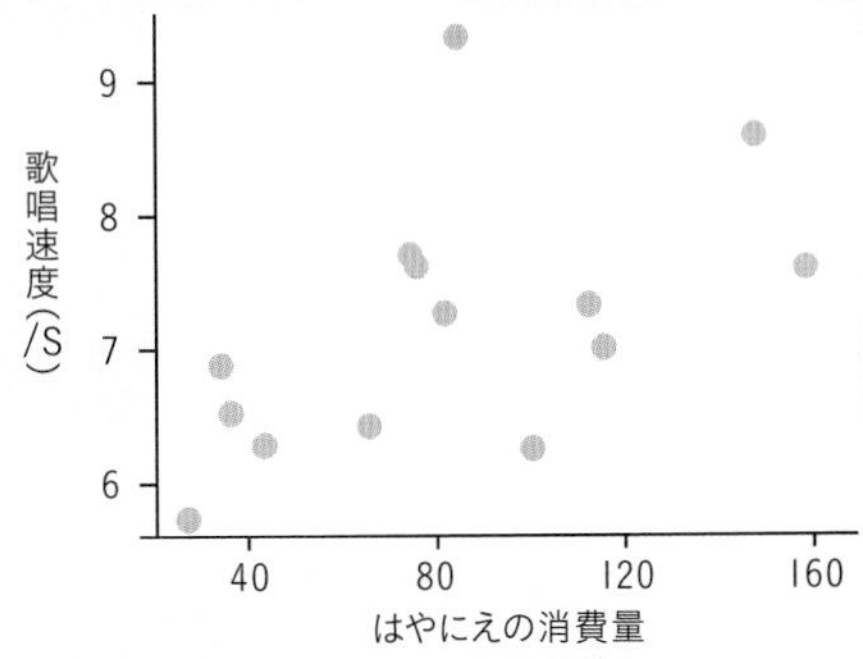

歌唱速度（/S）
9
8
7
6
40
80
120
160
はやにえの消費量

はやにえの新機能?!
プロポーズを成功させるための栄養補給食

　なんと！　予想どおり、はやにえを多く消費したオスほど、歌唱速度の速い魅力的な歌声をもつことが明らかになったのです（図2）。この結果には椅子から転げ落ちるほど驚きました。しかし、注意しなければならないのは、因果関係（はやにえを食べたことが原因となり、歌が上手になったのか）は本当のところはわからない点です。もしかすると、歌がはじめから上手なオスがいて、エサのよいなわばりを偶然手に入れて、はやにえをたくさん貯えられただけかもしれません。そこで、私は実験によるアプローチでこれを再検証することにしました。

　実験では3つのオスのグループを用意しました。オスのなわばりからはやにえを取り除いた「除去群」、はやにえに手を加えなかった「対照群」、はやにえの通常の消費量の3倍相当のエサをオスに与えた「給餌群」です。もしはやにえの消費が歌の魅力のアップに重要ならば、グループ間で歌唱速度が大きく異なるはずです。

　その結果、対照群に比べて、除去群のオスは歌唱速度が遅くなり、メスと結婚はやにえでプロポーズ成功！

できなくなったのに対して、給餌群のオスは歌唱速度が速くなり、メスと早く結婚できるようになったのです（図3、4、5）。つまり、モズのはやにえは「プロポーズを成功させるための栄養補給食」の役割をもつことが、これではっきりとしました。

はやにえ研究の最前線——なぜモズのオスははやにえを使ってプロポーズしない？

貯食は多くの鳥類に共通する行動であり、多数の研究例があります。これまでは、貯食はエサ不足を補うことで生存率を高める行動として、主に解釈されてきました。モズのはやにえにも同様の役割がありました。さらに今回の発見で、繁殖相手の獲得を成功させるための役割も併せもつことが、世界で初めて明らかになりました。

生きものの究極的な目的は、自分の遺伝子つまり子孫を多く残すことです。それには、繁殖を迎えるまで生き残ることと、繁殖相手をうまく見つけることの両方を達成せねばなりません。モズのはやにえは、まさにその「生存率の向上」と「繁殖相手の獲得」をうまく達成させられるように進化した行動だったのです。

さて、これにて一件落着でしょうか？

いいえ。おもしろそうな謎はまだまだあります。例えば、「なぜモズのオスは、はやにえをメスに渡してプロポーズしないのか」という問いです。何度も言うように、生きものの究極の目的は子孫を多く残すことです。もしはやにえをメスに渡してプロポーズすれば、体調の良くなったメスが卵を多く産んでくれそうなものです。なぜオスは子孫を多く残せるこのチャンスをみすみす逃しているのでしょうか。

図3

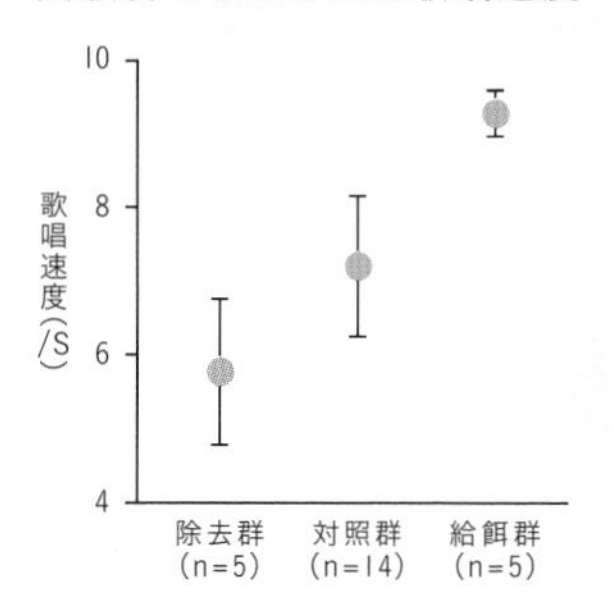

図4

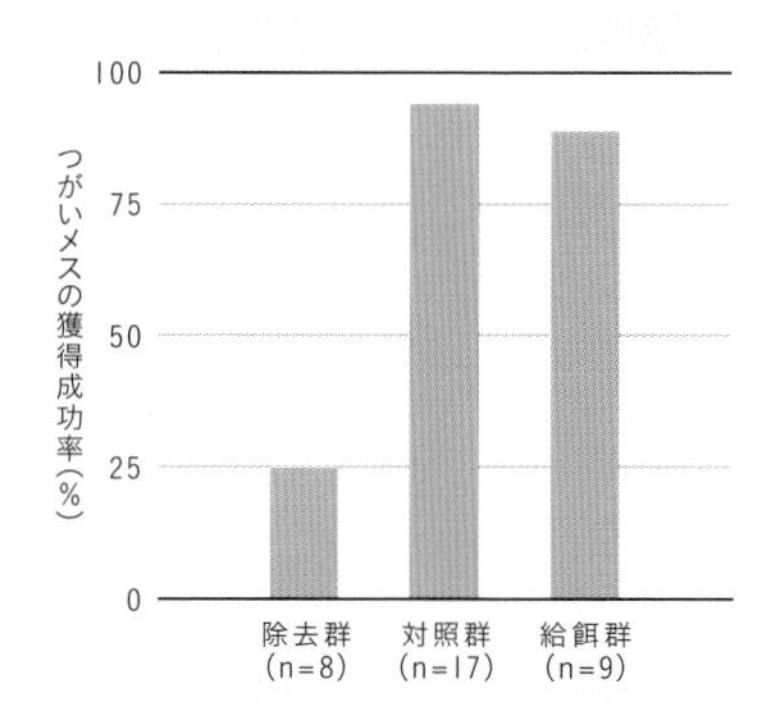

実験群ごとの、つがいメスの獲得成功率。%の値が大きい群ほど、多くのオスがメス獲得に成功したことを意味する。例えば、除去群の25%は、除去群の8個体中2個体のオスがメスを獲得できたことを意味する

図5

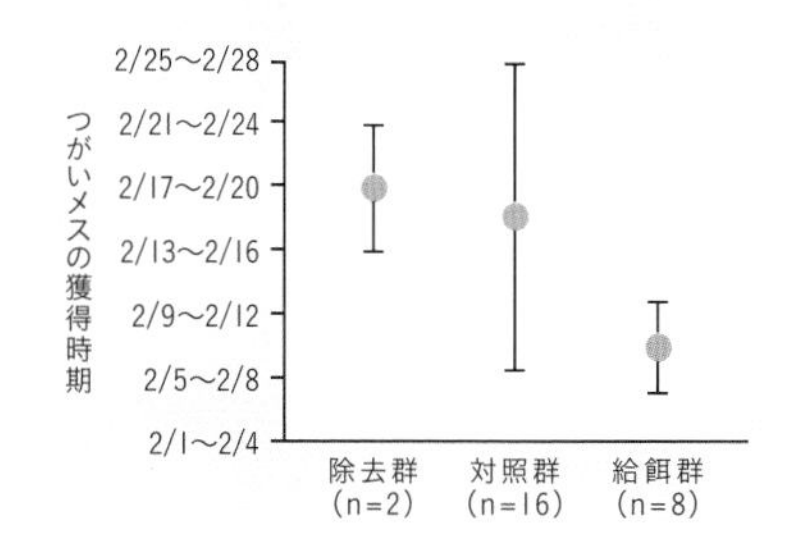

実験群ごとの、オスがつがいメスを獲得した時期。縦軸の値が小さいほど、オスが早い時期にメスを獲得できたことを意味する。調査は4日に1回行なったので、メスの獲得時期は4日間隔でまとめている

はやにえをメスから守れ！

はやにえを巡る雌雄の駆け引き

はやにえを使ったプロポーズをオスが避ける理由として、私がいま注目しているのは、メスによるはやにえの「食い逃げ」との関係です。

オスがはやにえをプロポーズに使う世界を想像してください。このとき、メスにとってもっともよい戦略は、結婚するつもりもないオスにも色気を振りまいて、はやにえを貢いでもらうことです。そうして、いろんなオスからはやにえを「盗み食い」すれば、自分の体調をどんどん高めることができ、本命のオスと結婚したときにたくさんの卵を産むことができるでしょう。

一方で、オスからすると勘弁してくれと言いたくなります。はやにえをメスに与えたとしても、そのメスと交尾できる保証がないわけですから、貴重なはやにえを盗み食いされる前に、自分で食べ尽くそうとするのは当然です。

つまり、はやにえを巡る雌雄の利害関係によって、オスははやにえをプロポーズに使わないように進化したのでは？

と考えることができます。しかし、この仮説をどうやって確かめればよいのでしょうか。モズのオスが言葉を話して、心のうちを聞かせてくれるといいのですが……。そんな悩みをかかえていたとき、ある転機が偶然訪れました。

はやにえをせっせと隠しはじめるモズのオスたち

ある日、別のプロジェクトの実験をしていたときのことです。モズのオスにエサを与えて、その後の彼らの行動を観察する実験です。

越冬シーズンのオスにたくさんエサを与えてみると、余った分のエサを木の枝先や鉄条網などの見晴らしのよい場所に突き刺して、はやにえをつくりました。同じ実験を繁殖シーズンにも行なったのですが、そのときのオスの様子がいつもとちがっていました。なんと、うっそうとした草むらや竹林、常緑樹の中など、見通しの悪い場所にはやにえをつくるようになったのです（88頁写真3、4）。そのような場所から離れた所でエサを与えてみても、オスはわざわざ草むらなどにエサを持ち運び、はやにえをつくり始めました。私には、まるではやにえを誰かから隠しているように見えました。

貯食をする生きものでは、その貯えた食料を横取りする「泥棒個体」が一定数いることが知られています。同種だけでなく他種も泥棒個体となりえます。大切な食料が盗まれると、エサを貯えた側は大損害を受けるため、その泥棒から食料を守るすべが一般に発達しています。他者の侵入を許さないなわばりの中にエサを貯えることは、盗みを防ぐ一般的な方法です。モズのオスがもつ厳格ななわばりも、他者からはやにえを守る上で有効な手段でしょう。

しかし、この方法にはひとつ欠点があります。繁殖シーズンになると、メスが繁殖相手を求めてオスのなわばりにやってきます。オスは将来結婚する可能性のあるメスたちを攻撃して、なわばりから追い払うことはできません。そのため、繁殖シーズン中は、オスたちははやにえをメスからうまく守りきれないのです。

しかも、そのメスと必ず交尾できる保証もないため、交尾前のメスははやにえの潜在的な泥棒個体として扱うほうがオスにとってはベターだと思われます。そこで、はやにえを守るために編み出された戦略が、「はやにえの隠蔽貯蔵」ではないかと私は考えました。

はやにえの隠蔽貯蔵はメスの食い逃げを防ぐため？

モズのペアは、交尾後には離婚しにくくなることが知られています。そのため、交尾後の時期であれば、オスは安心してはやにえをメスに与えることができます。おっかないのは、ペア関係がはっきりしない、交尾前の時期のメスです。よって、

写真3
越冬シーズン中は、モズは写真のような見晴らしのよい場所にはやにえを貯える。しかし、繁殖シーズンになると、うっそうとした草むらなどの中にはやにえを貯えるようになる（写真／戸塚 学）

写真4
繁殖期のオスがはやにえを貯える草むらや常緑樹。メスからはやにえを隠している？

もしはやにえの隠蔽貯蔵がメスの食い逃げを防ぐ役割をもつならば、オスは交尾前の時期に隠蔽貯蔵する傾向が高く、そのようなはやにえほどメスに食べられにくくなることが予想されます。

さっそく実験していきましょう。オスにエサ（ミールワーム）を与えて、まず彼らにはやにえをつくってもらいました。

この実験は交尾前と交尾後の時期に行ない、はやにえの隠蔽度合いを評価するため、はやにえの貯蔵場所（常緑樹や草むら、竹林、落葉樹、農作用の杭先など）を記録しました。さらに、はやにえの消費者を特定するために、はやにえの前に自動撮影カメラを設置しました。さて結果はどうでしょうか？

はやにえを巧みに守る
オスの「隠蔽貯蔵」戦略

まず、はやにえの貯蔵場所についてですが、モズのオスは交尾前の時期には、反対側の景色が見えないほどうっそうとした草むらや常緑樹の中にしか、はやにえを貯えないことがわかりました。そして、交尾後の時期になると、農作用の杭先や落葉樹など見通しのよい場所にはやにえをつくることがわかりました。

次に、はやにえの消費者についてですが、交尾前の時期には、オスがはやにえの9割以上を消費しており、メスが消費することはほとんどありませんでした。一方で、交尾後の時期になると、オスとメスが半分ずつはやにえを消費することがわかりました。

以上から、モズのオスは交尾前の時期にはやにえを隠蔽貯蔵する傾向があり、メスによる食い逃げを防ぐ上で一定の効果があったことを示しています。一方で、交尾後の時期には隠蔽貯蔵の傾向は弱まり、雌雄ではやにえをシェアしているようでした。

メスによる盗み食いを恐れない生きもの

モズのオスがはやにえを使ったプロポーズをしないのは、やはり、メスによる食い逃げのリスクを避けるためかもしれません。おもしろいのは、メスによる食い逃げのリスクがあっても、食べ物を使った求愛をする生きものがいることです。代表的な例が我々ヒトです。

意中の相手と親密になろうと、食事のデートに誘うことは多くの方が経験しています。しかし、それが必ず成功する保証はありません。食事に一度行ったきり、連絡が取れなくなるという話もよく聞きます。では、なぜ男性はこのようなリスクのある求愛戦略を採用し続けるのでしょうか。

いくつか理由があるでしょう。例えば、

ヒトの場合、食い逃げのコストが小さいことが挙げられます。現代社会は飽食の時代であるため、食い逃げの被害に遭っても、男性は食べ物にありつくことができ、餓死することはありません。一方で、モズは真冬から繁殖を始めるため、自分のはやにえを盗まれることは餓死に直結する可能性があります。エサの希少性が、メスの食い逃げを許容できるかのひとつのラインとなっているのかもしれません。

これからのはやにえ研究
気候変動の影響を例に

最後は、大風呂敷を広げて、この記事を締めくくりたいと思います。近年、ヒトの工業活動によって、気候が大きく変化しています。地球温暖化やそれに伴う降水量の増加、工業排気ガスによるオゾン層の崩壊などがニュース番組を騒がせています。ヒトの活動によって引き起こされる地球規模の気候変動は、確実に生物に悪影響を及ぼしています。しかし、ヒトの工業活動を全面的に停止することはなかなか難しく、まずは、大きな悪影響を受ける生きものを特定して、彼らの生活や生態を優先的に守っていくことが現実的な路線でしょう。

モズ類は大きな影響を受ける鳥類かもしれません。彼らのはやにえという行動特性がその原因です。野外に保管されるはやにえは、腐敗につながる環境条件(気温、降雨量、紫外線など)の影響に常にさらされています。冒頭の地球温暖化、降水量の増加、オゾン層の崩壊などがはやにえの腐敗を促進することがあれば、生存と繁殖においてはやにえに大きく依存するモズは大ダメージを受けるかもしれません。モズ類は肉食性の小鳥であるため、はやにえ自体が腐りやすい動物質で構成されていますし、モズのように長ければ数か月間もはやにえを保管する種では、腐敗につながる環境条件の影響の蓄積はますます大きくなるからです。

日本だけでなく、ヨーロッパや北アメリカで、モズ類の個体数の減少が報告されはじめてしばらく経ちますが、はやにえという側面からモズ類の保全を考えてみることも重要なのかもしれません。

ところ変わればはやにえ変わる？
海外はやにえ事情

ここまでは、日本のモズについての話でしたが、今度は世界のモズ類で行なわれてきた、
おもしろいはやにえ研究例を3つ紹介します

（写真／iStock Canon_Bob）

アメリカ「アメリカオオモズ *Lanius ludovicianus* 」

アメリカオオモズの生息地には、ラバーグラスホッパーという大きなバッタがいます。このバッタはよいエサになりそうですが、体内に強い毒をもち、彼らをそのまま食べると死んでしまうこともあります。

ところが、アメリカオオモズは、このバッタを平気な顔で食べることができます。なんと、アメリカオオモズはこのバッタを捕まえると、まずははやにえにして、死後数日が経ってバッタの毒が自然分解されるころを見計らって食べるのです。つまり、アメリカオオモズは、はやにえによって解毒処理をしているというのです。

ラバーグラスホッパーは、外敵に毒をもっていることを知らせるために、鮮やかな黄色と黒のストライプをしています。この色は死後徐々にくすんでいくため、もしかするとアメリカオオモズたちはその色の変化で、食べごろの時期を計算しているのかもしれません。

（写真／戸塚 学）

イスラエル「オオモズ *Lanius excubitor* 」

イスラエルにすんでいるオオモズのはやにえの数の季節変化は、日本のモズのものとは異なっています。繁殖シーズンの始まる前からどんどん増えていき、メスへの求愛時期にピークに達するのです。研究者らは、メスへのプロポーズにはやにえを使っている可能性を考えて、ある実験を行ないました。

オオモズのオスのなわばりの中のはやにえの数を減らしたり、増やしたりしたのです。すると、はやにえを減らしたオスは結婚できなくなり、一方で、はやにえの数を増やしたオスはモテるようになり、多くのヒナを育てることができました。はやにえの数はなわばりオスの狩りの上手さや、なわばりのエサの豊かさを反映する可能性があるため、オオモズのメスははやにえの数でよいオスかどうかを評価して、結婚相手を決めるのかもしれません。不思議なのは、メスによる食い逃げのリスクをオオモズのオスはどう折り合いをつけているかということです。その理由はいまのところよくわかっていません。

（写真／iStock SzymonBartosz）

ポーランド「セアカモズ *Lanius collurio* 」

ポーランドにすんでいるセアカモズは、両親が協力してヒナを育てます。ヒナに与えるエサは昆虫がメインです。しかし、雨が降るなど気候が悪くなると、満足に狩りができなくなるため、ヒナのエサを確保できずに困ってしまいます。そこで、研究者らは彼らのはやにえに注目し、気候が悪くなったときに備えてはやにえを貯える可能性を考えました。

はやにえの個数の変化と気候条件の関係を調べてみると、気圧が低かったときほど（雨が降る予兆となる気候条件）、セアカモズたちははやにえをせっせと貯えるようになることがわかりました。おそらく、彼らには気圧の変化を察知する能力があり、雨の接近を感知して、悪天候に備えるためにはやにえを貯えるのだと解釈されています。

自然のままの公園「サンクチュアリ」

B 日本野鳥の会の歴史④

「サンクチュアリ」とは本来「聖域」という意味ですが、日本野鳥の会では、野鳥とその生息環境を保全し、親しむことを目的に設置・運営している自然公園を「サンクチュアリ」と呼んでいます。

サンクチュアリ第1号は、1981年に北海道苫小牧市に設置したウトナイ湖サンクチュアリです。これを手始めに全国に展開していき、今では日本野鳥の会直営では2か所、地方自治体からの受託や指定管理者として運営しているサンクチュアリが6か所あります（2021年10月現在）。

サンクチュアリの第一の目的は野鳥の生息地の保全ですが、来訪者に自然体験の楽しさや、環境のかけがえのなさを実感していただくことも目的としています。そのため、サンクチュアリ内に「ネイチャーセンター」を設け、そこには「レンジャー」という専門の職員が常駐しています。ネイチャーセンターは、来訪者への情報提供の場です。レンジャーは来訪者に解説を行なったり、自然観察会などのイベントを企画する一方、サンクチュアリ内の野鳥や動植物の調査、環境の保全と管理にもあたっています。

こうしたスタイルの自然公園を最初に導入したのも、日本野鳥の会でした。現在では、全国各地で自治体によってサンクチュアリ型の自然公園が設置されています。とくに東京港野鳥公園と、横浜自然観察の森は、日本野鳥の会が開設前の準備段階から、地域のボランティアの皆さんとともにつくり上げてきた公営サンクチュアリの代表例です。

ウトナイ湖サンクチュアリのネイチャーセンター

レンジャーによる小学生への解説の様子

鳥たちの驚異の仕組みとチカラ

chapter 2

A special lesson on wild birds

テクノロジーで解明！ 渡りの科学

文 樋口広芳
写真 戸塚 学＋宮本昌幸＋山田芳文
絵 重原美智子

２０１６年、日本野鳥の会ではオオジシギの渡りルートの一部解明に成功しました。衛星追跡の手法や小型送信機の開発など、最新のテクノロジーを取り入れることで、謎が多い渡り鳥の飛行ルートの解明が始まっています。これまでの成果を振り返り、この先の可能性を展望します。

マナヅル

衛星追跡の夜明け

ツル類を国際的に守るための調査

鳥の渡りを、人工衛星を使って追跡する！　――そんな夢のような話がとびこんできたのは、私が日本野鳥の会の研究センターに勤めて間もないころだった。今から30年ほど前のことだ。

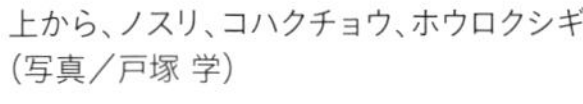

上から、ノスリ、コハクチョウ、ホウロクシギ
（写真／戸塚 学）

そもそもの始まりを少し振り返ってみよう（『鳥たちの旅―渡り鳥の衛星追跡―』〈樋口・著／NKH出版／2005〉より）。当時の日本野鳥の会の活動の様子もうかがわれる。

1988年2月、鹿児島県の出水市で、「アジア国際ツル会議」が開かれた。日本野鳥の会が主催するこの会議には、日本以外に中国や韓国などから、ツル類の生態や保全にかかわる研究者や保全関係者、行政担当者などが出席していた。

会議に出席した人たちの間には、いくつかの共通認識があった。ひとつは、ツル類のような大型の水鳥がおかれている現状には、非常にきびしいものがある、ということ。2つ目は、いくつもの国にまたがって移動するツル類の保全を推進するためには、それぞれの国が個別に活動するのではなく、互いに協力する必要がある、ということ。3つ目は、保全活動を強力に進めるためには、ツル類の渡りを何らかの方法によって効率よく調べる必要がある、ということだ。

　こうした共通認識をもちつつ報告と議論が進んでいったのだが、３つ目の渡りの問題に焦点があてられたとき、会議に招待されていた一人の日本人研究者が発言した。「人工衛星を利用して、渡り鳥を追跡することを考えてはいかがでしょう。技術的には可能なはずです」。当時、東海大学の教授であった相馬正樹先生だった。相馬先生は、日本における衛星追跡の第一人者である。当時すでに、イルカやウミガメなどの海洋動物を対象に、衛星追跡を試みていた。衛星追跡とは、おおざっぱに言えば、対象個体に装着された送信機から発信される電波を気象衛星のノアなどがとらえ、そのデータをもとに個体の位置情報、具体的には緯度・経度や時間などの数値情報を得る仕組みである（図1）。ひとたび個体に送信機を装着すれば、あとは鳥が地球のどこにいても、コンピュータ上で位置や移動を確かめられるというすばらしい仕組みだ。

得られる位置の誤差は、おおよそ数キロほど。何千キロも移動する鳥の様子を追跡するのには十分に役立つ。

　この提案を聞いて、参加者は皆、胸を躍らせた。衛星を使って鳥を追跡するなどということができるのか、もしほんと

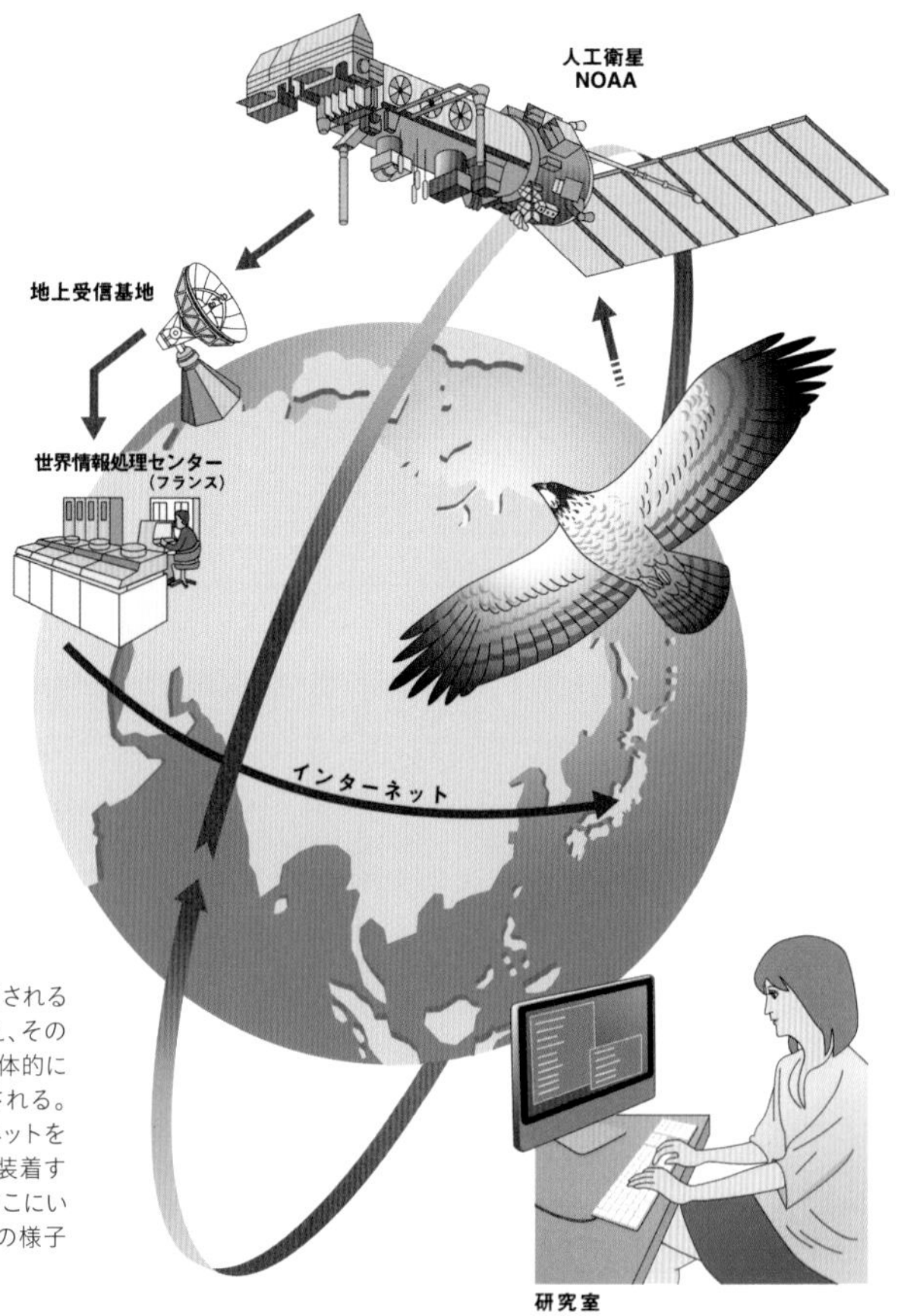

図1
衛星追跡の仕組み。送信機から発信される電波を気象衛星のノアなどがとらえ、そのデータをもとに個体の位置情報、具体的には緯度・経度や時間などが割り出される。研究者はそれらの情報をインターネットを通して入手する。ひとたび送信機を装着すれば、あとは対象個体が地球上のどこにいても、コンピュータ上で位置や移動の様子を知ることができる

うにできるのなら、ツル類をはじめとした渡り鳥の研究は飛躍的に進み、保全にかかわる貴重な情報が収集できるにちがいない、と考えたのである。

その後、日本野鳥の会の常務理事だった市田則孝さんが、当時の日本電信電話株式会社（NTT）の上層部に会い、鳥用の小型送信機の開発に協力してほしい旨、交渉した。関連の技術はNTTにあるにちがいない、と信じての交渉だったようだ。幸いにも、NTTはその要望を受け入れ、開発経費を含めて全面的に協力してくれることになったのだった。

明らかになった渡りの実態

そのような経緯の中で、鳥を対象にした衛星追跡は実現することになった。日本野鳥の会はその後、水鳥類を中心にアジアを移動する鳥の渡り追跡にめざましい研究成果をあげた。その概要を紹介し

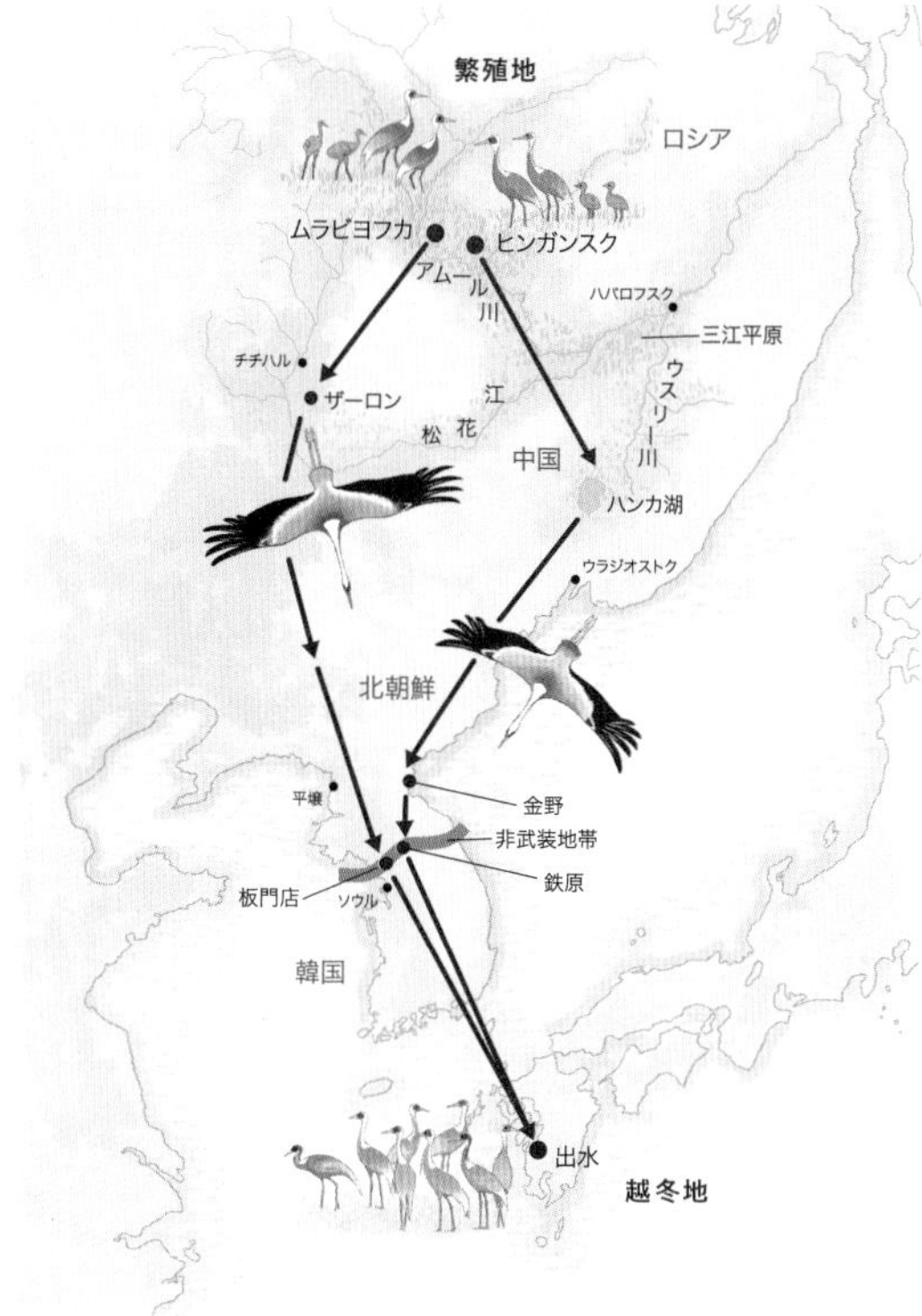

図2／ロシア東南部からのマナヅル2羽の秋の渡り。衛星追跡の結果。ムラビヨフカのマナヅルは、10月18日に南下を開始、11月23日に出水に到着。37日間で2375kmを移動。ヒンガンスクのマナヅルは、10月1日に南下を開始、11月24日に出水に到着。55日間で2466kmを移動。『鳥たちの旅』（樋口・著／NHK出版／2005）より
原典はHiguchi et al.(2004): Conservation Biology 18:136-147

マナヅル（写真／戸塚 学）

タンチョウ。日本のタンチョウは長距離の渡りをしないが、大陸のタンチョウは数百キロ、数千キロの渡りをする(写真/宮本昌幸)

よう(くわしくは、『宇宙からツルを追う』〈樋口・編著/読売新聞社/1994〉や前掲書『鳥たちの旅』を参照)。

1990年には、北海道のクッチャロ湖から北上するコハクチョウを追跡した。一羽がロシア北極圏の繁殖地、コリマ川の河口まで到達したことが明らかになり、プロジェクトの成功事例第1号となった。その後、プロジェクトはツル類に焦点をあてることになり、NECなどからの潤沢な資金援助もあって大きく進展することになる。

1991年から93年にかけては、鹿児島県の出水(いずみ)から北上するマナヅルを追跡。ツルたちは九州の西岸から朝鮮半島に入り、南北朝鮮の非武装地帯でしばらく滞在したのち、一部は北朝鮮の東海岸から中ロ国境のハンカ湖を経て中国黒竜江省の三江平原に到達。ほかのツルたちは、北朝鮮の西海岸沿いに北上し、黒竜江省のザーロンへと到達したことが確認された。同じ時期、ロシアの中南部、ムラビ

上：ソデグロヅル（写真／戸塚 学）
下：アネハヅル（写真／山田芳文）

ったタンチョウは、中国東南部・上海の北方、塩城に、一方ハンカ湖からのタンチョウは、中ロ北朝鮮国境の豆満江を経て、朝鮮半島非武装地帯の鉄原などに到着したことが判明した。この結果は、先のマナヅルの事例と併わせて、朝鮮半島の非武装地帯が、渡るツルたちにとって非常に重要な地域になっていることを明らかにした。

その後も、日本野鳥の会が中心になって実施した衛星追跡研究は大きな成果をあげた。北極圏のツンドラ地帯からはソデグロヅルを追跡。中国・揚子江の中流域のポーヤン湖までの南下経路を明らかにした。ロシアやモンゴル、カザフスタンからは、ヒマラヤを越えるアネハヅルを追跡。タクラマカン砂漠付近やコンロン山脈から、チベットの西側を経てインドの北西部ラジャスタンまで渡る経路を明らかにした。この追跡の様子は、NHKの1996年正月特別番組『アネハヅル 謎のヒマラヤ越え』で放送された。

ヨフカやヒンガンスクからもマナヅルを追跡し、朝鮮半島経由で鹿児島県出水まで南下する逆経路も明らかにした（97頁図2）。この追跡の様子は、1993年2月、日本テレビの特別番組『宇宙からの大追跡！母子ツル渡りの謎』で放送された。この番組は大きな反響を呼び、科学技術映像祭・科学技術庁長官賞など4つの賞を受賞した。

93年と94年には、ロシア東南部のヒンガンスクや中ロ国境のハンカ湖からタンチョウを追跡。ヒンガンスクから飛び立プロジェクトの後半、1996年には、北海道南部からオジロワシが追跡された。ワシたちは、春にサハリンからオホーツク海沿岸地域をめぐり、秋にはカムチャツカ半島から千島列島を経て南下したのち、前年の北海道南部の越冬地に戻った。

このころ、ほかにも、オーストラリア東岸から日本や中国方面に北上するホウロクシギ、台湾や香港から朝鮮半島などに渡るクロツラヘラサギなどの追跡にも成功している。

太陽電池方式の送信機の登場とタカ類などの渡り追跡

2000年に入るころから、送信機は太陽電池方式のものが利用できるようになった。これはまた、追跡を大きく進歩

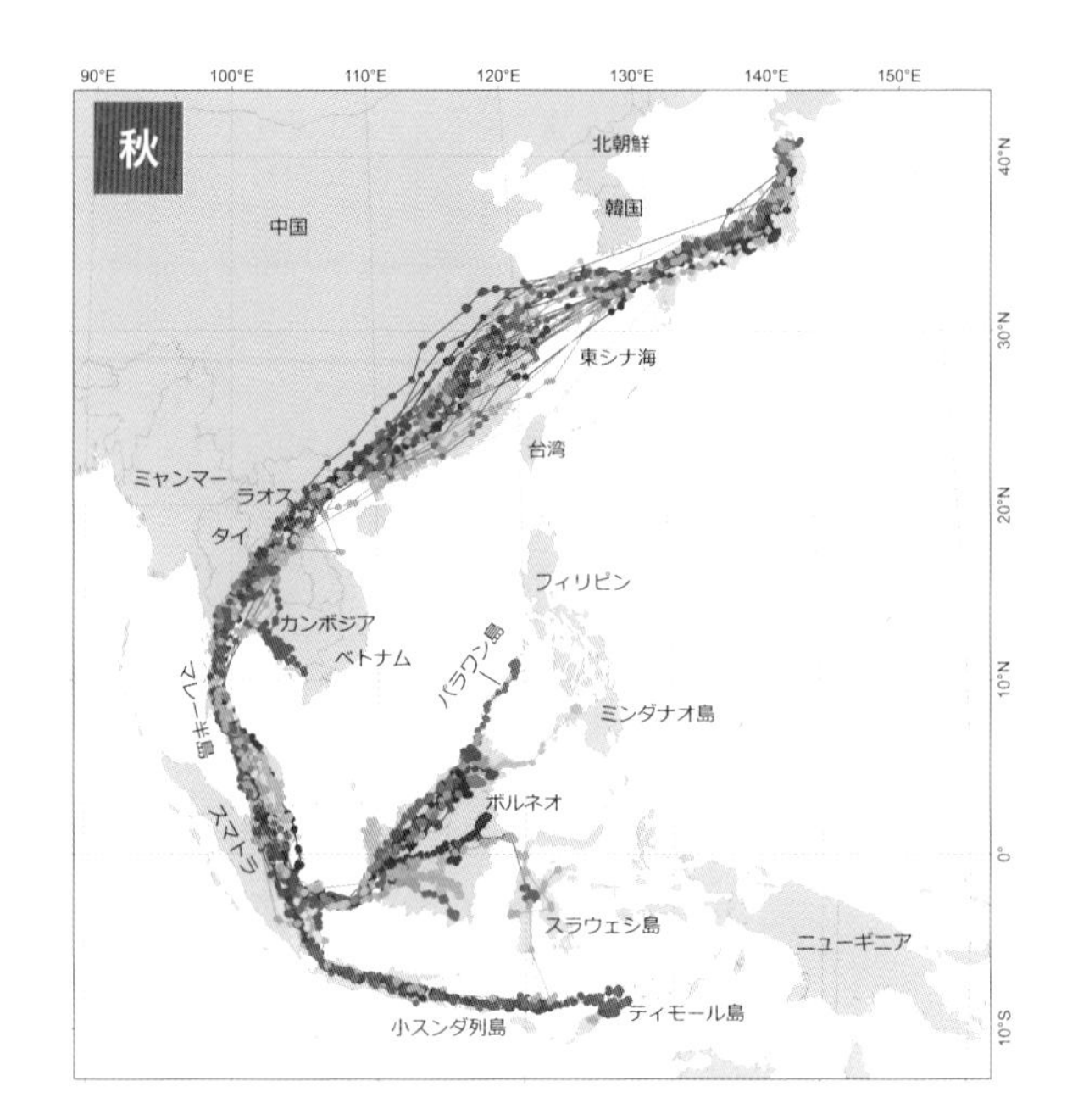

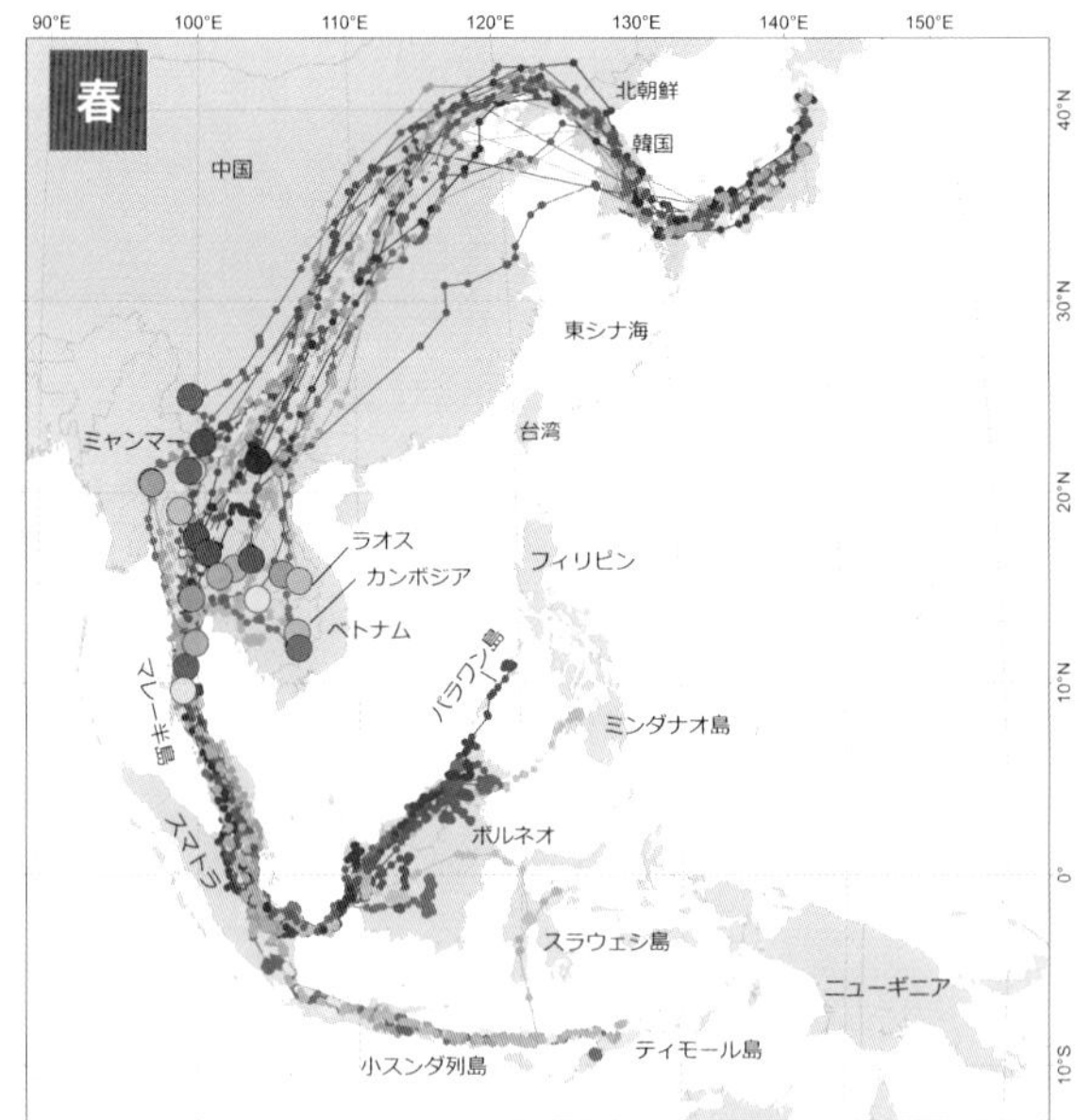

図3
ハチクマの秋（上）と春（下）の渡り経路。衛星追跡の結果。1本の線が1個体の渡り経路。春の渡り経路中、東南アジア方面の大きな○印の地点は、ハチクマの各個体が1週間以上滞在したところ。『日本の鳥の世界』（樋口・著／平凡社／2014）より
原典はHiguchi（2012）: Journal of Ornithology 153 Supplement:3-14

させることになった。それまでの電池方式の送信機では数か月からせいぜい1年程度しか追跡できなかったのが、数年、長ければ7年ほども追跡できるようになったのだ。ただし、このころには日本製

ハチクマ
（写真／戸塚 学）

の送信機の製造は中止され、アメリカ製のものが主流になる。私自身も、1990年代の後半から職場を東京大学に移し、主に国の研究費を使って渡り研究を進めるようになっていた。

この時期から、追跡対象は主にサシバやハチクマ、ノスリなどのタカ類、マガモやオナガガモ、ヒドリガモなどのカモ類、コハクチョウやオオハクチョウなどのハクチョウ類などへと変わった。紹介したい事例はいろいろあるが、ここでは圧巻の結果をもたらしたハチクマの渡り追跡事例を紹介する。追跡個体は70羽ほどになる。ほかの鳥の例を含めて、くわしくは『日本の鳥の世界』〈樋口・著／平凡社／2014〉や『鳥ってすごい!』〈樋口・著／山と溪谷社／2016〉を参照されたい。ハチクマの秋と春の渡りの様子は以下のとおりだ（図3）。

本州の中～北部で繁殖するハチクマは、9月中下旬から10月上旬に本州から九州へと向かう。九州西部の五島列島などを飛び立ったのち、東シナ海約700㎞の海上を越えて中国の長江河口付近に入る。その後、中国のやや内陸部を南下し、インドシナ半島、マレー半島を経由してスマトラに至る。そこから経路が2つに分かれる。一方の鳥たちは、90度方向転換して東北方向へと進み、ボルネオやフィリピンへと到達する。もう一方の鳥たちは、東へと進み、インドネシアのジャワ島、さらには小スンダ列島にまで到達して渡りを終える。総延長移動距離1万㎞ほど、全体として大きなCの字を描く迂回経路だ。越冬地への到着時期は、11月から12月。

春の渡りは2月の中下旬から3月に始まる。ボルネオやフィリピンで越冬した個体も、ジャワや小スンダ列島で冬を越した個体も、マレー半島の北部までは秋の経路を逆戻りする。そこから先、一部の鳥は、90度方向転換して東に進み、カンボジア方面へと向かったのち、再び90度方向転換して北進する。ほかの鳥たちは、北上してミャンマーから中国南部へ

と入る。その先は、カンボジア方面に行った鳥たちも合流するような形で中国の内陸部を北上し、朝鮮半島の北部に至る。日本には戻ってこないように見えるが、そこでなんとすべての鳥が90度方向転換し、朝鮮半島を南下。朝鮮海峡を越えて九州に入り、さらに再び90度方向転換して東進し、繁殖地の長野県や山形県、青森県などに戻る。総延長移動距離1万数千キロ、秋より少し長い。

日本の繁殖地に到達するのは、5月の中下旬。おもしろいことに、春の渡りの際にはすべての個体が、東南アジアから中国南部のどこかの地域で、1週間から1か月ほどの長期滞在をする。目的はよくわからないが、養蜂場を含むハチ資源の豊富な場所で、十分な栄養補給をしている可能性が高い。

注目すべきことに、ハチクマはどの個体も、秋と春の渡りを通じて東アジアの大部分の国をひとつずつめぐっている。集団全体としては、東アジアのすべての国をひとつひとつめぐっていることになる。戻る先、日本の繁殖地は、人間世界の言葉を使っていえば、何丁目何番地何号くらいまで厳密に決まっている例が多い。秋と春で渡りの経路が大きく違い、総延長移動距離が2万数千キロにもなるのに、である。

秋と春で渡りの経路がちがっているのは、気象条件とのかねあいで、東シナ海を越えるかどうかに関係している。秋は東シナ海に東からの追い風が比較的安定して吹いている。ハチクマはこの追い風を利用して７００㎞の海を越える。しかし、春にはこの地域の海上の天候は不安定だ。島影のない７００㎞の海を越えるのはとても危険だ。そこで、朝鮮半島の北まで北上したのちそこを南下し、１７０㎞ほどしかない朝鮮海峡を越えて九州に入ってくるのである。

ハチクマの渡りの経路は、年がちがってもほとんどちがわない。7年間継続して追跡されたある個体では、秋も春も経路は驚くほど類似している。どうやってそんなに同じにできるのかと、不思議に思うほどだ。

超小型追跡機器 ジオロケータの登場

小鳥の渡りを追跡する

その後、２０１０年前後から、微小な追跡機器、ジオロケータによる小型鳥類の追跡がさかんになる。ジオロケータによる追跡は、光センサーを利用して日の出・日没の時刻を継続的に記録する。日の出・日没の時刻は地域によって異なるので、それにもとづいて移動地点の緯度と経度の推移を調べることができるのだ。ただし、位置の測定誤差は70〜３００㎞にまでおよぶ。したがって、だいたいどのように移動しているかがわかればよい、という前提のもとで利用される。また、情報は機器内に蓄積されるだけなので、データを得るためには機器を再回収する必要がある。重量は0・4gに満たないものから、1〜3gほどのものまである(図4)。一円玉一つが1グラムなので、いかに小さく軽いものかがわかるだろう。

ジオロケータは今日、世界中で広く利用され、いろいろな成果があがっている(前掲書『鳥ってすごい!』を参照)。私たちの研究グループは、コムクドリやカンムリウミスズメ、ハリオアマツバメなどを対象に追跡を行なっている。ここでは新潟市で繁殖するコムクドリの追跡事例の概要を紹介する(前掲書『鳥ってすごい!』より)。

コムクドリは繁殖後、渡りを開始するまで繁殖地付近に留まるものや、7月に

上:コムクドリ
下:ノビタキ
(写真/戸塚 学)

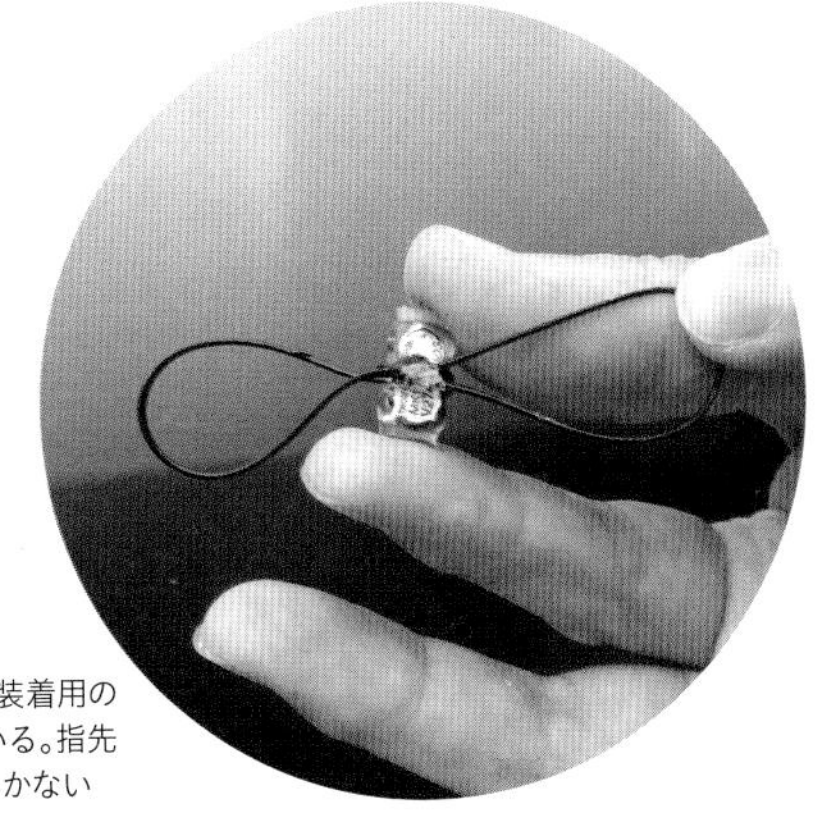

図4
ジオロケータ。装着用のひもがついている。指先ほどの大きさしかない

繁殖地を離れて南西方向に少し移動し、そこに落ち着いてしばらく夏を過ごすものなどがいた（図5）。9月になると秋の渡りが始まる。九州に長期滞在したのち、南西諸島に沿って海上を先島諸島あるいは台湾方面まで短期間で移動。その後、南下し、10月下旬までに越冬地に到着。追跡16個体のうち、フィリピンの中部・南部の島々には7個体（44%）、ボルネオ島には9個体（56%）が越冬した。渡りの開始から終了まで、平均して約34日かかっている。越冬地には平均して約166日滞在。

春の渡りは、3月下旬に始まり、おおよそ秋の経路をたどるようにして進む。南西諸島に向かう前に、フィリピンのルソン島でしばらく滞在。そののち、九州から本州西部を経て繁殖地に向かい、4月上旬から下旬に新潟市の繁殖地に到着。平均して約27日間の旅、秋より1週間ほど短い。

森林総合研究所の山浦悠一さんらのグループは、北海道で繁殖するノビタキ12個体の秋の渡りを追跡するのに成功して

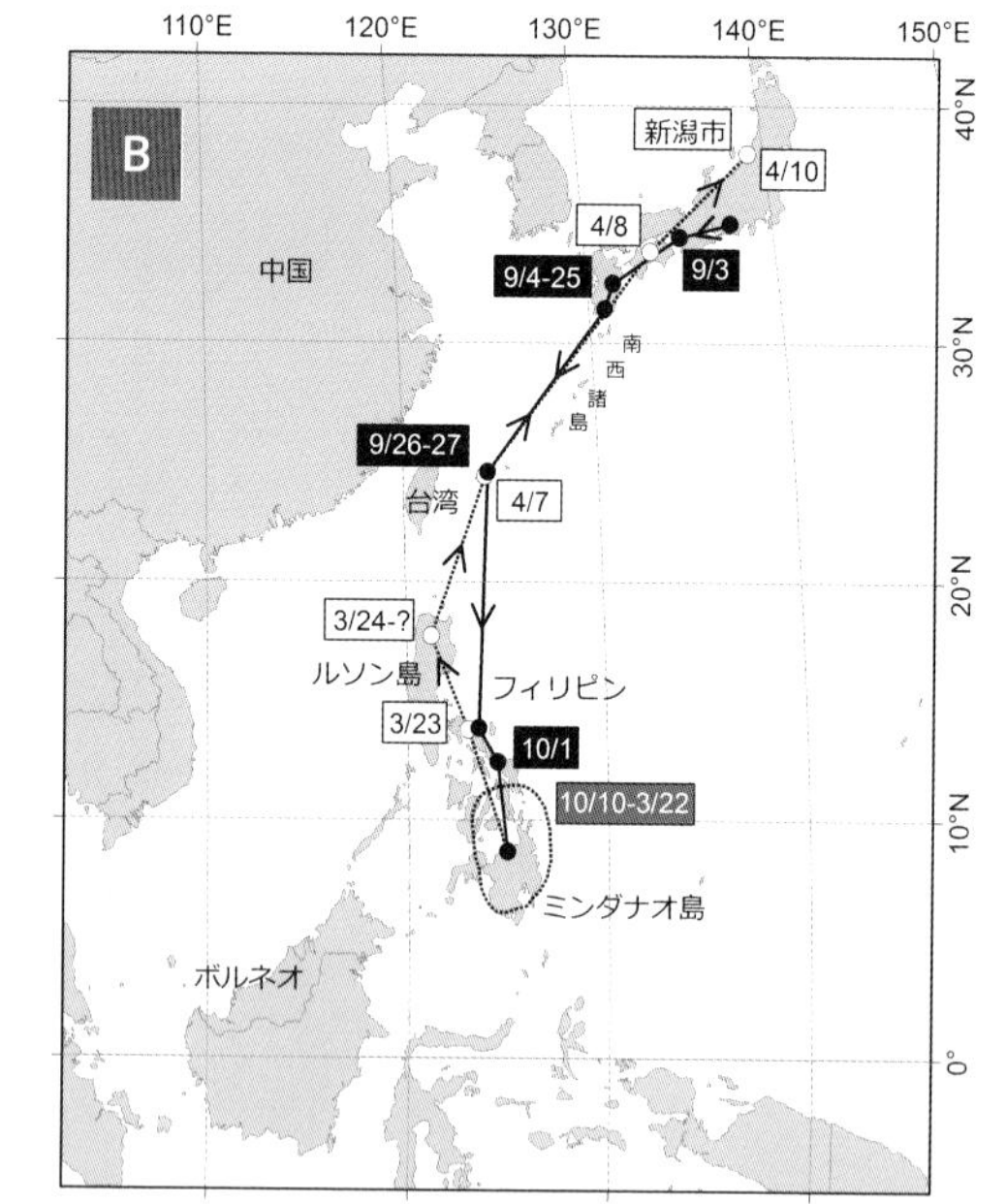

図5／新潟市で繁殖するコムクドリ2個体（A、B）の秋（●）と春（○）の渡り経路。ジオロケータを利用した追跡の結果。『鳥ってすごい！』（樋口・著／山と溪谷社／2016）より
原典はKoike et al. (2016): Ornithological Science15:63-74

いる（※１）。これらのノビタキは、10月上旬に北海道の繁殖地を出発。予想に反して、本州へと南下せずに、北海道東岸から日本海を越えてロシア東南部、沿海州のプリモーリエや中国東北部の黒竜江省に移動。その後、中国東部を南下し、中国南部やインドシナ半島に到達して越冬した。繁殖地から越冬地まで、平均して55日間の旅だった。

海外からの追跡例も、ひとつだけあげておこう。アラスカの繁殖地を飛び立ったハシグロヒタキは、シベリア極東部へと移動し、広大なロシアを南西寄りに突っ切る（※２）。その後、アラビア砂漠を越え、アフリカ東部のスーダン、ウガンダ、ケニアなどに到達。総延長移動距離、約１万４６００km、約91日かけて移動した。１日平均１６０kmの距離を飛んだ計算になる。春にも同じような経路をたどってアラスカに戻る。往復で３万kmもの旅をすることになる。移動の距離もすごいが、渡りの方向がアラスカ～アフリカ間というのがまたすごい。

さらなる渡りの解明に向けて課題と展望

以上みてきたように、渡りの経路を解明する研究は飛躍的に進展している。衛星追跡では、送信機にＧＰＳが組み込まれ、位置の誤差が数メートルから十数メートルしかない高精度の位置情報が得られるようになってきている。ＧＰＳの組み込まれていない送信機には、重量がわずか２ｇというものまで出てきている。ジオロケータの場合には、体重十数ｇの小鳥を追跡することも可能になっている。

しかし、これら高度情報通信技術を利用した渡り研究にも、まだ課題は多い。衛星追跡について言えば、機器の小型化が遅れている。高精度の情報をもたらすＧＰＳ機能付きの送信機の重量は、小さいものでも20ｇ近い。衛星用送信機の価格は一台30万円ほど、位置情報を得るのにも多額の費用がかかる。ジオロケータの場合は、なんと言っても位置の精度が非常に低い。機器を回収できないと何の情報も得られない。

もっと小さい、もっと高精度、もっと安価で容易に情報を得られる追跡機器が求められている。

もうひとつ重要な課題は、機器の装着法である。機器をどう装着するかは、完全に研究者個々人の知識と経験にかかっている。しかも、機器の種類や寿命、また鳥の種類に合わせて装着法を考えなければならない。これらはきわめて不確定な要素であり、いまだに多くの課題を抱えている。

※1 Yamaura et al. 2017: Journal of Avian Biology 48: 197–202
※2 Bairlain, F. et al. 2012: Biology Letters 8: 505–507

chapter 2 2

海鳥ってすごい ―1―

空中と水中を飛ぶ海鳥のチカラ

文 綿貫 豊

写真 戸塚 学+高橋晃周 西澤文吾

絵 富士鷹なすび

空を飛ぶうえに、水中に潜ったり泳いだりすることができる海鳥は、地球上の生物の中でも、かなりハイスペックな能力の持ち主といえます。海鳥のすばらしい身体能力を、大解剖します！

海鳥ってすごい

海鳥は鳥としての制約をかかえたまま、広い海の中から魚群を探し出し、これを捕らえる能力を進化させました。その能力とは、コウテイペンギンの深さ300mを超える原子力潜水艦並みの潜水深度、ウミウの秒速2mのオリンピック選手なみの遊泳速度、ワタリアホウドリの時速150km近い軽飛行機に迫る飛行速度、ハシボソミズナギドリの8000kmを超えるジェット旅客機なみの航続距離などです。

こうした能力は、彼らが恐竜＝鳥であるゆえにもちえたもので、他の動物グループでは成し遂げられなかったものと思います。イワシやイカ、オキアミなどを食べる点で高い栄養段階（※）にいますが、同じ海洋生態系の高次捕食者であるマグロとは、陸上で繁殖し肺呼吸するといった点で根本的なちがいがあります。一方、他の陸生鳥類とは形態や運動の点で異なる特徴をもっています。

空中と水中では働く力がちがう

海鳥は空中と水中という、働く物理力がちがう世界で生きています。これが、この大きさの他の生物にはない特徴です。水の密度は空気のおよそ800倍であるため、水中を移動するときには〝抵抗〟と〝浮力〟が、空中を移動するときには〝重力〟が、海鳥に作用する主な力となります。

そのため、空中と水中とでは適した「推

※ 栄養段階＝生態系において、生産者（植物など）を出発点とする食物連鎖の各段階（生産者・一次消費者・二次消費者など）

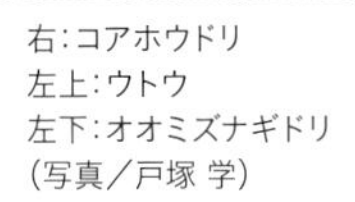

右:コアホウドリ
左上:ウトウ
左下:オオミズナギドリ
(写真/戸塚 学)

進装置=プロペラ」の大きさと回転速度がちがいます。空中では重力に逆らって浮くための十分な揚力を生み出すべく、大きなプロペラを速く回転させ、水中では大きな抵抗に逆らって推進力を生み出せるよう、小さなプロペラをある程度ゆっくり回転させるのが効率的です(Taylor et al. 2003)。

ヘリコプターのブレードと、船のスクリューの大きさや回転は、大きくちがいます。同様に、空中と水中それぞれに適した翼・足ひれの大きさと、それらを1秒あたりストロークする頻度(回転速度)は大きくちがうので、海鳥には、空中・水中それぞれに特化するか、妥協するか、という点で、形態と行動に多様性がみられるのです。

海鳥の6つの運動タイプ

運動モード(タイプ)の観点からは、海鳥は大きく6つに分けられ、それは採食モードとも深く関係しています（図1、110頁図2）。

①種類が多い
滑空するアホウドリタイプ

まず、翼を使って滑空するグループです。この「①滑空タイプ」の代表が、アホウドリ科・ミズナギドリ科の一部です。1000㎞を越える広い範囲を飛び回って、海面に浮いている死んだイカや水面近くに来た魚群など、偶然発見したエサを水面でついばみます。空中を漂うにおいをたよりに魚群を見つけているのだと言われることもあります。

②基本型とも呼べる
羽ばたき・滑空 カモメタイプ

羽ばたきと滑空をするタイプは、カモメ・アジサシ科、ミズナギドリ科の一部、ウミツバメ科、ペリカン科、カツオドリ科などであり、「②基本タイプ」とでも呼べるでしょう。

イルカや潜水性の海鳥に海面に追い上げられた魚群や、10ｍくらいの深さにいる魚群を空中からの突入で捕らえたり、海岸で貝やカニを拾ったり、ゴミ捨て場で採食したりします。基本型はいろいろな採食モードを見せます。魚群を狙う他の海鳥の群れを発見するのが上手です。これら「①滑空タイプ」と「②基本タイプ」はほとんど潜水しません。

③羽ばたき飛行・潜水
ウミスズメタイプ

④羽ばたき潜水 ペンギンタイプ

翼を羽ばたいて潜水するタイプとしては、「③羽ばたき飛行・潜水タイプ」のウミスズメ科、モグリウミツバメ科、ミズナギドリ科の一部、「④羽ばたき潜水タイプ」のペンギン科がいます。いずれも深度10～50ｍくらいの海中にいる魚群やオキアミの群れを追いかけて捕らえます。エサの探索範囲は100～200㎞と狭いので、つねにエサが多い場所を覚えていてそこで採食するか、他の個体の後ろについていって魚群を見つけるのだと言われることもあります。

足を水中での推進に使うグループは、次の2タイプです。

⑤羽ばたき飛行・足けり潜水
ウミウタイプ

ひとつは、翼を羽ばたいて飛行し、足ひれでけって水中を推進する「⑤羽ばたき飛行・足けり潜水タイプ」で、その代表がウ科です。やはり、エサの探索範囲は狭く、10～100ｍの深度の海底までまっすぐに潜っていって、海底の岩や砂の中に潜む魚を狙います。

図1／海鳥の6つの運動タイプ　（　）は代表種

飛行

❶滑空タイプ
（アホウドリ）
●滑空飛行
●ほとんど潜水しない

死んだ
イカは
いないかな？

❷基本タイプ
（カモメ）
●羽ばたき飛行＋滑空
●ほとんど潜水しない

❺羽ばたき飛行・
足けり潜水タイプ
（ウミウ）

❸羽ばたき飛行・
潜水タイプ
（ウミスズメ）

海水面

❻足けり潜水タイプ
（コバネウ）
●飛行しない

❹羽ばたき潜水タイプ
（ペンギン）
●飛行しない

「⑤羽ばたき飛行・足けり潜水タイプ」のウトウ
（写真／戸塚 学）

⑥ 飛ばずに潜水特化 コバネウタイプ

さらに翼が小さくなったので、飛行はできず、足ひれでの潜水に特化したのが「⑥足けり潜水タイプ」で、現生種ではガラパゴスコバネウだけが含まれます。

図2／海鳥の運動タイプ（詳細）

運動タイプ（代表種）	飛行・潜水の方法	利用空間	翼・足ひれの大きさ	例
①滑空タイプ（アホウドリ）	滑空飛行	空中	大きく細長い翼	アホウドリ科 ミズナギドリ科（一部） ペラゴルニス科（絶滅）
②基本タイプ（カモメ）	羽ばたき飛行	空中	中〜大きい翼	カモメ・アジサシ科 ウミツバメ科 カツオドリ科
③羽ばたき飛行・潜水タイプ（ウミスズメ）	羽ばたき飛行 羽ばたき潜水	空中 水中	中程度の翼	ウミスズメ科 モグリウミツバメ科
④羽ばたき潜水タイプ（ペンギン）	羽ばたき潜水	水中	小さな翼	ペンギン科 オオウミガラス（絶滅） プロトプテルム（絶滅）
⑤羽ばたき飛行・足けり潜水タイプ（ウミウ）	羽ばたき飛行 足けり潜水	空中 水中	大きな翼 足ひれ	ウ科
⑥足けり潜水タイプ（コバネウ）	足けり潜水	水中	大きな足ひれ	ガラパゴスコバネウ ヘスペロルニス（絶滅）

2つの飛翔の力学

羽ばたかずに数百キロを飛ぶ アホウドリの滑空飛行

「①滑空タイプ」の代表であるアホウドリ科は海面近くをゆうゆうと、まったく羽ばたかずに、いつまでも飛行できます（写真1）。

その秘密は、細長い翼とその断面の形にあります。翼の断面は上部が膨らんでおり、飛行機と同じで、空気に対して翼が速く動くほど、つまり速度が大きいほど揚力（翼面に対して直角上向きの力）も大きくなります（図3）。

さらに、翼が細長いことによって、同じ面積の翼を同じ速さで動かした場合でも、大きな面積を横切ることになるので、

写真1
「①滑空タイプ」のワタリアホウドリ。グライダーと同じ程度に細長い翼をもち、滑空性能が高い。ダイナミックソアリングにより、長いこと羽ばたかずに飛行し続けられる
（写真／高橋晃周）

図3／空気中を左に進む翼の断面と上下の空気の流れ

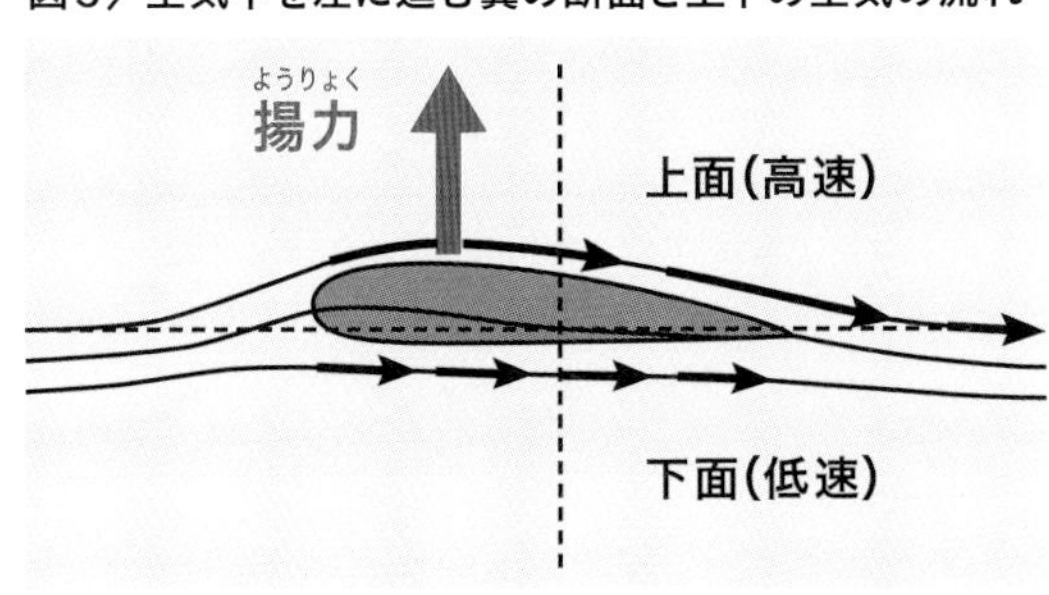

そこに働く揚力も大きくなります。実際に、アホウドリタイプの翼の細長さはグライダーと同程度の比率なので、長いこと落ちないで滑空できます。

それでもグライダーは少しずつ下降し、いつか落ちます。アホウドリ科がいつまでも羽ばたかずに飛行し続けられるのは、「ダイナミックソアリング」と呼ばれる、特別な飛行術をもっているからです（112頁図4）。

そのカギとなるのが、海上でいつも吹いている強い風で、その速度が、海面より10〜20mの高さ以上では同じですが、それ以下だと海面近くになるにしたがって急に弱まる、風速勾配をもっていることです。

まず、海からの高さ10〜20mのところで風下側に頭を向けます。このとき風下に頭を向けているので、風に対する対気速度はほとんどなく、揚力は小さいので斜めに落ちていきます。その代わり、下降しながら加速され、さらに風も弱まる

ので、対気速度は大きく、揚力も大きくなり、その対気速度は海面近くでは時速100㎞にも達します。

そして海面すれすれで180度方向転換し、今度は風上方向を向くと、対気速度は時速100㎞出ていますから、大きな揚力が働いて上昇できるわけです。このように下降と上昇を繰り返せば、羽ばたかずに、何百キロもずっと飛んでいられます（Sachs 2005）。

風速勾配をV字の坂道とし、アホウドリを自転車と見立ててみましょう。坂道を下るときには、自転車をこがなくてもどんどん加速していきます。坂を下ることで加速して得た速度を使えば、次の上り坂を上るのがかなり楽になります。これと似たようなことを繰り返しているわけです。

この飛行術は、風向きに対して、直角の方向にしか進めないという欠点はありますが、風速勾配をうまく利用して、ジグザグしながら移動し続ける、とてもう

図4
アホウドリのダイナミックソアリング

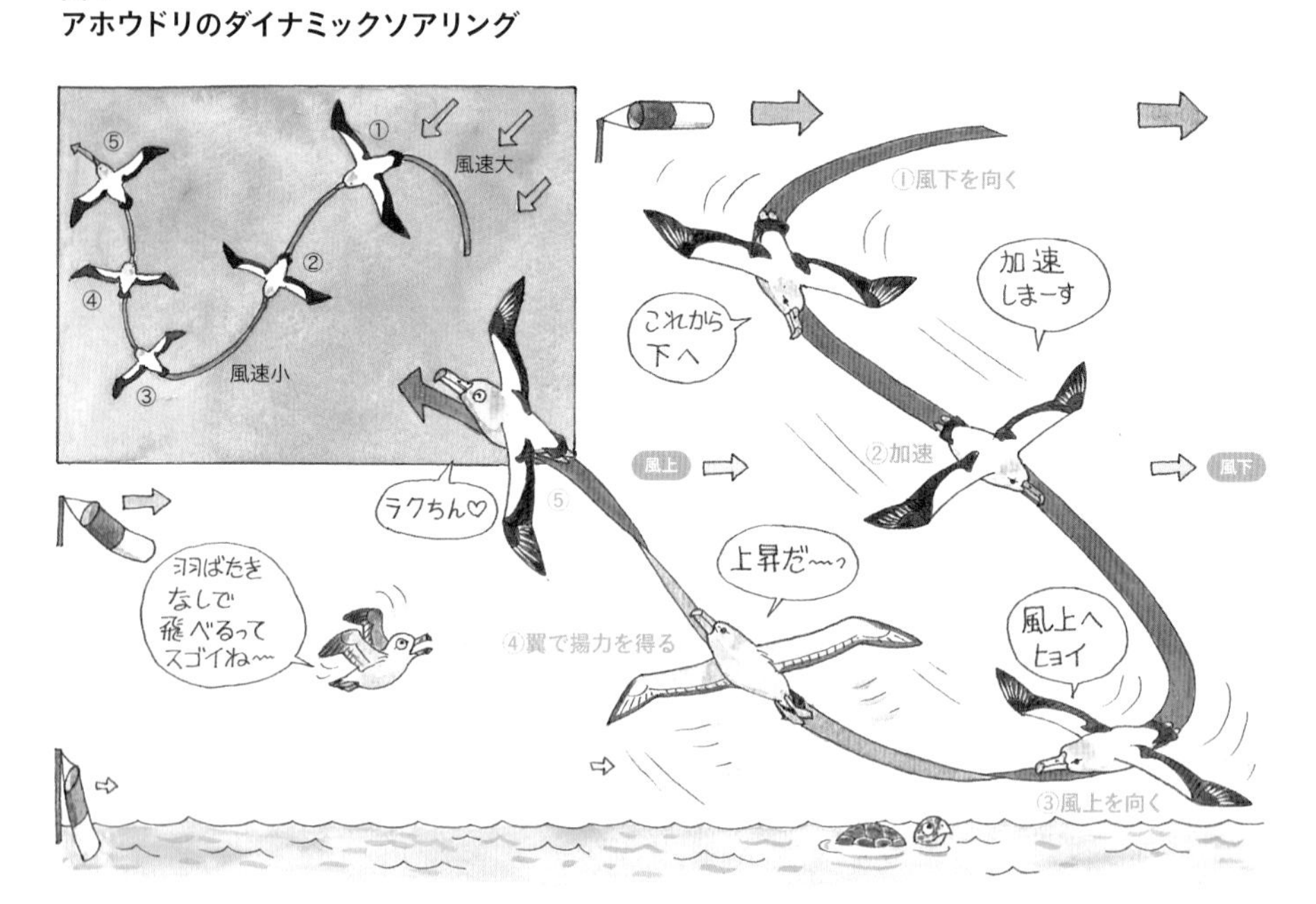

まいテクニックです。羽ばたかないのだから翼を上下する筋肉はほとんど使わないので、眠っているときより少し余計にエネルギーを使うだけで空中を移動できます（図4）。

このダイナミックソアリングを目で確かめることができます。長距離フェリーに乗った時に飛んでいるコアホウドリを見つけたら、羽ばたいているかいないかを確認しましょう。もし、羽ばたいていなかったら、背中を見せるときと腹を見せるときとが、数秒ごとに入れ替わるはずです。それと同調して、水面近くと高度10〜20ｍくらいの間を、ゆっくりと高度が高くなったり低くなったりするでしょう。ダイナミックソアリングをしているのです。

羽ばたきによって生まれる力

次に、比較的小さい翼を絶え間なく羽ばたかせて空中と水中を進む「③羽ばたき飛行・潜水タイプ」（写真2）と、翼が小さくなってフリッパー（ヒレ）となり、これを羽ばたかせて水中だけを進む「④羽ばたき潜水タイプ」（写真3）が、羽ばたきによって進む際の、上向きと前向きの力を生み出す仕組みについて説明しましょう。

彼らが、プロペラである翼を羽ばたくとき、翼が空気あるいは水中を高速移動することにより揚力を生み出しています。そして翼をうち下げまたうち上げる際には、真下と真上でなく、少し前後に角度をつけ、その翼が進む方向に対して翼の面を少し上に傾けています。これによって、うち下げで発生する揚力は体軸に対して少し前に傾いており、その鉛直成分が体を持ち上げる力に、水平（＝体軸）成分が前に進む力となります。

羽ばたくためのエンジン、胸筋

次はエンジンです。翼を羽ばたくため

写真2／「③羽ばたき飛行・潜水タイプ」のエトピリカ。毎秒10回程度羽ばたいて飛ぶ。水中ではこの翼を半分程度に折りたたんで、ゆっくり羽ばたいて潜水する
（写真／西澤文吾）

写真3／「④羽ばたき潜水タイプ」のアデリーペンギン。水中で小さな翼＝フリッパーを毎秒3〜4回羽ばたいて進む。翼が小さすぎるので飛べない
（写真／高橋晃周）

のエンジンは胸筋であり、大胸筋と小胸筋からなります。大胸筋の一端は胸骨の真ん中の竜骨突起にしっかりと固定され、もう一方は細くなって、その腱が上腕骨の下側についています。

大胸筋を収縮させると上腕骨が下に引っぱられて、翼が打ち下げられます。小胸筋の一端も竜骨突起に固定されていますが、反対側は細くなって腱となり、肩関節にあるスリットを通って上腕骨の上側に出て、そこについています。だから、小胸筋を収縮させると上腕骨が上に引っぱられ、翼が打ち上がります。

これら2つの筋肉を交互に使って、翼の打ち下げと打ち上げを繰り返すのです。打ち上げでは、揚力は後ろ向きの成分をもってしまうので、翼を縮め、その後ろ向きの力成分をできるだけ小さくします。

つまり、浮くための上向きの力と前に進むための推力は、主に打ち下げの際につくり出されるので、いっぱいに広げた翼を空気の抵抗に逆らって力強く打ち下げるには、打ち下げ時に使う大胸筋はとても大きい必要があります（図5）。

飛ばないペンギンの小胸筋は大きい

ここで、「③羽ばたき飛行・潜水タイプ」のウミスズメ科と、「④羽ばたき潜水タイプ」のペンギン科の胸筋のちがいについて述べましょう。それは、大胸筋に対する小胸筋の重さの比率が、ペンギン科のほうが大きいことです。

これは、翼で空中も水中も飛行するウミスズメ科は主に打ち下げで、ペンギン科は打ち下げと打ち上げ両方で推進することを示しています。これも空気と水の密度の差に理由があります。

ウミスズメ科は空中で浮くために、揚力の上向き成分が大きい打ち下げで大きな力を出す必要があり、大きな大胸筋が必要なのです。だから、水中でも主に打ち下げで前進します。そのため、その泳ぎはなめらかではなく、打ち下げで前に進み、打ち上げでは減速するので、あまり効率的ではありません。

一方、ペンギン科は水中だけを進めばよいので、重力を打ち消す必要がなく、打ち下げと打ち上げ両方で前に進むように翼を動かします。そうすると、水中で

図5
大胸筋と小胸筋の使い方

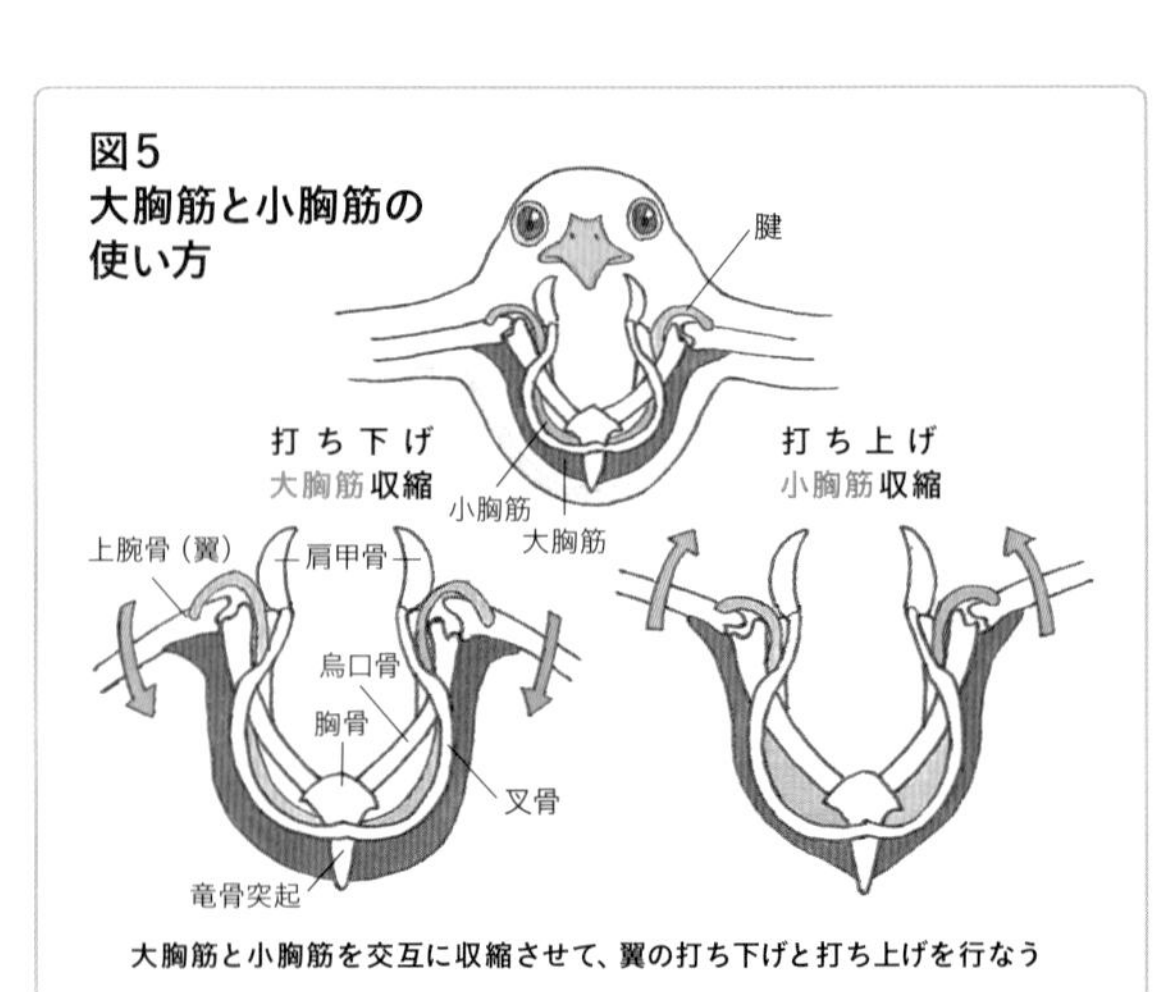

大胸筋と小胸筋を交互に収縮させて、翼の打ち下げと打ち上げを行なう

の水平移動がなめらかで効率が上がります（Watanuki et al. 2006）。

たとえ平均速度が同じだとしても、ブレーキを踏むことなく一定速度で走ると、ブレーキとアクセルを繰り返す走行より燃費がよくなるのと同じことです（図6）。

水中と空中で羽ばたき方を変えるウトウ

最後にプロペラの回転です。密度のちがう空中と水中を移動する際の羽ばたき頻度は、大きく異なります。

水中を進むのに適した小さい翼をもっているペンギン科は、計算上は1秒に50回羽ばたけば飛べるようですが、現実的には無理なので、飛べません。

ウトウが羽ばたいて飛べるのは、彼らにとって可能な「羽ばたき頻度」で600gの体を浮き上がらせる程度には十分な「大きさ」の翼をもっているためです。

それでも、彼らの翼は空中を飛ぶには

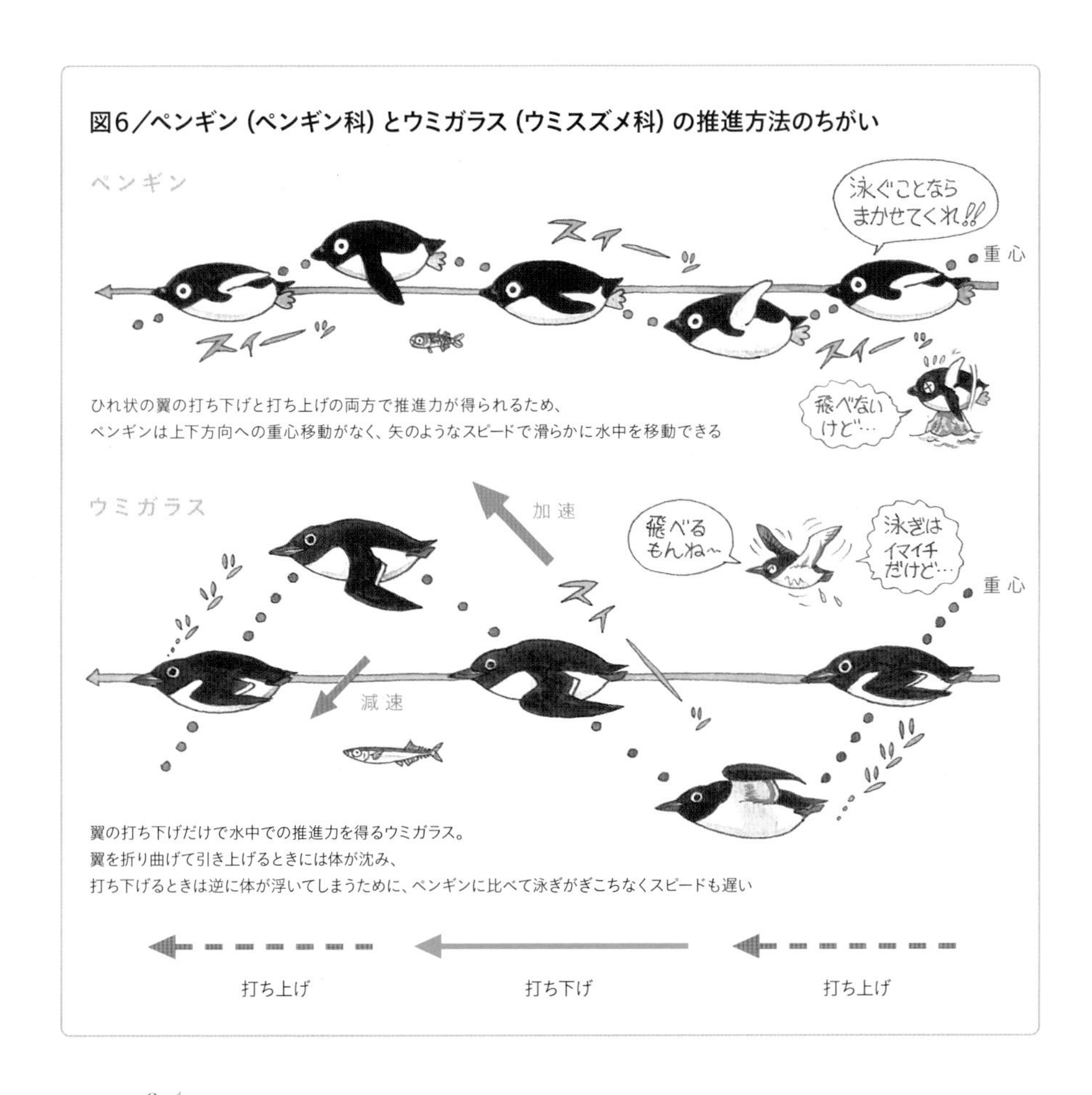

ちょっと小さめだし、水中をこぐにはちょっと大きめなので、翼の大きさと羽ばたき頻度を水中と空中で変えます。

ウトウは空中ではめいっぱい翼を伸ばした上で、毎秒9～10回羽ばたかないと飛行できず、一方、水中では、翼を縮めた上で、毎秒2～3回とゆっくり羽ばたいて進むのです。これが、空中と水中での運動の最適な妥協点になっているようです（Kikuchi et al. 2015）。

飛行時の羽ばたき頻度は、「②基本タイプ」のカモメ類（毎秒3～4回）よりかなり大きいので、エネルギー消費速度も大きいと考えられます。

効率的なウ科の足けり潜水

「⑤羽ばたき飛行・足けり潜水タイプ」のウ科の足ひれ（ウ科では水かき）は、ちょうど手の平くらいの大きさで、これを抵抗の大きな水中で、毎秒1～5回けって進みます（写真4）。

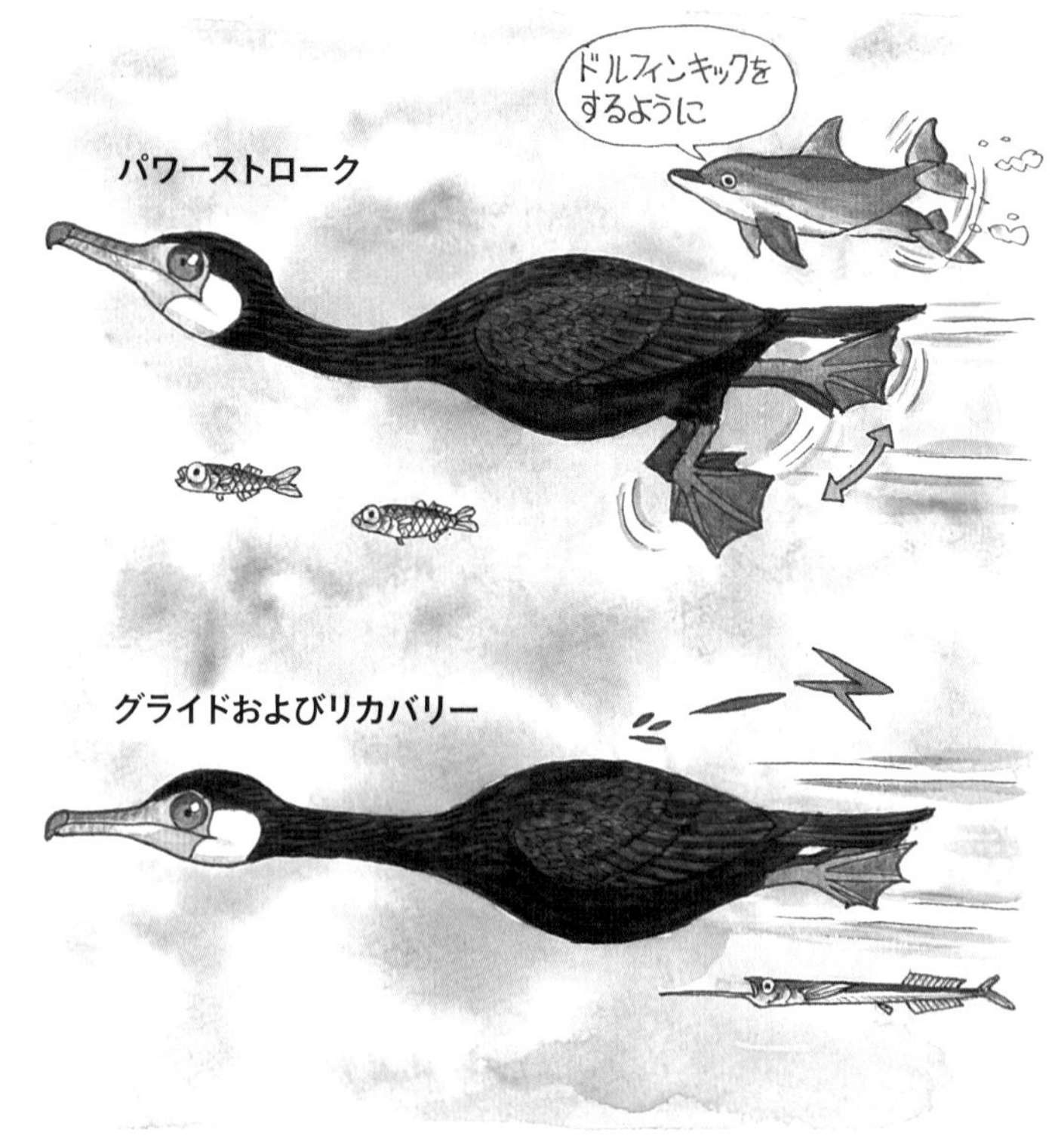

図7
ウ科の泳ぎ方

ウは、両足をそろえて足けり（パワーストローク）をして水中を進み、しばらくそのままにして進んだ後（グライド）、足を元の位置に戻す（リカバリー）

一方、大きな揚力を必要とする空中では、足ひれの30倍近い面積をもつ翼を毎秒6～7回羽ばたいて飛行します。水中では抵抗の小さい足ひれを、空中では大きな揚力を生み出す翼を使う、つまり水中と空中それぞれに適したプロペラを使っているのです。

彼らは、潜水中は翼を体にぴったりとつけて、両足をそろえて、ドルフィンキックをするようにして進みます。水かきをいっぱいに開いて水をキャッチして、足を後方へ突き出しつつ、水を尾方向へ押しやることで前進します（パワースト

写真4
「⑤羽ばたき飛行・足けり潜水タイプ」のズグロムナジロヒメウ。空中では大きな翼を羽ばたいて、水中では小さな（とはいえ他の海鳥に比べると大きい）足（水かき）をけって進む
（写真／高橋晃周）

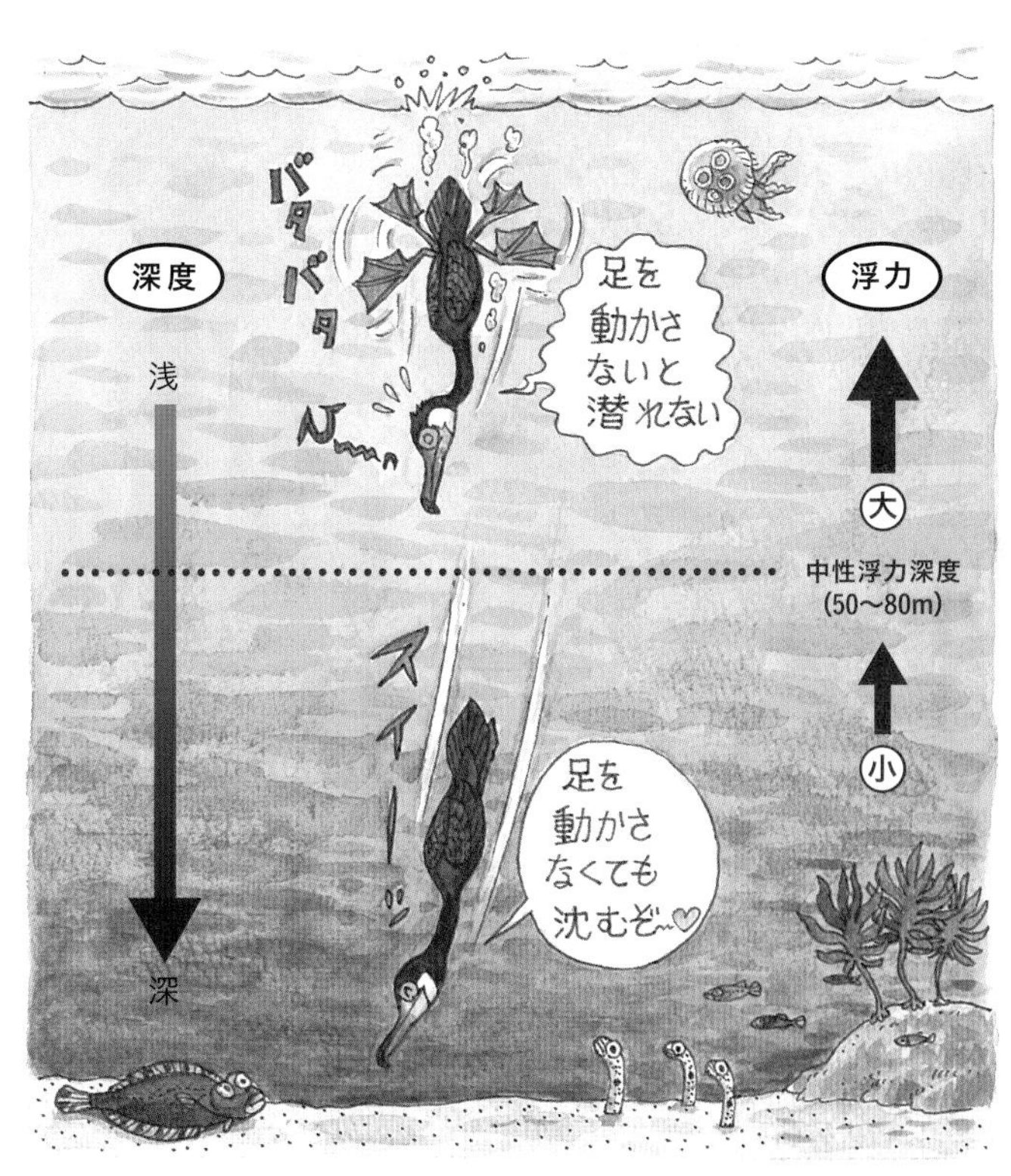

図8
深度によって変わるウの潜水

浅いところでは浮力が大きいので、毎秒5～7回足こぎをするが、深いところまで行くと浮力が小さく、毎秒1～2回くらいしかこがない

ローク）。足が伸びきったら、そのまましばらく足を動かさずに、勢いで前進し（グライド）、最後に足を元の位置にもどします（リカバリーストローク）（116頁図7）。

平均的な推力は、1回のパワーストロークの強さと1秒当たりに何回足をけるかによります。その際、筋肉を収縮して力を出すときには、もっとも効率のよい収縮速度があるので、パワーストロークの時間は変えないのが効率的です。実際、ウ科のパワーストローク時間は0・2秒くらいで大きな変化がありません。

深い水中での潜り方

海鳥は肺や羽毛に空気をもったまま潜水します。深く潜っていくと、水圧でその空気が圧縮され体積が減るので、浮力が小さくなりますが、重力は深さで変化しないので、そのうち重力と浮力がつりあう中性浮力深度に達し、それより深い場所では足けりしなくても沈んでいきます。

ムナジロヒメウでは、潜りはじめは浮力が大きいので、足けり回数が多く、パワーストロークの間隔は0・2秒と短いですが、深くなるとその間隔は次第に長くなり、中性浮力深度の40ｍの深度では0・6〜1秒と浅いときの3倍以上にもなります。浮力が小さくなると、これに見合っただけ足けり回数を少なくして、それによって推力を下げ、効率的に潜っているのです（綿貫他 2010）（117頁図8）。

「⑤羽ばたき飛行・足けり潜水タイプ」が、水中では小さな足ひれを、空中では大きな翼をと使い分けるのは力学的には理にかなっていると述べました。しかし、これは、翼を羽ばたくための胸筋と足けりするための足の筋肉という、2つのエンジンを使うことを意味します。

「③羽ばたき飛行・潜水タイプ」は、空中も水中も、推進には、鳥類がもともと飛行に使っていた翼だけを使うので、エンジンは胸筋ひとつで済みます。

「⑤羽ばたき飛行・足けり潜水タイプ」にとって、2つのエンジンを大きくし、それをアイドリングし続けなければいけないのは、かなりの負担になっているはずです。実際に、潜水中のウのエネルギー消費速度はかなり大きく、また、飛行能力も他のタイプに比べて落ちるのではないかと考えられています（Elliotr et al. 2013）。

2つの飛翔はどのように進化したのか？

滑空と潜水への特殊化

アホウドリのように、翼を細長くして滑空飛行に特殊化する進化は、2回起きました。そのひとつであるペラゴルニス科（Pelagornithidae）は、恐竜絶滅後の6200万年前から人類誕生前の250万年前の長きにわたって、世界中の大空を飛び回っていました。鳥類は歯を失った動物グループですが、彼らは歯のように見えるものをもっていました。そのため、偽歯類とも呼ばれます。両方の翼を広げたときの長さは、もっとも小さい種でも、１・６ｍあり、最大の種では、なんと６・１〜７・４ｍに達します。細長い翼をもつので、滑空の専門家だったと考えられています。

一方、現在の「①滑空タイプ」の代表であるアホウドリ科のもっとも古い化石は２０００万年前から知られ、かなりの期間、ペラゴルニス科と共存していた可能性があります。アホウドリ科はミズナギドリ目に属し、現生鳥類でもっとも近縁な目はペンギン目ですが、ペラゴルニス科はカモ目、キジ目とともに古いタイプの鳥類だったようで、アホウドリ科とは系統的に大きく離れています。

潜水に特化して飛べなくなった鳥たち

鳥類としてもともと空中を飛行するため進化させた翼を、そのまま潜水のための推進器として転用したために、飛行能力を失った「④羽ばたき潜水タイプ」への進化は4回起きました。

まず、ペンギン目の化石が、鳥類以外の恐竜が絶滅した白亜紀・第三紀の大絶滅の後の６０００万年前のニュージーランドの地層から見つかっています。

2回目は、旧分類体系の「ペリカン目」のグループから分岐したプロトプテルム科（Plotopteridae）で、３５００〜１８００万年前に生きていました。ペンギンのフリッパーのような翼をもっておりこれを羽ばたいて泳ぎ、飛行はできませんでした。

ほかの2回は、翼を空中・水中両方でのプロペラとして使う、ウミスズメ科を含むグループで起こりました（Smith and Clarke 2015）。このグループの最古の化石は４５００万年前の地層から発見されており、この中から３３００万年、飛べないマンカラ科（Mancallinae）が出現しましたが、この科はその後絶滅しました。

もう1回は、Alcini 族の中から１０００万年前に分岐したオオウミガラス属で、もともとは捕食者がいない絶海の孤島で繁殖していましたが、人間が来たことで今から１５０年前に絶滅したことは、よく知られています。

翼が退化した足けり潜水の古代鳥

一方、翼を退化させ、足こぎ潜水に専門化した「⑥足けり潜水タイプ」への進化は2回起こっています。1回は、まだ恐竜が繁栄していた1億年ほど前から、恐竜絶滅の６５５０万年前まで生息していた古代鳥類のヘスペロルニス目（Hesperornithiformes）の進化です（田中

図9／海鳥の系統

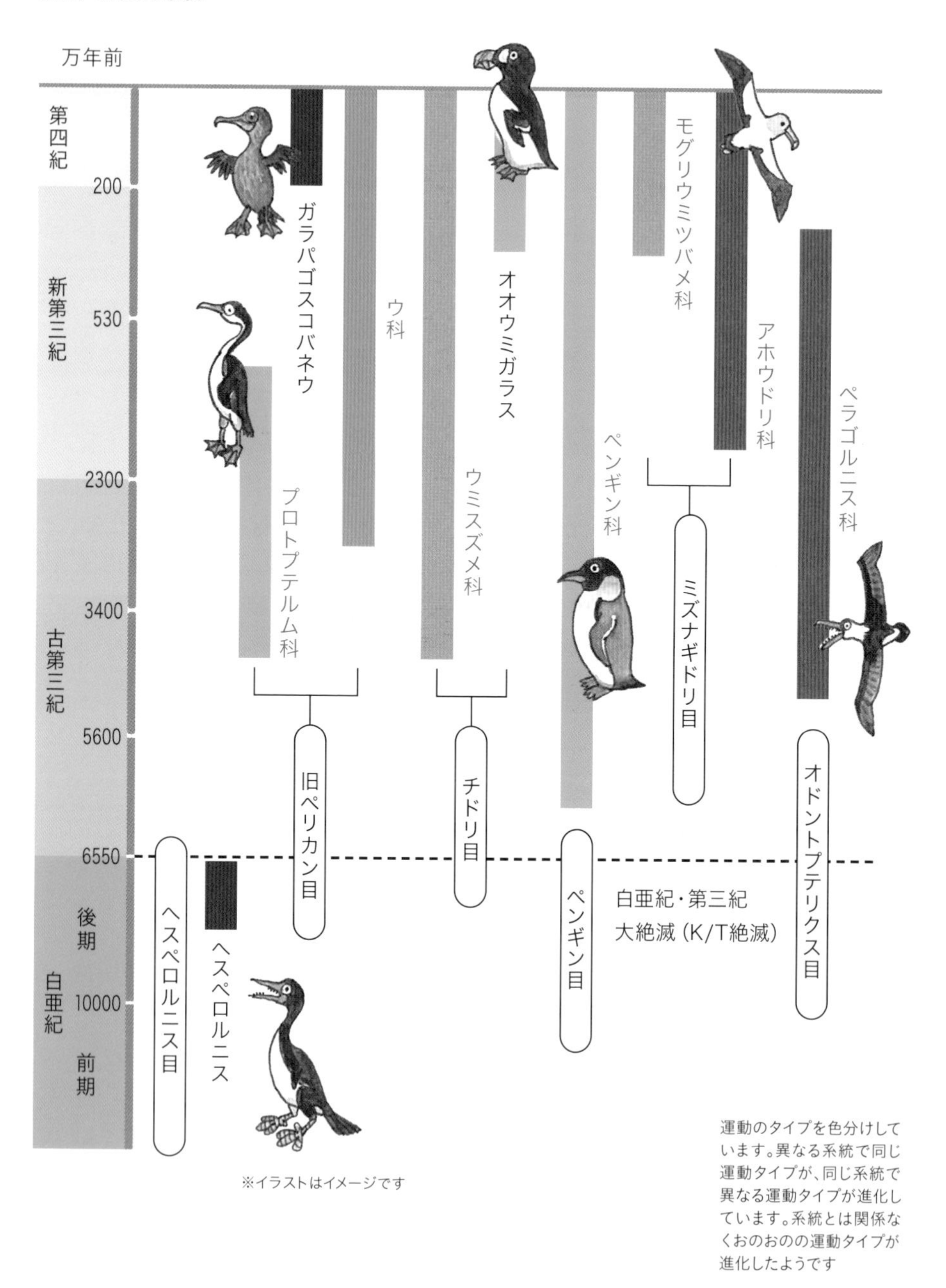

※イラストはイメージです

運動のタイプを色分けしています。異なる系統で同じ運動タイプが、同じ系統で異なる運動タイプが進化しています。系統とは関係なくおのおのの運動タイプが進化したようです公教・小林快次 2018）。

ウミガラスからペンギンくらいの大きさで、化石から13種以上が知られています。翼はすっかり退化し、まったく飛べませんでした。足こぎで水中を泳いで移動したので、繁殖地からそう遠くへは行けなかった代わりに、潜水能力は高かったらしく、海底まで潜って、貝や魚を食べたと推定されています。

2回目は、現生鳥類の飛行できるウ科から、ガラパゴスコバネウとして200万年前に分岐し、その後のいつかの時点で飛行能力を失いました。ガラパゴスコバネウも絶滅の危機に瀕しています（図9）。

飛ぶことをやめた理由

このように、別々の系統で、飛行する能力を失う進化が何回も起きたのですが、いずれにおいても移行途中の化石は見つかっていないので、どういったプロセスで飛行能力を失ったのかは詳しくわかっていません。またその理由もわかりません。

海鳥は、陸でしか孵すことのできない卵を産む、という鳥類独自の性質を変えることはありませんでした。そのため、繁殖中は頻繁に島に戻る必要があります。海鳥の飛行速度は時速50〜80㎞に達しますが、遊泳時速はその10分の1なので、飛行能力を失った場合、移動速度はひとけた小さくなり、遠くまで食べ物を探しに行くのが大変になります。

海中では海底渓谷や海山など、特殊な海底地形に魚が集まることが知られています。

たまたま、そうした地形が繁殖地の近くにあった場合、広い範囲を移動して魚群を探索する効率よりも、潜水専門家になって魚を捕らえる効率を上げるほうが有利だったのかもしれません。

海鳥において、飛行できる限界体重はおよそ2〜2・5㎏と考えられています（Smith 2016）。何かの理由で飛行能力を消失したあとにはこの制約がなくなり、体重を増やすことができます。エネルギー蓄積量を増やして長期的な飢餓に耐えられるようになるという別の有利性が、飛行能力消失の進化を後押ししたのかもしれません。

一度飛行能力を失うと二度と飛べなくなる

逆に、飛行能力を失った系統の中から、再び飛行できるようになった種はいません。飛ぶためには、長い手と大量の羽根、それを羽ばたかせるための大きな胸の筋肉、そこにエネルギーや酸素を供給する仕組みが必要です。こうした飛行のための仕組みをもち続けるためには大きなコストがかかっていると思われます。飛ぶ必要がなくなって、翼の羽根をつくるために使っていた栄養を他の用途、例えば、大きな足ひれとか足の筋肉などに使った

としたら、これをとり戻すにはとてつもなく時間がかかるのかもしれません。

あるいは、飛行の仕組みを支える遺伝子の消失や発現が関係しているのかもしれません。地球気候変化により島周辺の魚類資源がなくなって、遠くにしかよい餌場がない時代になったとしても、ペンギンが飛ぶ能力を進化させることはないでしょう。

バイオロギング技術によって解明される海鳥の生態

こうした海鳥の高い運動性能が明らかになったのは、バイオロギング技術のおかげです。海鳥の体に装着して、海で自由に生活している際のその位置、深度、体温などが測定でき、30年近く前からその進化を続けています（写真5）。実験室や動物園での観察からは、こうした性能はわかりませんでした。

水圧記録データロガーによって、ヨー

ロッパヒメウが30ｍを超す潜水を繰り返していている連続記録が得られたときは、驚きでした。繁殖地でいくら観察を続けてもわからなかったでしょう。GPSデータロガーによる位置の記録と海底地形とを合わせると、連続潜水している場所は砂地でちょうど水深30ｍくらいだったので、砂地にいるイカナゴを食べているのではないかと考えられました。

さらに、画像データを得ると、海底までまっすぐに潜って、海底の砂地にくちばしを突っ込んでイカナゴを追い出している場面が映っていたときには感動しました。

この技術によって海鳥の研究における新しい時代が始まりました。これからも新発見があるかと思うとワクワクします。

引用文献：
Elliottr et al. (2013) Proc Natl Acad Sci 110:9370-9384; Kikuchi et al. (2015) J Avian Biol.doi:10.1111/jav.00642; Sachs (2005) Ibis 147:1-10; Smith &Clarke (2015) J Avian Biol 45:125-140;Smith (2016)Paleobiology 42:8-26; 田中公教・小林快次 (2018) 日本鳥学会誌 67:57-68; Tayloret al. (2003) Nature 425:707-711; Watanuki et al. (2006) J exp Biol 209: 1217-1230; 綿貫豊ほか(2010) 日本鳥学会誌 59:20-30. ＊本文は綿貫 豊(2013)『ペンギンはなぜ飛ばないのか？海を選んだ鳥たちの姿』(恒星社厚生閣)を元とした

写真5
背中にGPSとビデオロガーを装着したハワイのコアホウドリ。どこでどのように、何を食べているかなどの情報を得ることができる

天日干しされる利尻コンブ。6〜7月に家族総出で作業にあたる。利尻島の夏の風物詩

海鳥ってすごい ―2―

漁業に貢献 ウミネコのフンが昆布の栄養源に

文・写真 風間健太郎
絵 富士鷹なすび

漁師にとってカモメなどの海鳥は厄介者です。海鳥は漁師が獲った魚を盗み食いし、やかましく鳴いてあたりにフンをまき散らすためです。しかし、そんなカモメもときに漁師に利益をもたらすことがあります。

利尻島のウミネコ営巣地。日本最大の規模を誇る

日本最北に位置する北海道利尻島では、高級出汁昆布として名高い「利尻コンブ」が特産です。島には日本最大のウミネコの営巣地があり、その数は最大で10万羽近くにのぼります。利尻島のウミネコは、営巣地から１００㎞以上も沖合で窒素などの栄養を豊富に含む魚を大量に食べます。それを４〜８月ごろまで続く繁殖期の間、絶え間なく営巣地に運び、ヒナに与えます。営巣地では親鳥やヒナが、フンとして栄養分を大量に供給します。この栄養分は雨水や地下水に溶け込んで沿岸域に流れ込みます。

営巣地近くでは生産量が2倍のところも

私の研究でウミネコを飼育してフンの成分や排出量を調べました。その結果、ウミネコが沿岸域に供給する栄養分の量は、窒素に換算すると乾燥重量にして年間最大４０００kgにものぼることがわかりました。

また、島内のさまざまな地点で採集した昆布の成分も分析しました。その結果、営巣地の近辺ではウミネコ由来の窒素分が利尻コンブに取り込まれることで、営巣地から遠く離れた場所よりも利尻コンブの生産量が最大で2倍も増えることが明らかとなりました。

このように、多くの漁師にとって〝厄介者〟の海鳥も漁業に貢献することがあるのです。海鳥に限らず、あらゆる生物は、生態系の中で何らかの役割を果たしており、ときとして人間に利益をもたらします。このような利益を「生態系サービス」と呼びます。

生態系サービスの恩恵に今後もあずかり続けるためには、私たちは特定の生物を一方的に害と決めつけることなく、彼らが生態系の中で果たす役割をよく理解し、共存していくことが大切です。

chapter 2 4

羽の色の不思議

文・写真 森本 元
写真 叶内拓哉
絵 富士鷹なすび

赤・青・黄、そして模様も含めて、色とりどりの羽色をもつ鳥類。なぜ美しく派手な色や、地味で目立たない色になったのか。進化してきた背景と、さまざまな発色のメカニズムなどを紹介します。

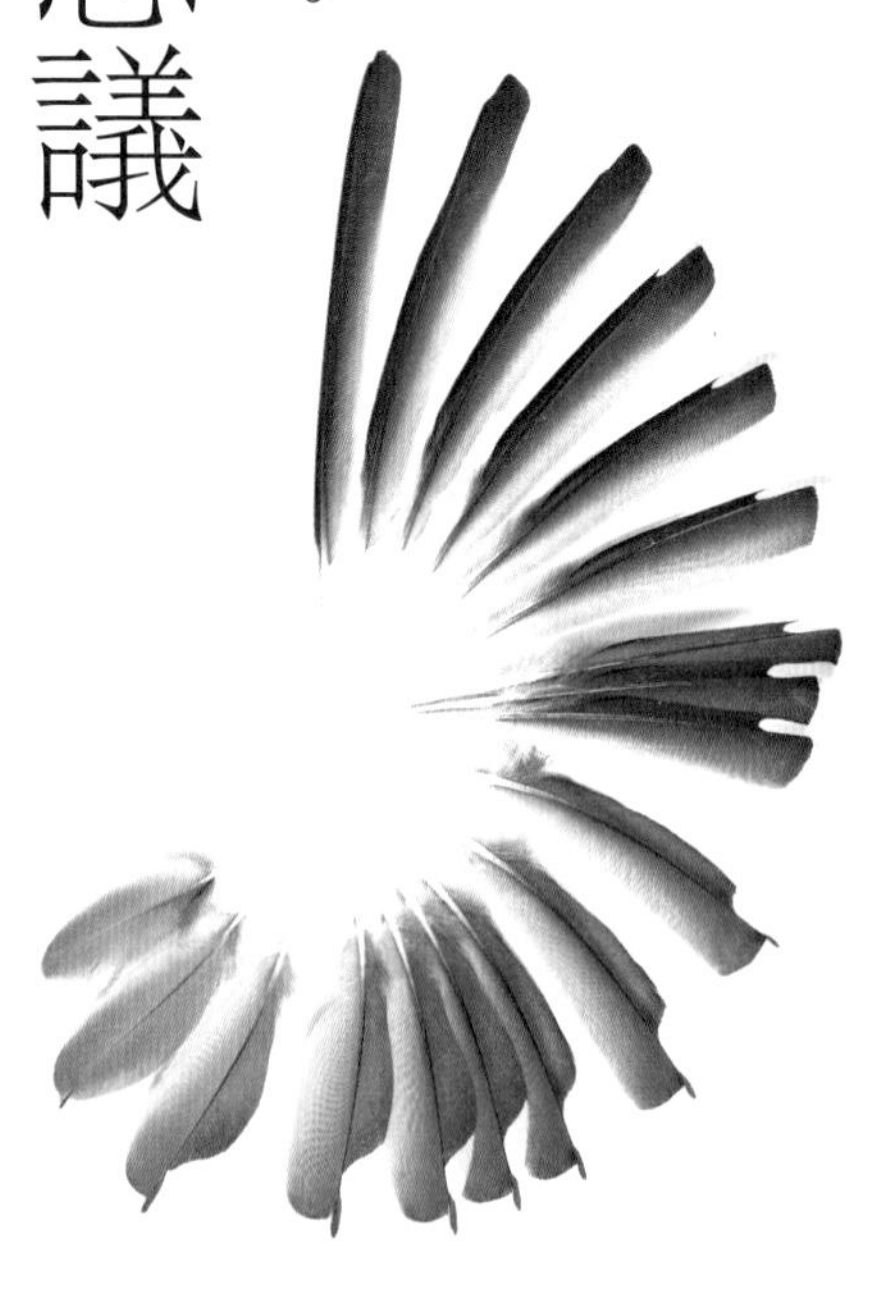

羽毛と多彩な色

羽毛は鳥類の最大の特徴

羽毛。それは鳥が鳥であるための象徴的なアイテムです。

地球上には多くの動物が生息します。その見た目を決める体表は、皮膚が裸出しているもの、毛で覆われているものなど、さまざまです。そうした中で、約1万種の鳥類すべてに共通する体表面を覆う構造物、それが羽毛です。鳥類の外見の大半は、羽毛の見た目によって構成されているのです。

鳥類の大きな特徴は空を飛べることですが、飛べない鳥もいます。他方、羽毛で全身が覆われている点はもれなくすべての鳥種に当てはまりますから、羽毛の存在は、飛翔を超えるほどの鳥の最大の特徴と言えるでしょう。

そして、羽毛にはさまざまな色や模様があります。鳥類は生物の中でも色彩が多様なグループと考えられていますが、これは全身を覆う羽毛の多様さと言い換えられます。その背景には、羽毛の発色の仕組みがひとつではないということがあります。

色の多様さ

鳥類の色彩は、鮮やかな色から地味な色まで幅広いことで、その多様さが生み出されています。鳥類の姿をいくつかイメージしてみてください。皆さんの頭の中にはどのような種が思い浮かびましたか。人によって異なるでしょうけれど、派手な色の鳥もいれば、地味な色の鳥もいることでしょう。そうした見た目のちがいは、種間だけでなく同種の雌雄にもあります。オスが派手なのにメスは地味という種が鳥類では一般的であることは、

写真1／隠蔽色の例。ヨタカは目立たない色彩と模様で周囲に溶け込み、捕食者が接近してもじっと動かずにいることで、敵による発見を避ける

本書読者の皆さんの多くがご存じのことでしょう。鳥にとっての色を理解するために、ここから少しばかり生物の進化に関するお話をします。

地味な色に進化した鳥

鳥類をはじめ眼がある動物にとって、色とは社会的な信号や相手を欺くといった機能をもっています。我々ヒトに人間社会があるように、サルにはサルの、鳥には鳥の社会があります。鳥同士だけでなく、他の生物との関係にも、外見のちがいが影響します。その代表例は、隠蔽色（保護色とも呼ばれる）です。

鳥類には目立つ色の種がいる一方で、地味な種もいます。この地味さは、捕食者などの敵から自身の身を守るのに役立っています。例えば、夜行性で飛びながら虫などのエサを捕るヨタカ類は、樹木の表面に似た模様と色をしています。さかんに活動する夜間と異なり、日中は木の枝上か地上にうずくまるようにとまり、ほとんど動かずにすごしています。これにより、観察者はすぐ近くにヨタカがいても気がつくことができません（写真1）。

まさに、周囲に溶け込むような外見を利用して、自身の姿を隠しているのです。地味な見た目が生み出す隠蔽効果としての同様の例は、多くの種において見られます。

同じ種でも色が生死を分ける

同種内での派手さ・地味さのちがいが、捕食者からの発見されやすさと関連することも知られています。例えば、欧州に生息し、オスの派手さに個体差が大きい鳥マダラヒタキ（*Ficedula hypoleuca*）では、派手な外見の個体のほうが捕食者である猛禽類に襲われやすく、地味な外見の個体は発見されにくいことが知られています。

これは、鳥に限った話ではなく他の動物でも同様です。例えば、鳥によって捕食されるトカゲを用いた野外研究では、色の鮮やかさが異なる模型（実験モデル）を鳥に提示したところ、派手なほうが目立ち、鳥に発見されて捕食されてしまうリスクが高くなるという研究結果があります。

このように、外見の色は、野生生物の生死に直結するような重要な意味をもちます。同時に、鳥は視覚が非常に優れた生物で、色に敏感であろうことも垣間見えます。

メスや地上営巣の種は地味な色に進化

前述した同種内の外見のちがい（メスの地味さ）にも理由があります。多数の鳥種において、メスは抱卵・抱雛といった子育てを、オスよりも多く担うことが知られています。そうした繁殖行動中に観察者が巣に近づくことがあると、巣内のメス親は動かずじっとして身を潜めます（写真2）。

これは自身や子の生命を危険にさらさないために、捕食者などの敵から発見されることを避けるためです。このとき、派手な見た目よりも地味な見た目のほうが、敵に発見されにくいだろうことは想像に難くありません。

実際、捕食者に襲われる危険が高い地上に巣をつくる種では、樹上の樹洞で営巣する種よりも、巣の隠蔽性が高く、雌雄の外見の差が少なく（つまり雌雄の見た目が似てくる）、地味な外見（色）である種が多いという研究もあります。ここでは、「地味な体色」という形質の獲得に進化が関係しています。

捕食―被食関係では、食う―食われるという仕組みが進化の原動力（選択圧）として働き、派手な個体よりも地味な個体のほうが生存に有利になるので、地味な外見が進化したのだろうと考えられて

写真2
オスと異なり地味な羽色であるルリビタキのメス。巣内で抱卵中。敵が接近しても身を潜めてやりすごす

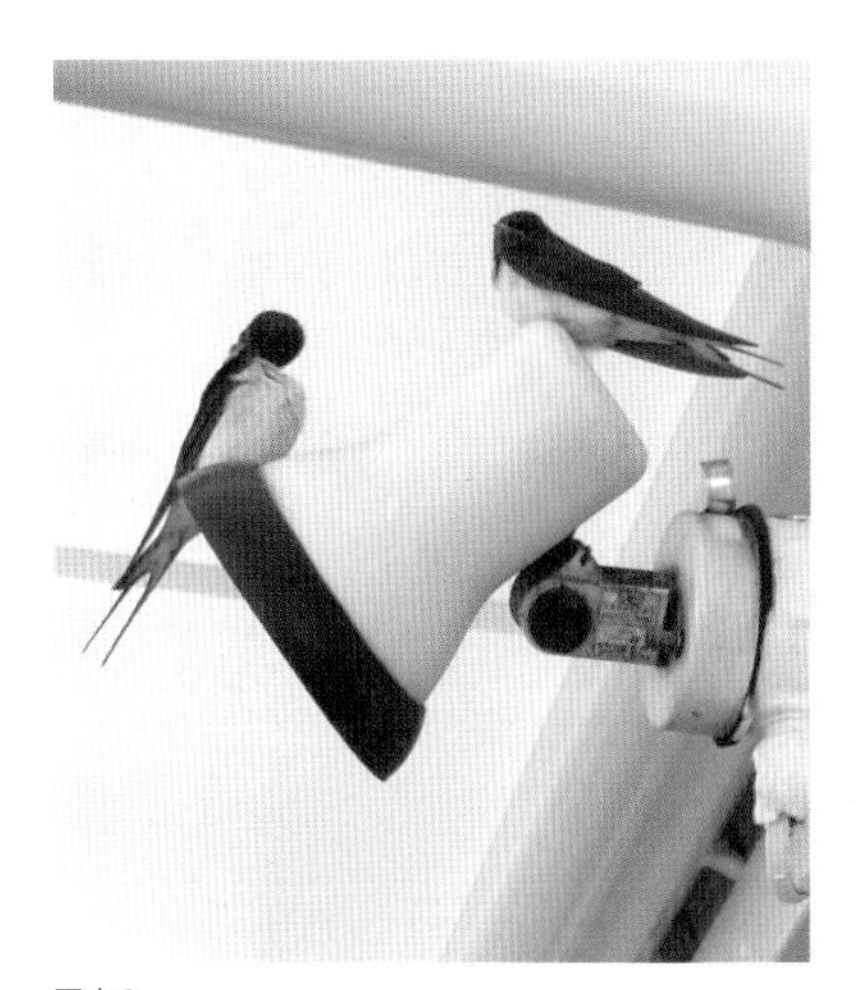
写真3
性選択研究の代表例と言えるツバメ。ヨーロッパの亜種ではオスの燕尾の長さがメスの配偶者選択に影響するが、日本やアメリカの亜種では喉の赤色の影響が大きいことが知られる。ツバメの赤色は、フェオメラニンが主でユーメラニンとの混合による発色である

います。

派手な色に進化した理由

地味な色に機能があるように、派手な色にも理由があります。性的二型（8頁参照）におけるオスの派手さを説明するのが、「性選択」というメカニズムです。性選択には、「異性間選択」と「同性内選択」があります。そして異性間選択の代表例は、メスによる選り好みです。

一見、同じように見える同種内のオス同士であっても、実際はさまざまなちがいがあります。体が大きかったり、太っていたり痩せていたり、色が濃かったり薄かったり、派手な羽の目立ち度合いが異なったりといったように。

こうした個体差のある複数のオスの中から、メスは自分の繁殖相手を選ぶことになります。このとき、メスがより派手なオスを繁殖の相手として好み選ぶことが、オスが派手な外見に進化する原動力になるというのが、性選択の理論です。

メスによる配偶者選択の結果として、派手なオスの子孫を残す機会が多くなる一方で、地味なオスではその機会が相対的に少なくなります。そうすると、オスを派手にする遺伝子が次世代に残りやすくなります。他方、メスにはそのような選択圧（淘汰圧）がオスほど強くかかりませんので、メスが派手になる要素がありません（または少ない）。

こうした状況が長い年月続くことにより、オスはメスよりも派手に進化し、同種内で雌雄の見た目が異なる性的二型が進化したと考えられています。

このようなオスの派手さへのメスの選り好みは、さまざまな動物で見つかっています。コクホウジャク（*Euplectes progne*）やヨーロッパのツバメ（*Hirundo rustica*）では、長い尾（＝派手）のオスが好まれることは、性選択の存在を示唆するよく知られた研究成果です。これまでさまざまな種において性選択の研究がさかんに行なわれ、オスの装飾形質に機能があることがわかってきました。近年ではこうした研究はさらなる発展を遂げ、同種であっても地域（個体群）によって選択圧と形質の関係が異なることも知られてきています。例えば、日本やアメリカのツバメ（ヨーロッパと同種ですが亜種が異なります）（129頁写真3）では、燕尾の長さよりもオスの喉や下面の赤さがメスの選り好みに関係していることが明らかになってきています。

色がオス同士の争いに影響する

ここまでは性選択のうちの「異性間選択」について述べましたが、ここからはもうひとつの「同性内選択」についての話題です。これは同性内、つまり同性同士（とくにオス同士）の間で生じる進化のメカニズムです。なわばりやエサ、つがい相手のメスなどをめぐってオス同士が争う際、くちばしや爪の大きさといった武器の優劣や体格差が、闘争の結果を決することになります。

派手な羽毛を2羽のオスが互いに見せあって行なわれるディスプレイや、さえずりによって隣り合ったなわばりのオス同士が競っている状況も、かみつくといった身体接触を伴う競争と同様に、オス同士の同性内の争いなのです。

強いオスの外見が進化に影響

そして同性内での争いに勝利した個体が、エサなどの資源を獲得し生き残りやすくなったり、メスとつがう機会を多く得たりすることで、強いオスのもつ形質（派手な羽や武器の大きさ、体サイズの大きさなど）が、子孫（息子）に遺伝します。こうして、オスはメスよりも体サイズが大き

図ア　ルリビタキの雄間闘争と羽色の関係

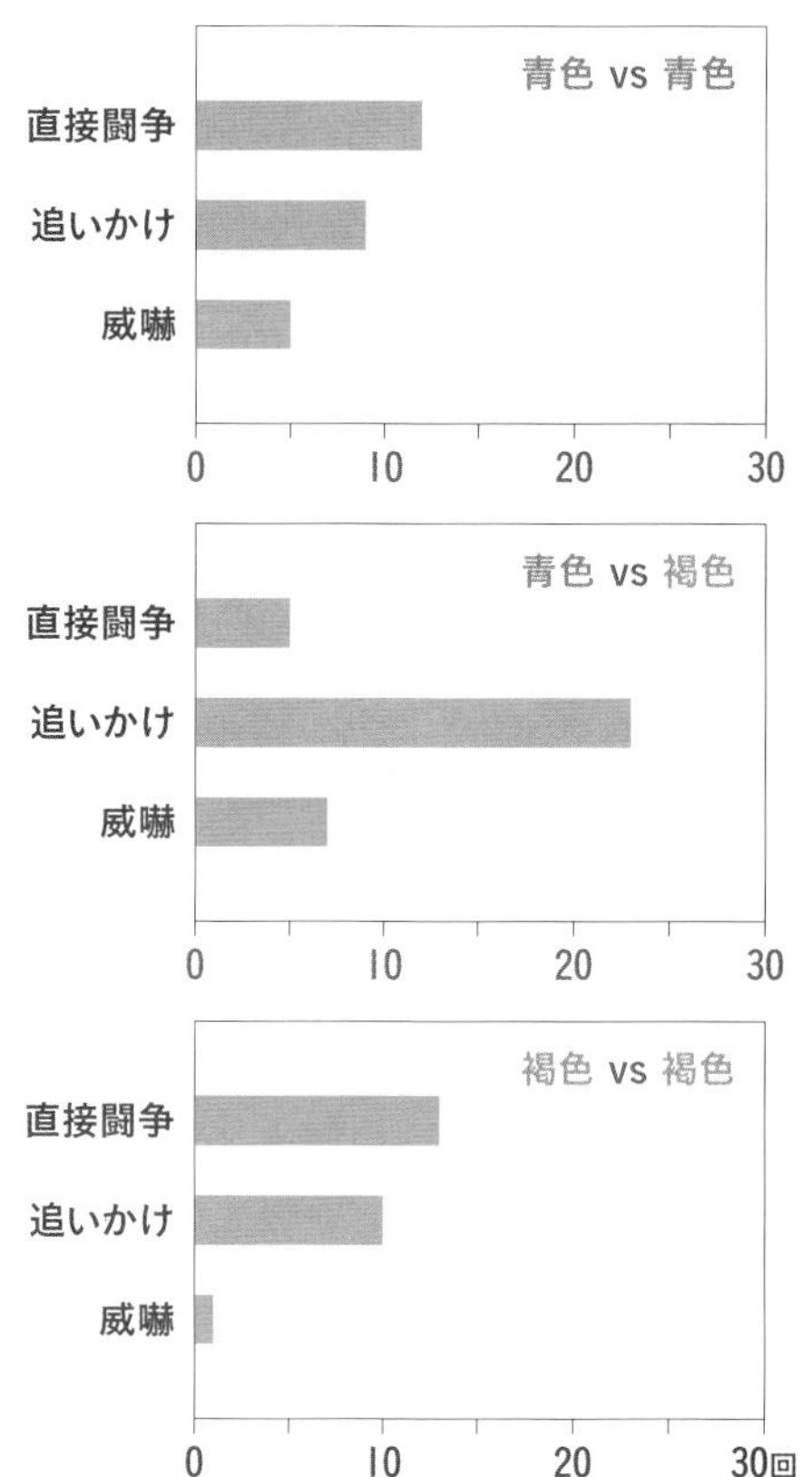

同色同士（青色vs青色または褐色vs褐色）は激しく争うが、異なる色同士（青色vs褐色）では、激しく争わずに闘争が決する。同色同士の争いでは、突きあいなどの直接闘争まで争いが発展することが多いが、異色同士では身体接触を伴わない追いかけあいまでですむことが多い。互いの外見が視覚信号として機能し、闘争方法のちがいと激しさに影響していると考えられる事例

写真4
ルリビタキに見られる雄の種内二型。ルリビタキは雄の色が年齢で変化するという、他の鳥にない珍しい特徴をもつ。若い繁殖オスはメスに似たオリーブ褐色の外見（下段）だが、高齢なオスはその名のとおり全身が瑠璃色（青色）である

く、オス特有の装飾や闘争に用いる武器のような形質が進化することになります。

例えば頭部に特徴的な飾り羽をもつズアカカンムリウズラ（*Callipepla gambelii*）のオスでは、この派手な装飾羽の有無が、雄間闘争の結果に影響することがわかっています。ルリビタキ（*Tarsiger syanurus*）では、高齢な青色のオスとオリーブ褐色である若いオスの間で、闘争の激しさが異なります（１３１頁写真４、図ア）。つまり、雄間闘争に羽色のちがいが関連しているのです。

色のちがいと発色

さまざまな発色メカニズム

鳥類をはじめとした多数の動物において、派手さの程度（鮮やかさや色のちがい）が、その種の生態にどのように関連しているのかを探る研究が、これまでさかんに行なわれてきました。そして研究が進むにつれて、発色の仕組みのちがいも着目されるようになりました。

羽毛の発色は、羽毛内部のカロテノイド色素によるもの、メラニン色素によるもの、構造色によるものに大別されます。なお、これら以外にも蛍光や他の色素などのさまざまな発色メカニズムがありますが、いずれも少数派で、鳥種の発色の大半は前述した３つに当てはまります。これらのうちもっとも研究が進んでいる発色メカニズムは、カロテノイド色素とメラニン色素によるものです。

カロテノイド色素による発色

カロテノイドは、主に赤色や黄色を発色する色素（１３４頁写真５）で、動物が体内で生成することができない物質です。このため、食物由来で摂取することで体外から体内に取り込み、それを活用して発色します。この仕組みにより、個体の鮮やかさが、個体の質を表す信号として機能すると考えられています。なわばりの質と個体の鮮やかさの関係の研究例は、そのわかりやすい実例です。

読者の皆さんはよくご存じだと思いますが、鳥類では、１羽がひとつのなわばりを構える「なわばり制」という生態をもつことが多くの種で知られています。なわばりは構える場所によって、エサ量やエサの善し悪しなどの質に差があり、同じ種であっても各個体が獲得するなわばりの価値は同じではありません。

このため、同種同士で、より質の高いなわばりを獲得しようと争いが起こります。そして、その競争に強いオスが質の高いなわばりを獲得でき、質の高いエサを摂取できたり、より多くのエサを得たりできます。

個体の能力が鮮やかさに反映

その結果、質の高いなわばりでカロテノイドをより多く摂取できたオスは鮮やかになり、質の低いなわばりしか獲得できなかったオスはその逆に鈍い色になり、オス同士の間に鮮やかさの差が生じることになります。

いわば、エサの獲得能力や、オス同士の闘争順位、栄養状態といったオスの質の差が、そのまま各個体の外見の差に反映されるのです。ひと言でいうなら〝鮮やかな個体ほど、質の高いよいオス〟ということになります。この色の個体差が社会的信号として機能し、前述したオス同士の闘争時に強さの指標として機能したり、メスによる配偶者選択の際に用いられることとなります。

例えば、全身が赤い鳥であるショウジョウコウカンチョウ（*Cardinalis cardinalis*）では、オスの質となわばりの質、個体の赤さが相関することが知られていますし、メキシコマシコ（*Haemorhous mexicanus*）も同様に、オスの鮮やかさが摂取したカロテノイド量に比例することや、なわばりの質や免役能力といった個体差が赤さに関連していることがわかっています。

カロテノイドは抗酸化作用をもつ

ここでカロテノイドが個体の免疫能力などを表す信号として機能することについてもふれたいと思います。

カロテノイドは高い抗酸化作用をもつ

物質です。我々人間社会でも抗酸化は免疫能力と関係するゆえに、健康食品などのキーワードとして耳にするようになりました。これは野生動物でも同様で、近年、免疫能力とカロテノイド発色の間には関連性があることがわかってきています。

メラニン色素による発色

発色メカニズムのちがいは、色の信号の特性のちがいを生み出します。ここからは、メラニン色素や構造色が、先のカロテノイド色素とどのように異なるのかをお話ししたいと思います。

メラニン色素は我々人間の髪の毛や皮膚の色を生み出す源として、一般によく知られた存在です。ひと言にメラニンといっても、これにも種類があります。黒や茶系の色の源であるユーメラニン（写真6）と、橙や赤などの赤系の色を生じるフェオメラニン（129頁 写真3）です。

例えば、欧米の街中で普通に見られるイエスズメ（*Passer domesticus*）では、のどの黒い前掛け状の模様（この部分をバッジと呼びます）が、オスの装飾形質です。より大きなバッジサイズのオスは、闘争に強く社会的に優位な個体であるといった、メラニンによる装飾形質と個体間順位の関係性を示唆した研究例があります。

なお、この模様はユーメラニンによる黒色です。メラニンはカロテノイドと異

写真5／カロテノイド色素による発色の例：
カワラヒワなどフィンチ類の黄色や赤色の多くは、カロテノイド色素による発色である

写真6／スズメの黒色や茶色はユーメラニンによる発色である。近縁種のイエスズメでは、雄の装飾形質である喉の黒い模様とメラニン色素の関連を調べた研究例が多い

写真7／構造色の例
カワセミの翡翠色と呼ばれる青緑色は構造色

なり、体内で合成可能な物質という特徴があります。このためメラニン色素由来の発色は、体外から摂取するしかないカロテノイドと比較して、相対的に栄養状態による影響が小さい可能性が指摘されています。

メラニン色素の発色には、ストレスなどの社会的要因、それによるホルモン状態といった、カロテノイドとは異なる体内の内的要因が大きく影響し、それを表す信号として機能していると考えられています。

構造色による発色

次に、構造色についてご説明しましょう。色素による発色が光の吸収によって生じるのに対し、構造色は光の反射や散乱、回折、干渉などによって生じています。このように説明してもピンとこないかもしれませんので、具体的な例をご説明します。

構造色の例～空には色素がない～

構造色の代表的な例は空の色です。青空や夕焼けは空気中に青や赤の色素が存在しているのではなく、空気中の分子に太陽からの光が当たり散乱し、特定の波長の光（色）が地上にいる我々の目に届くことで青色や赤色に見えています。

色素による発色では、太陽からの光のうち、特定の波長の光が色素に吸収されて、吸収されなかった波長の光が色として知覚されます。

これに対して、構造色である空の色では、色素による光の吸収は行なわれず、空気中の分子の存在によって、太陽からの光が散乱されて、特定の色が生じています。こうした超微細構造によって特定の波長の光が強まったり弱まったりして生じる発色を構造色と呼びます。

ここではセンチメートルやミリメートルよりもずっと小さな、ナノメートルというスケールでの光の挙動（反射や散乱）が発色の源です。鳥の構造色は、こうしたナノスケールの微細構造が、鳥の羽毛内部に存在することで生じています。

カワセミの青緑色（写真7）やルリビタキ（131頁写真4）などに見られる青色や、クジャク類などに見られる金属光沢様の色（136頁写真8）、公園などで見られるドバト（カワラバト）（136頁写真9）の胸の虹色などが鳥の構造色の代表例です。

なお、構造色発色においては、前述した雄間闘争といった同性内選択に影響する社会的信号として機能することが、複数の研究により示唆されています。

見る角度で変わるドバトの羽色

構造色といってもその発色の仕組みはひとつではなく、さまざまな種類があります。そのうちのひとつに「薄膜干渉」（137頁図イ）という仕組みがあり、ドバトの首回りの虹色がその代表例です。

このドバトの羽は、とても興味深い存在です。なぜなら、光の入射角と観察者の相対的な位置関係によって、緑色に見えたり紫色に見えたりするからです。同じ羽の同じ部位が、見る角度によって色が変わることは、よくよく考えると不思議ですね（写真9）。この二色性を示す特殊な発色は、小羽枝という羽の部品の外皮をなす膜状の構造において、薄膜干渉が起こり生じる色であることがわかっています。

規則的な構造物で生じる構造色

他の構造色の発色メカニズムによる代表例としてクジャクのきらびやかな青緑色があります。この色は、羽毛内部にある円柱状のメラニン色素の顆粒が、規則的に配列する構造によって生じる構造色です（後述）。

さらにカワセミやルリビタキの青色は、これとも異なる仕組みで発色している構

写真8
クジャクの構造色は羽毛内部におけるメラニン色素の微小顆粒の配列によって生じる
（写真／istock／Hans Harms）

写真9
ドバトの首から胸にかけての金属光沢様の色は薄膜干渉による構造色。角度により、同じ部位が緑色にも紫色にもなることに注意

造色です。羽の内部にあるスポンジ層とよばれるケラチンの構造物が、その発色の源です（図ウ）。

このスポンジ層は、一見ランダムな泡状・網目状構造に見えるのですが、実は規則的な配列が隠れており、その規則的な構造によって特定の波長（この場合は青色になる短波長）が強められ、私たちの眼には青色に見えています。

この構造色では、ケラチンやメラニンといった素材本来の色ではなく、まったく異なる色が発色しています。例えばクジャクの例では、メラニンの顆粒は黒色ですが羽は黒くなく青色です。このように微細構造を構成する素材自身の色に関係なく、さまざまな色を生じる点は、構造色の特徴です。

ヒトと異なる鳥類の色覚

人間よりも多くの色が見えている

さらに、我々と鳥では、同じ鳥の羽を見たときに同じ色に見えているとは限りません。生物が異なれば、見ている色世界もちがってきます。その理由は、色覚のちがいです。鳥の色覚は人間の3色型と異なり、4色型なのです。

皆さんが普段使用しているテレビやスマートフォンの画面は、数万色という多くの色を表示していますが、すべてがRGB(Red 赤色・Green 緑色・Blue 青色)の三原色の組み合わせとバランスでできていることをご存じの方は多いでしょう

図イ

薄膜干渉のしくみ。薄い膜状の構造物に光が当たると、光が屈折して強めあう状況が生じ、特定の波長の色が生じる。ドバトでは羽の繊維状の部品（小羽枝）の外皮部分がこの膜として機能する

図ウ

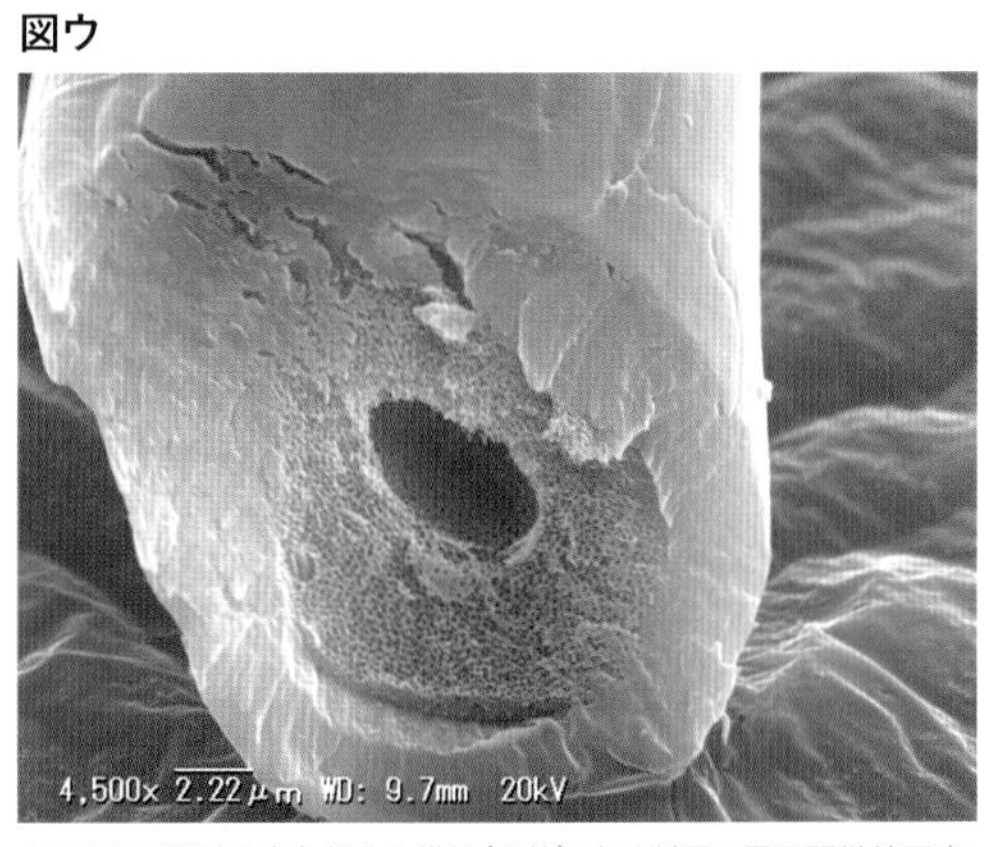

カワセミの羽毛の青色部分の繊維（羽枝）1本の断面の電子顕微鏡写真。ストローのような外皮状の構造の中に、網目状の構造があることがわかる。この網目状の部分がスポンジ層と呼ばれる部位であり、この構造によって構造色の青色が生じる

(図エ、オ)。

これは、我々ヒトの眼の中にRGBそれぞれに対応した視細胞があり、それらの反応によって色を知覚していることに由来します。鳥では、ここにさらに紫外線にも反応する視細胞が加わり、合わせて4つの原色によって色が決まります(図カ)。鳥が見ている色数については諸説ありますが、視細胞の組み合わせが増えるので、鳥は少なくともヒトの数倍以上のとても多くの色が見えていると考えられています。

人に見えない光も色として知覚

また、見えている色(光の波長)の範囲がヒトより広いことも特徴です。具体的には鳥の多くは紫外線を色として見ることができます。ヒトは赤外線や紫外線といった光を色として見ることができません。これは、こうした光がヒトの視細胞で知覚可能な範囲を超えた波長の光だからです。しかし、もし眼の中の視細胞がこの光を捉えることができれば、そうした光は色として知覚できることになります。

図オ　　**図エ**

パソコンのディスプレイの一部（図エ部分）を拡大すると、R（赤）・G（緑）・B（青）の3原色の小さな点で構成されていることがわかる（図オ）。ディスプレイはさまざまな色を表示できるが、すべての色はこれらの組み合わせと量のバランスでできている

図カ

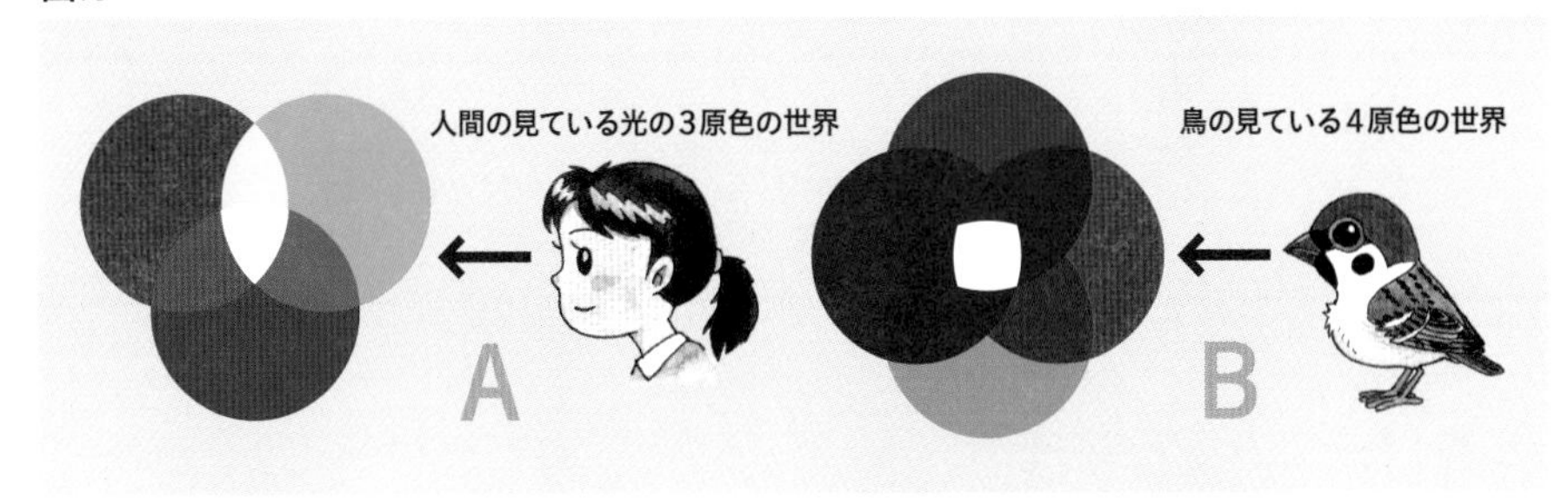

ヒトはRGBの3原色で色を見ている（A）のに対して、鳥は4つの原色による色空間を見ている（B）。ヒトよりも多数の色を認識し、ヒトには見えない光を色として知覚できる

紫外域の光で色鮮やかな雄を選ぶ

鳥が紫外線を見ることができるのは、前述した紫外線にも反応する視細胞の存在によるものです。紫外線と羽色についての研究例として、ヨーロッパにいるアオガラ（*Cyanistes caeruleus*）に関するものが有名です。人間には雌雄同色に見えるアオガラは、波長が短い光である紫外線の反射量に性差があることが明らかになっています。オスはメスよりも紫外域の光（紫外線）を強く反射します。つまり紫外色の成分が多いのです。

紫外線を見ることができない我々には同じように見える雌雄が、紫外線を見ることができる鳥たちには異なって見えている、つまりアオガラには隠れた性的二型があったというわけです。さらに、メスはより紫外域の色が鮮やかなオスを選り好むことがわかっています。これは、鳥が人間以上の広い色空間を利用して生きていること、我々以上に鮮やかに世界

を見て日々暮らしていることを示す事例です。

鳥から人間社会への応用

最後に、鳥の色が人の社会と関わる話題にふれたいと思います。鳥類の研究というと、野鳥の生態を調べたり、実験室で細胞やDNAを調べたりと、鳥自体を扱った研究＝人間の社会生活と関わりが薄いものというイメージを抱かれるかもしれません。

しかし近年では、そうした生物学分野の研究だけでなく、生物から得られた知識を、私たち人間社会へ活かす試みが増えてきています。

カラスに荒らされにくい袋

近年の有名な具体例は、カラスに荒らされにくいゴミ袋です。何年か前にニュースなどでよく取り上げられていたので、ご記憶の方もいらっしゃると思います。我々には半透明に見えるゴミ袋で、中身が透けて見えるけれども、ゴミを荒らすカラスからは中身が透けて見えないという商品です。これは、前述したヒトと鳥の視覚のちがいを上手に利用して開発された製品です（なお、この袋が薄い黄色だったことから、カラスは黄色が嫌いという誤解が世間に生じました。人と鳥の色覚のちがいによって、袋の中が透けて見えるかどうかがポイントであって、この袋が人には黄色に見える点は重要ではありません）。

構造色は塗料として注目

ほかには、生物の構造色を応用した発色技術が、布製品用の繊維素材や化粧品、車の塗料などに応用された例があります（ただし、これらは鳥ではなく昆虫の構造色を参考にしています）。鳥では、クジャクの構造色を応用した次世代塗料も研究されています（図キ）。

構造色は、色素と異なりナノスケールの超微細構造で発色しますから、退色しにくい耐久性に優れた塗料を開発できる可能性が高いと考えられています。また、生物に見られる独特のきらびやかな構造色発色は、人間社会の中で美的感覚を刺激して魅力的な色になるだろうと、美術や印刷などの塗材としても期待されています。

こういった、生物に学び生物がもつ特徴的な形状や機能を模倣することで、新たな素材開発や技術開発を行なおうとする学問が、近年、注目を集めている「バイオミメティックス」という学術分野です。これは色に限った話ではなく、カワセミの尖った頭部形状からヒントを得て、空力特性を考慮した先頭車両の形を考えたという500系新幹線が有名な事例です。

鳥類の色彩についても、将来、こうした応用がなされていくことが期待できます。バードウォッチングで鳥を観察する際に、種の識別や行動観察だけでなく、色についてもさまざまに思いを馳せていただければ、さらに鳥を見る楽しみが広がることでしょう。

図キ

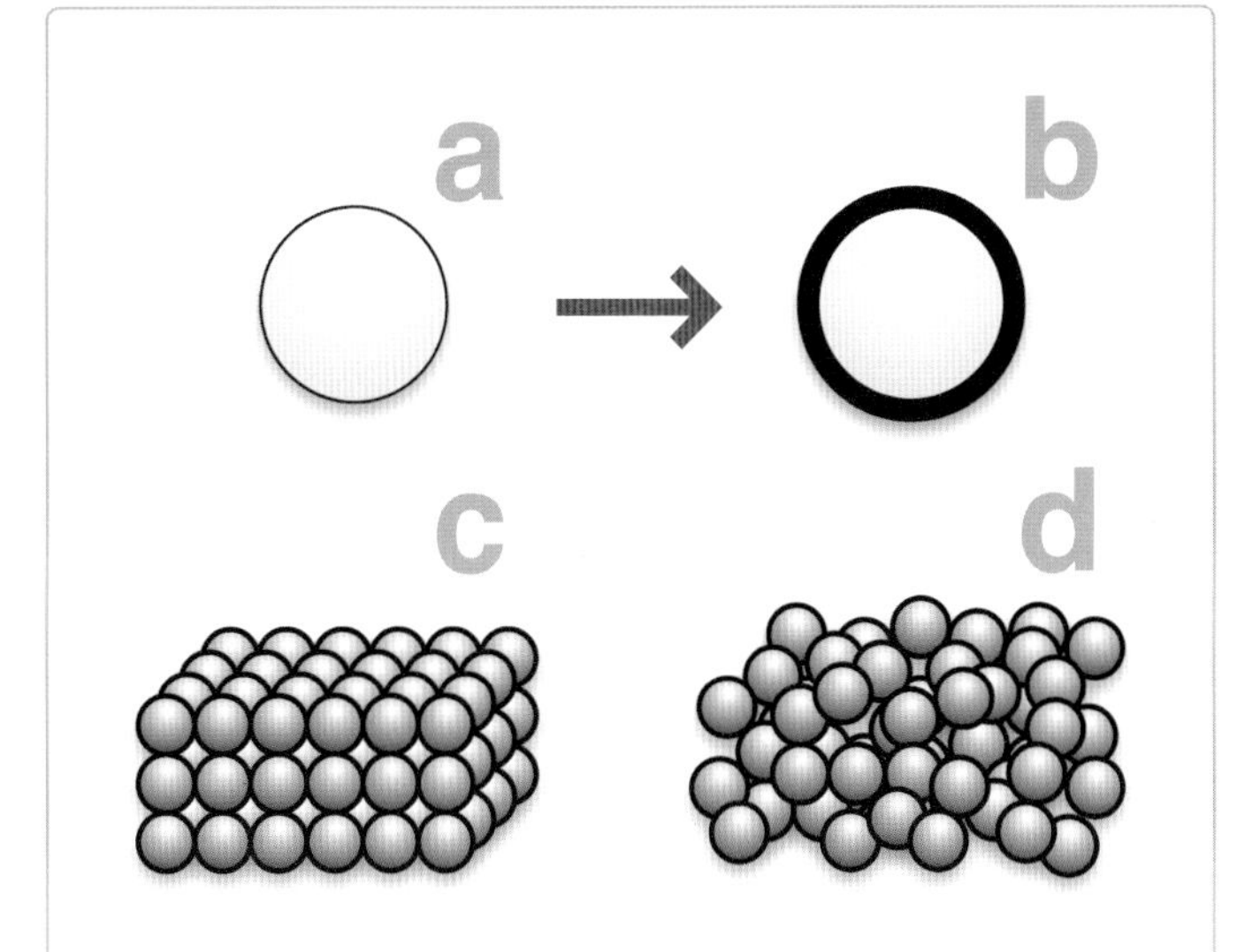

クジャクの構造色を応用した研究段階の発色材の仕組み。顕微鏡レベルの微小なメラニン顆粒を模倣した人工の顆粒（ポリドーパミンによる黒色の顆粒）の黒色膜の有無や厚さ（a、b）、その配列が整然としているか乱れているか（c、d）によって、色や艶感が変化する。つまり、黒色の物質によって、青色や虹色といったさまざまな色を生み出せる。これが構造色の特徴である

chapter 2 5

骨で知る鳥 ―1―

大事なことは、みんな骨が教えてくれた。

文・写真 川上和人　写真 戸塚 学＋大橋弘一　絵 たぶき正博

鳥は飛ぶために、骨も進化させてきました。いかに軽く、しなやかで丈夫な骨へと進化を遂げたのか。鳥の骨について楽しく学びます。

飛ぶための骨

ここに海終わり、地始まる

身近なものの大切さは、失ってみないとわからない。もしも世界から骨が消えたなら、それは大変なことになる。〝はじめ人間〟（※1）垂涎のあの肉も、九州のアイデンティティたる豚骨ラーメンも食べられなくなってしまう。

さて、大航海時代に船乗りたちを恐怖のどん底に落としたのは、モビィディック（※2）ではなくクラーケン（※3）だった。だが、幸いにも私の宿敵リストにその名はない。なにしろ彼らはゴジラとはちがい東京に上陸できなかった。陸上では恐るるに足らないのだ。なぜならば、クラーケンには体を支える骨格がないからだ。重力の影響の少ない海中では、骨格は巨大化に必須ではないのである。

しかし、動物の体に骨が生まれたのは、まさにその海の中だった。私たち脊椎動物の祖先は、5億年ほど前に骨を獲得した。骨の主成分はリン酸カルシウムである。リンもカルシウムも動物が生きていくのに必須の元素であり、当初はその貯蔵庫として骨が進化してきた可能性がある。なにしろいきなり体を支えられる強固な構造が出現したとは考えづらい。貯蔵庫が徐々に体内で存在感を増し、いずれ丈夫な骨格に進化して、体を支える役割を二次的に獲得したのだ。

まず魚類が骨格をもつ動物としての地位を確立した。頭蓋骨から尾の先まで立

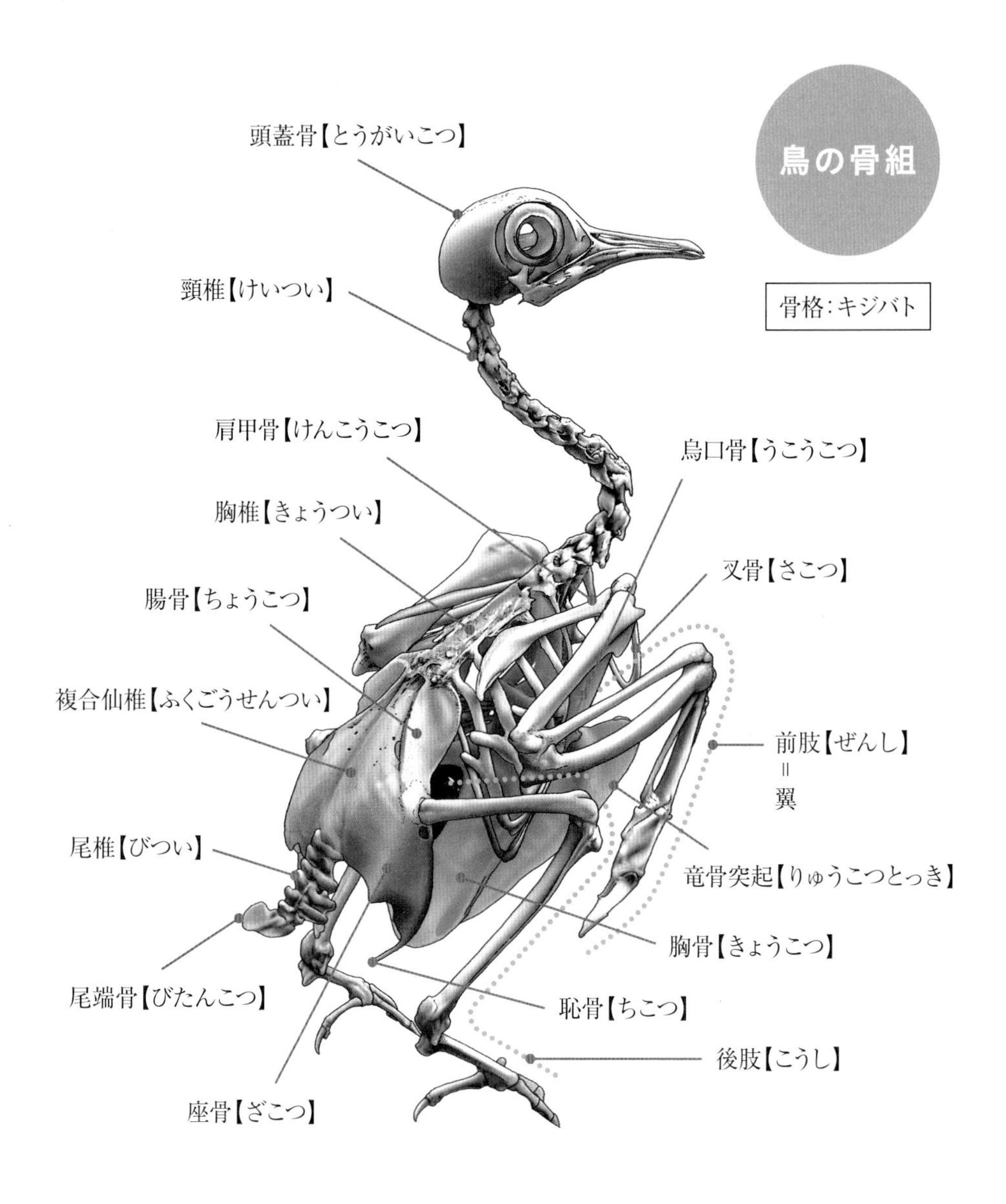

※1 『はじめ人間ギャートルズ』は架空の原始世界を描いた園山俊二原作のギャグ漫画
※2 アメリカ小説『白鯨』に登場する、巨大な白いマッコウクジラ。主人公の片足を奪った
※3 北欧伝承の海のモンスターで、多くが巨大なイカやタコのような姿で描かれている
※4 『オズの魔法使い』の主人公。カカシ、ブリキの木こり、ライオン（3人組）を道連れに旅をする

派な脊椎骨を連ね、体の辺縁部のヒレに至るまで骨格を発達させた。骨の多さは食卓で子どもたちの人気を失う要因となったものの、これが陸上進出への礎となる。硬く丈夫な骨は浮力の助けのない地上でも体を支えることを可能にし、いずれ我々を二足歩行に導いたのだ。私たちが苦もなく歩けるのは骨格のおかげであり、骨格があるのはご先祖様が仄暗い水の中でカルシウムを貯蓄してくれたからなのである。

ここに地終わり、空始まる

魚類は陸上に進出して両生類に、爬虫類に、そして鳥類となった。鳥類は直接の祖先である恐竜から進化するにあたり、生活を一変させた。空への進出である。ひいおじいちゃんにあたる魚類が陸に進出したことは実に挑戦的だったが、重力に縛られていた恐竜が空を飛んだこともまた大きなイノベーションである。

飛行は恐竜にとって一大事業だった。最初は滑空頼りの非効率的な動作だっただろうが、やがて飛行生活に適応し空の支配者になりゆく中で、体のデザインが洗練されていく。変更のコンセプトは、各部の軽量化と、飛行効率のよい体型の2点に集約される。もちろんこの哲学は骨にも反映されている。

地上性の恐竜の骨は、飛行のための進化をしていたわけではない。初期の鳥類の骨格はその陸戦型爬虫類的デザインを宿している。鳥類誕生から現在までの1億5000万年をかけ、鳥は骨格を飛行生活に適応させてきたのだ。

断捨離的飛行術

もし私が空を飛べと命じられれば、ダイエットから始める。ドロシー（※4）だって太っていたら、ズッコケ三人組に出会うこともなかった。飛行の最大の敵は、母なる大地が発生させる重力だ。軽くするには、飛ぶのに必要な部位を保存し、不要な部位は削らなくてはならない。

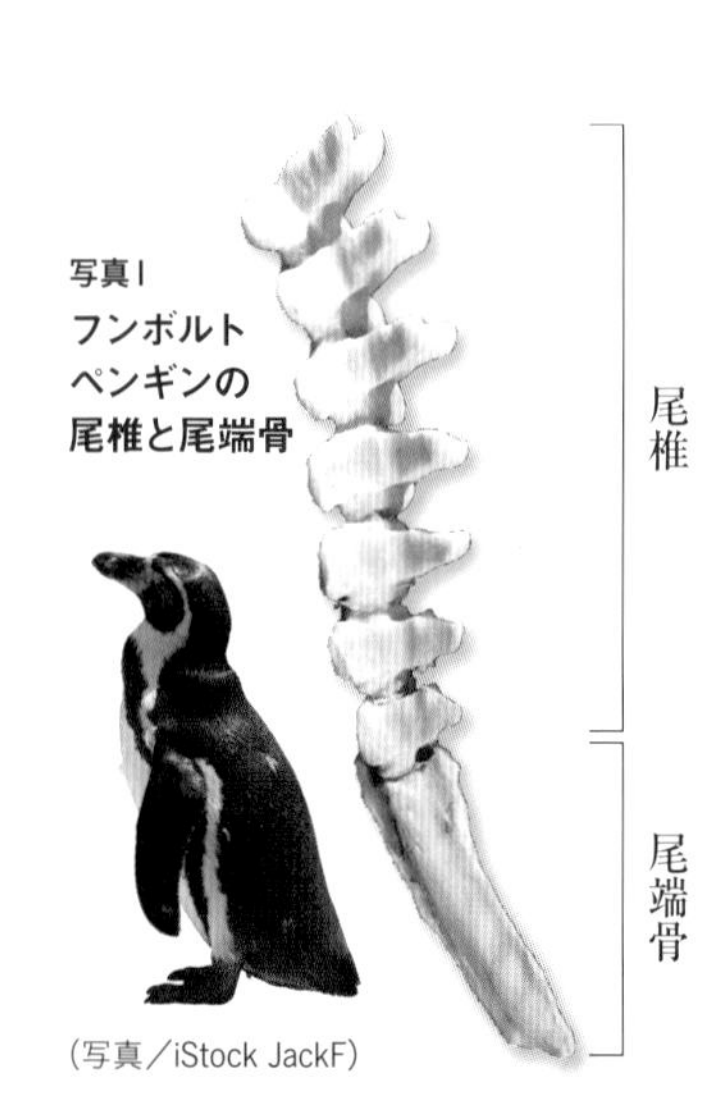

写真1
フンボルトペンギンの尾椎と尾端骨

（写真／iStock JackF）

写真2／コウモリ
右翼の爪で体を支えて木の実を採食するオガサワラオオコウモリ

鳥と爬虫類の骨格を見比べると、リストラ対象があぶりだされる。爬虫類にあって鳥にないものは、長い尾と複雑な手だ。鳥に尾があることはまちがいない。しかし、鳥の尾は羽毛でできており、爬虫類や哺乳類のような骨格はない。初期の鳥類の代表とも言えるシソチョウ（始祖鳥）には確かに尾椎の連なった尾があり、尾の両側には風切羽のような羽毛が並んでいた。初期の鳥類には、脚にも風切羽があったことが知られている。まだ翼が飛行に最適化されておらず、両脚と尾を加えた5枚翼で揚力を得ていたのだろう。

しかし、代を重ねて飛行に適応し、洗練された翼のみで飛行可能となる。飛行器官としての重要性の減った尾の骨の数は減少し、尾羽の基部に残った少数の骨が癒合して尾端骨（写真1）となった。外見上は尾羽を残しながら骨格的には尾を消失し、軽量化に成功したのだ。

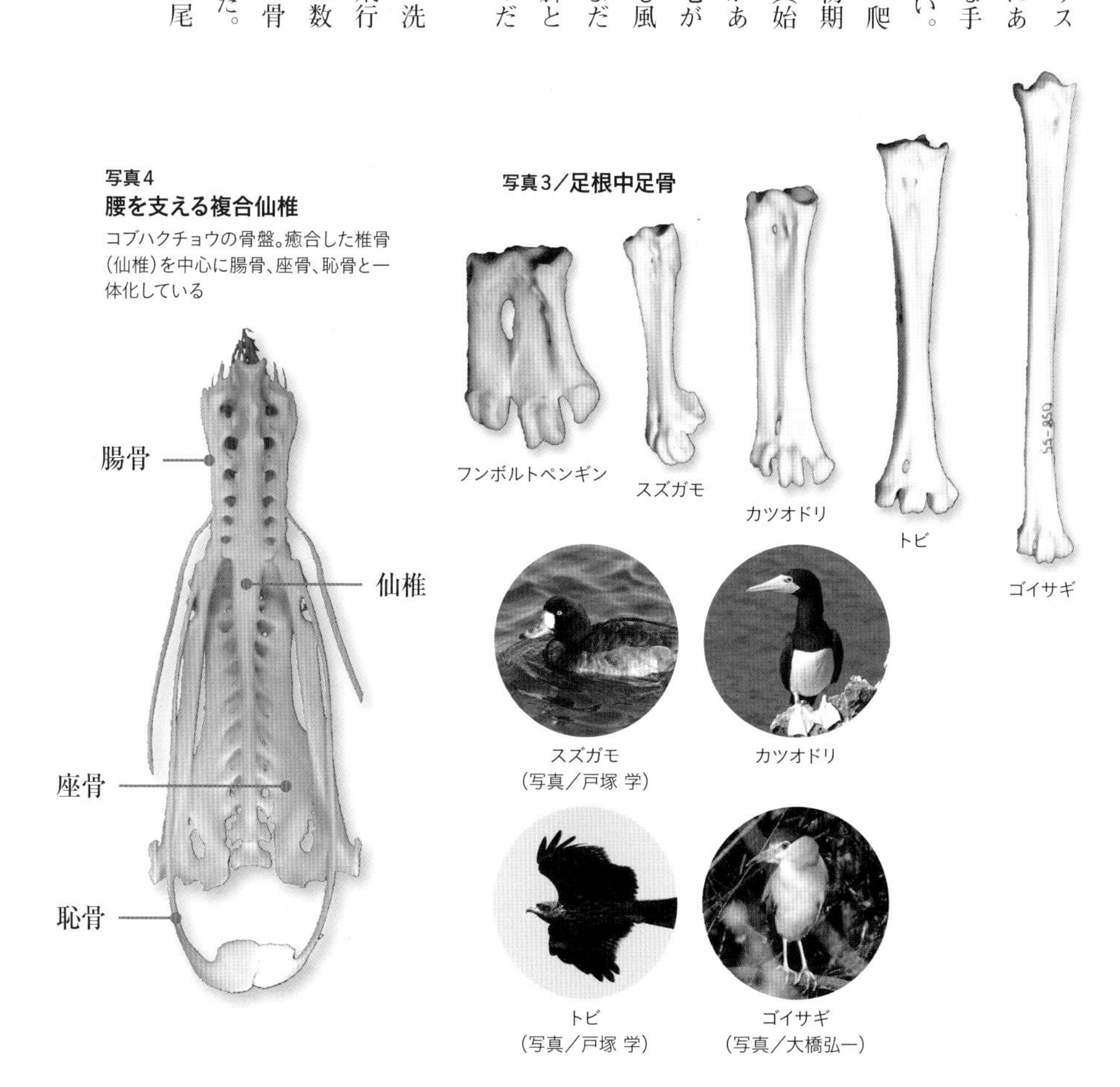

写真4
腰を支える複合仙椎
コブハクチョウの骨盤。癒合した椎骨（仙椎）を中心に腸骨、座骨、恥骨と一体化している

写真3／足根中足骨

骨格の発展的併呑

　鳥の前肢は翼になった。前肢はもともと体の支持や物をつかむ役割をもつ。同じく飛行性の脊椎動物である翼竜やコウモリ（144頁写真2）は、この役割を維持するため翼に指を残している。しかし、鳥は翼を飛行に適応させ、空気抵抗と余計な重量の原因となる指を消失した。

　鳥の翼の内部には指の骨が3本分しかない。手首から指にかけて残された骨は、平成の大合併のごとく癒合を進めている。リストラと癒合で軽量化が進められたのだ。

　鳥の翼を閉じたときに前方に突き出た部分を翼角と呼び、手首にあたる。骨格を見ると、翼角の先に見慣れぬ骨がある。自分の手の平をいくら透かしてもこんな骨はない。これは手根中手骨、その名のとおり手根骨と中手骨が癒合した骨だ。

　ヒトの手根骨は手首にある8個の小さな骨、中手骨は手の平の5本の骨、いずれも手の器用な動きをサポートする。しかし鳥にとっては初列風切羽を付着させ

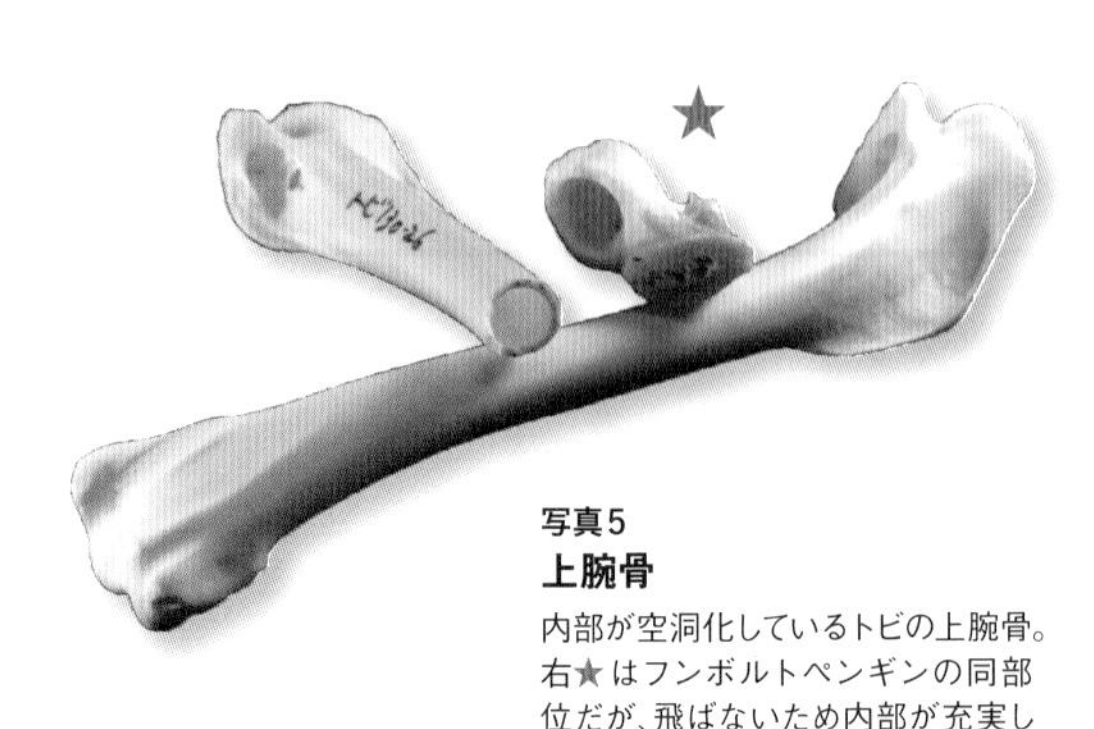

写真5
上腕骨
内部が空洞化しているトビの上腕骨。右★はフンボルトペンギンの同部位だが、飛ばないため内部が充実している

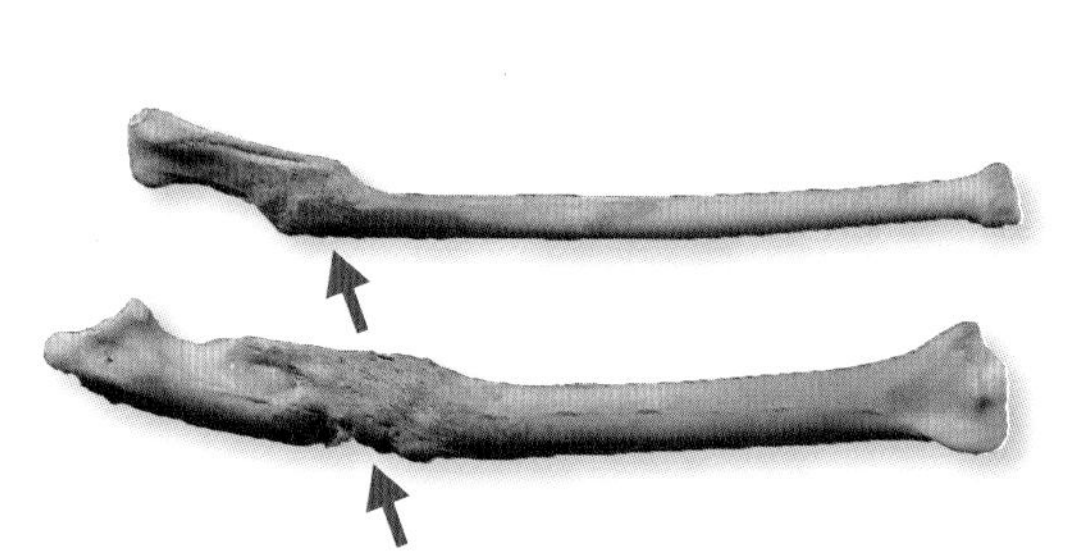

写真6
治癒痕のあるオナガガモの翼の骨
骨折治癒痕のある尺骨（下）と橈骨（上）

人間と鳥の前肢の骨の数のちがい

	手首の骨	手の平（中手骨）	指		
ヒト	8個	5本	5本	第1指	2
				第2指	3
				第3指	3
				第4指	3
				第5指	3
鳥	2個	1個	3本	第1指	1
				第2指	2
				第3指	1
				第4指	0
				第5指	0

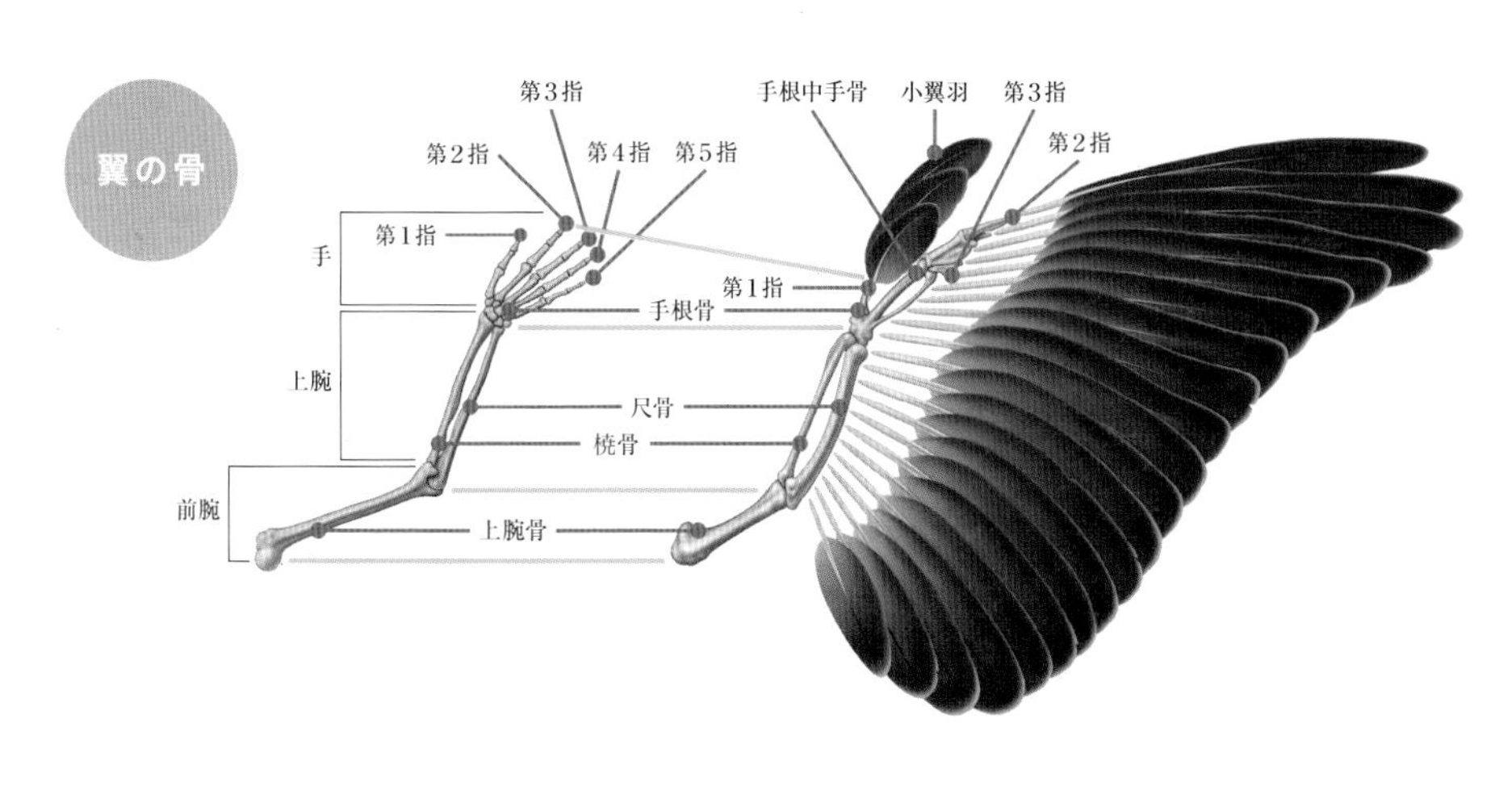

る部位であり、器用な操作は必要ない。むしろ、しっかりと風切羽を支える頑丈さが求められる。癒合により関節が減れば、関節を動かす筋肉も減る。手根中手骨の存在は、マニピュレータとしての機能と引き換えに、風切羽の土台を形成したことの証拠である。この骨は鳥体の中でもっとも鳥らしい骨のひとつだ。

尾端骨や手根中手骨に見られるように、癒合により軽量性と強固な構造を得ることは、鳥の進化の黄金パターンである。かかとから先の部位にあたる足根中足骨（145頁写真3）、腰を支える複合仙椎（145頁写真4）、胸郭を形成する癒合胸椎、いずれもこの思想に則って形づくられている。鳥が細い脚で体を支えられるのも、堅牢な胸郭で内臓を保護できるのも、癒合骨のおかげなのだ。

軽量化のジレンマ

鳥の骨は軽量化のため、一部の骨の内部が空洞化している。とくに顕著なのは上腕骨（写真5）で、内部には気嚢が入り込んでいる。しかし、羽ばたきで負荷のかかる翼の骨には、軽さとともに頑丈さも必要である。鳥の翼の骨は、最小の重量と最大の堅牢さを実現するため、無駄を削ぎ落としてきた。とはいえ、ギリギリの強度で設計された骨は骨折しやすいことも事実だ。海鳥が多数繁殖するセーシェルの海岸には、しばしば翼を骨折したセグロアジサシが打ち上げられる。これは、魚を横取りに来たグンカンドリの攻撃による負傷と考えられる。

「いやぁ、ちょっと可愛がってやっただけっすよ」

やった方はそう思っていても、やられる側はたまったものではない。鳥にとって翼の骨折は死を意味し、事実セグロアジサシたちは命を落としていく。飛行にはこのような危険とのトレードオフがあるのだ。

とはいえ、野外で拾った死体から骨格

標本をつくっていると、まれに骨折が治癒した痕跡に出会う。私の手元には、治癒痕のあるオナガガモの翼の骨（146頁写真6）とコガモの脚の骨がある。これらがともにカモであることは偶然ではないだろう。カモは飛んだり歩いたりできなくとも、水面にいれば食物が得られ、哺乳類にも襲われない。鳥は傷の治りが比較的早く、安全な水上でしばらくやり過ごせれば、社会復帰も可能なのだ。

飛ぶための骨

くちばしは口ほどにものを言う

骨格の引き算で特徴的な姿となった一方で、加算的に得た形質もある。そのひとつはくちばしだ。くちばしは飛行とは直接関係ないように見えるが、シソチョウ時代には爬虫類的だった口が、飛行能力上昇につれてくちばし化した点は見逃せない。

くちばしはピンセット的な機能をもつ。鋭い歯のある口は肉をかみちぎり咀嚼するのに役立ったろうが、鳥がくちばしに要求したのはより高度な役割だ。それは手としての役割である。

初期の鳥類の翼には指があり、木登りや食物の把握、あやとりなどに使われていたが、飛行適応の中でリストラされた。

それでもなお鳥は巣を編み、食物をつまみ、羽繕いをする必要がある。このためには、力は強いが不器用な口ではなく、繊細で器用なくちばしが不可欠だったはずだ。この点で、くちばしは飛行生活の補助器官なのである。

食べる、持つ、つまむ、刺す、探す、切る、すくう。多様なニーズを満たすには軽量、

写真7
ハシブトガラスのくちばしを切断
ハシブトガラスの切断頭蓋骨。くちばしの内部も脳頭蓋の壁の中もスッカスカ
（写真／戸塚 学）

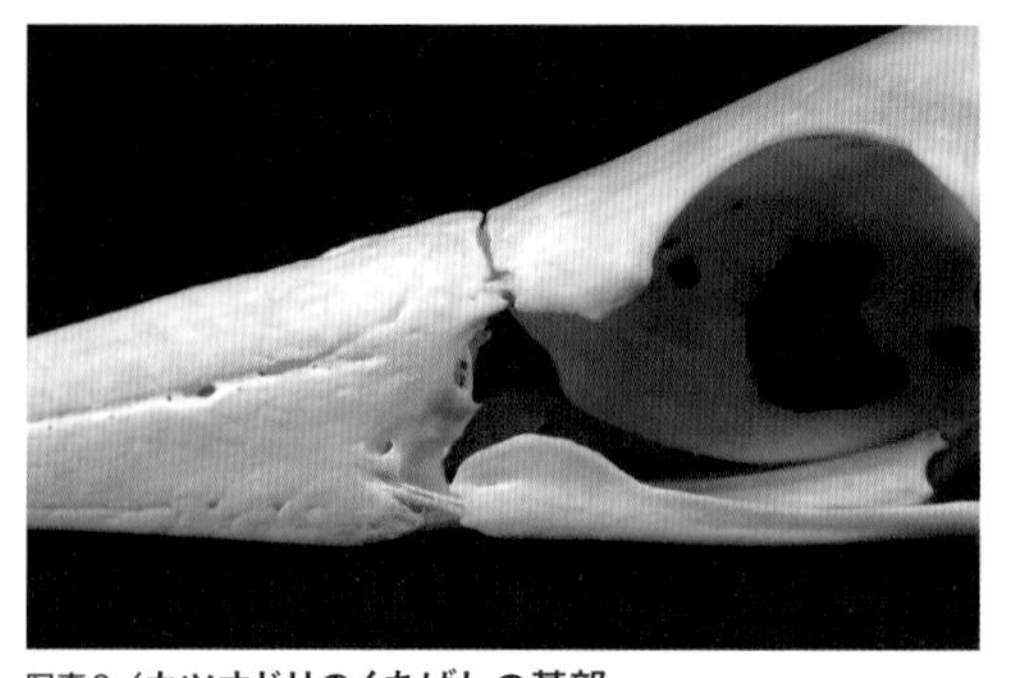

写真8／カツオドリのくちばしの基部
カツオドリのくちばしの基部にはクレバス（割れ目）があり、薄い板で接続されている

頑丈、器用な器官が必要だ。鳥はしばしば大きなくちばしをもつが、中身は中空でとても軽い。ハシブトガラスのくちばしを切断（写真7）すると、壁面の硬い骨の内側は脆弱な海綿状の構造となっている。骨の外側を覆うケラチン質の鞘のおかげで、くちばしは頑丈さを維持している。

骨には硬いイメージがあるが、くちばしには柔軟さも要求されるため、骨がよく曲がるようにできている。シギは泥の中にくちばしを差し込み、先端だけ開閉して獲物を捕らえる。彼らの上くちばしの骨の一部は薄い二重構造となっており、関節のごとく曲げられるのだ。ペリカンは下顎骨を左右にたわませて大口を開く。カツオドリのくちばしの基部（写真8）は薄い板バネ状になり上下に曲げることができる。鳥にとって骨は柔軟な素材なのである。

くちばしの骨の先端には、小さな穴があいている。これは神経を通す穴で、と

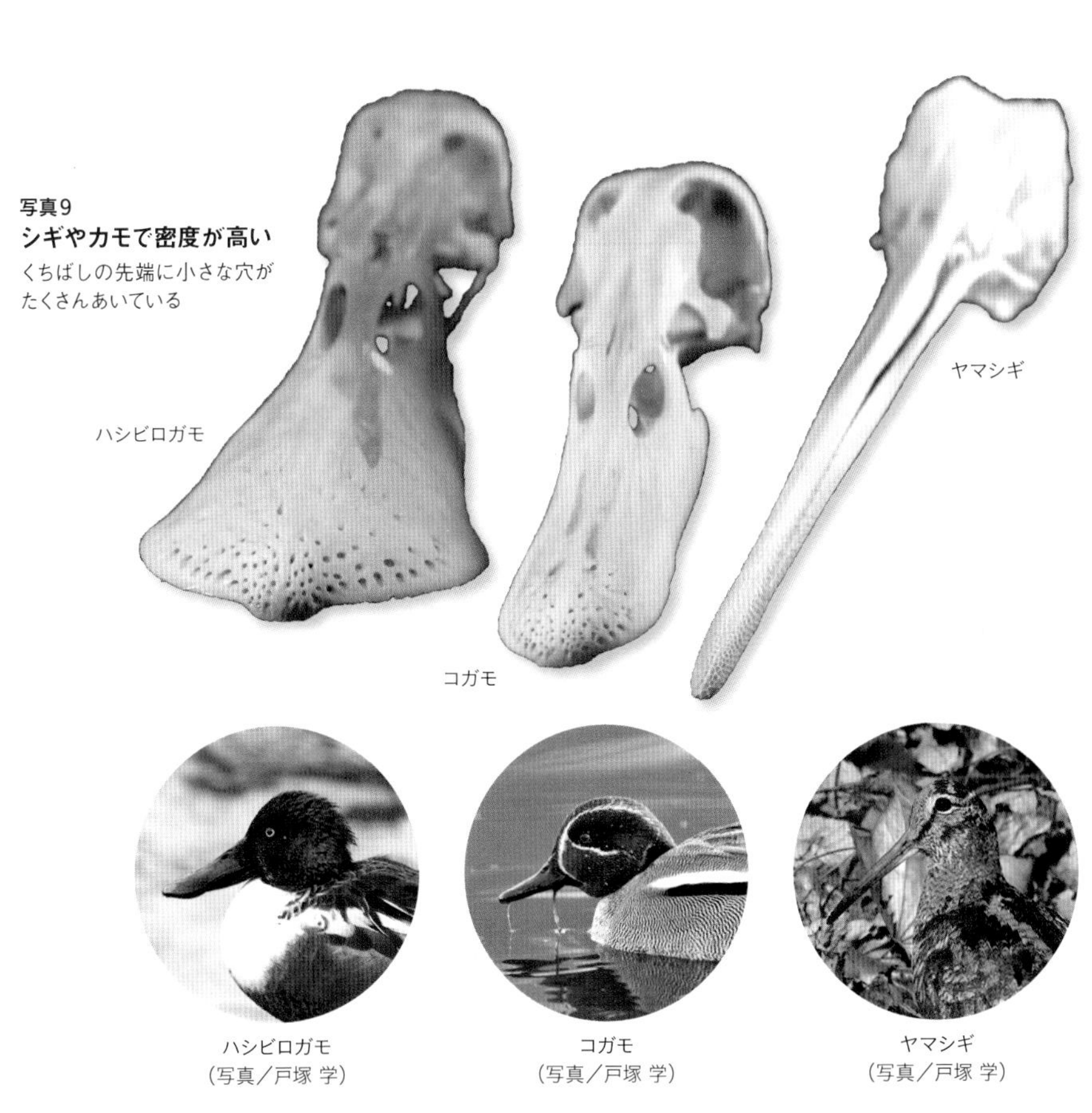

写真9
シギやカモで密度が高い
くちばしの先端に小さな穴がたくさんあいている

くにシギやカモで密度が高い（写真9）。地中や濁水の中でも食物を探せるのは、この感覚器官のおかげである。こうしてみると、くちばしは血の通わぬピンセットではなく、柔軟で感覚の優れた指そのものと言えよう。

一点豪華主義的飛行術

くちばしとともに鳥の骨格に特徴的な部位は、竜骨突起（写真10）である。胸骨の中心軸に沿って前方に突出した板状の骨で、アイスラッガー（※5）的存在感を放つ。哺乳類や爬虫類など他の脊椎動物には見られない部位だ。ロッキー・バルボア（※6）を思い浮かべてほしい。筋骨隆々たる胸筋は右胸に一山、左胸に一山、中心には深い谷間がある。胸骨は左右に展開する胸筋の付着部となっており、境目が谷間になっているのだ。

一方、鳥には竜骨突起があるため、胸

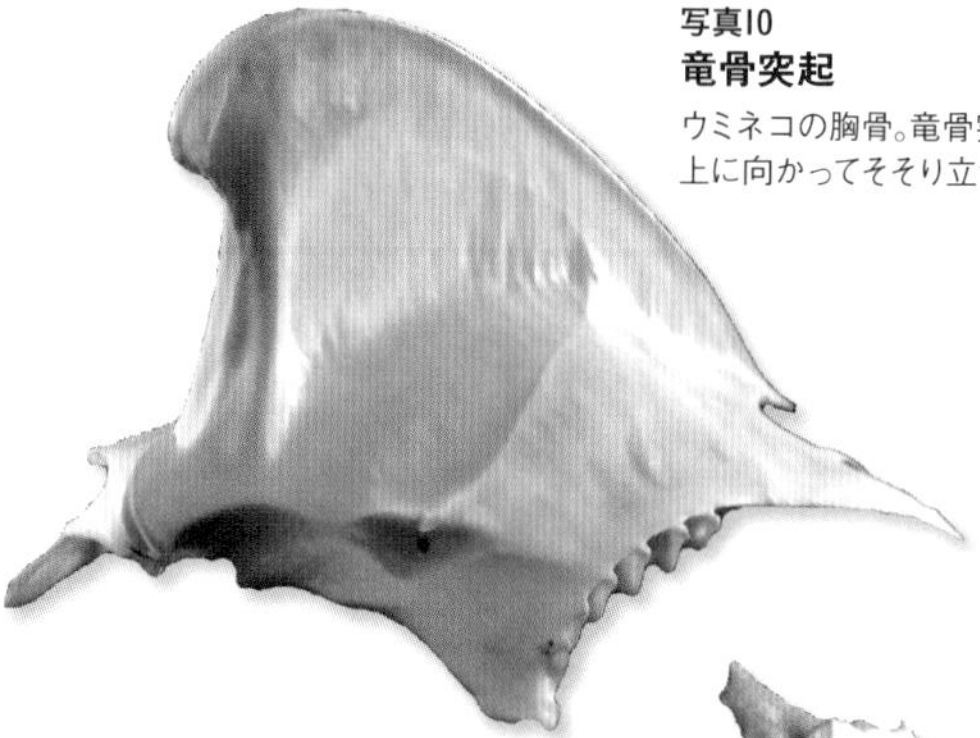

写真10
竜骨突起
ウミネコの胸骨。竜骨突起が上に向かってそそり立つ

写真11
無飛翔性の鳥では竜骨突起は小型化
無飛翔性の鳥であるカグーの胸骨。竜骨突起が縮小している

（写真／iStock Francisco Herrera）

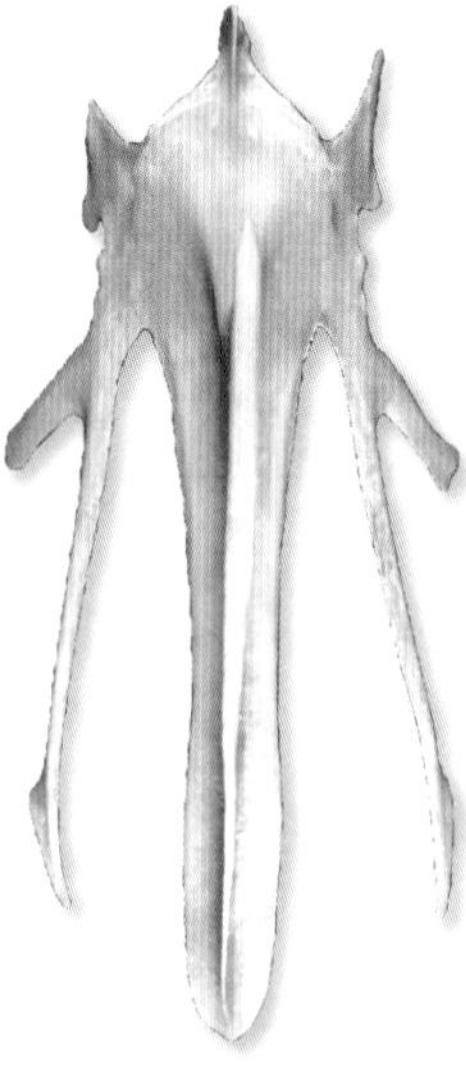

写真12
胸骨には枝のような骨が放射状に展開
ニワトリの胸骨は平面部が枝状になっている

※5 ウルトラセブンの頭頂部に装着されているブーメラン状の武器
※6 ボクシングもののアメリカ映画『ロッキー』の主人公の名前

の中心部が突出する。この竜骨突起の役割は、飛翔のための筋肉の付着部を増やすことだ。胸肉は翼を打ち下ろす力を、ささみは翼を持ち上げる力を発生させ、ともに胸骨を土台とする。鳥が自在に空を飛べるのは、竜骨突起が大きな飛翔筋を支えているおかげなのである。

体重増加は空を飛ぶには不都合だ。しかし、竜骨突起はいわばエンジンの格納庫であるため、巨大化が飛行能力の向上を意味する。無飛翔性の鳥では竜骨突起は小型化（写真11）し、ダチョウやエミュー、キーウィなどでは完全に消失しているため平胸類と呼ばれる始末だ。もっとも鳥らしい骨ベスト・ワンはこの骨に与えよう。

食卓鳥骨学のススメ

幸いなことに、鳥の骨格は机上の夢物語ではなく卓上の現実である。牛や豚とはちがい、実見するチャンスが食卓に転がっているのだ。カラッと揚がった手羽元には上腕骨が入っている。骨端に軟骨がついていれば、それは若鳥の証拠だ。まだ十分に成長していない骨の中は中空ではなく、髄質がつまっているのも確認できるだろう。逆に居酒屋などで親鳥を扱っている店があれば、上腕骨を噛み砕き、その中空さを実感してほしい。

手羽先を食べると細かい骨がたくさん出てくる。これは癒合する前の手根骨と中手骨、そして指骨だ。骨は成長しながら癒合するため、未熟な若鳥ではまだ分離したままだ。これも成鳥では癒合した手根中手骨となる。

丸焼きならなおさらよい。胸肉を食べ終わると、確かに竜骨突起が認められる。胸骨の尾側の先端は半透明の軟骨、いわゆる薬研軟骨だ。この軟骨は成鳥になると硬い骨になるため、若鳥にしかない部位だ。もちろん上腕骨などの骨端の丸い軟骨も、成長すると硬い骨に置き換わる。

胸骨には枝のような骨が放射状に展開（写真12）している。これはキジ目の特徴だ。長距離飛翔する鳥には見られない構造で、バネ的な弾力で瞬発力の必要な飛び出し飛行を実現しているのだろう。背中側の脊椎を追えば、腰の仙椎や尾端骨の癒合も確認できる。

バードウォッチングで鳥の骨を見る機会は少ないが、私たちにはニワトリがある。食卓の鶏肉を観察対象にすると、骨を知る上質の教科書となる。さらに中華料理屋でカモの頭を食べれば、くちばし先端の神経孔を目の当たりにでき、大分県日田市名物の「もみじ」を食べれば足根中足骨の癒合を味わえる。骨を知ると夕食がいつもより楽しくなる。ただし、薀蓄が多いと同席者に鬱陶しがられるので、その点の配慮も紳士淑女の嗜みと心得つつ楽しんでいただきたい。

chapter 2 6

骨で知る鳥 2

化石骨から推定する絶滅種の生態と飛ばない鳥の進化

文 写真 渡辺順也

骨は化石として保存されるほぼ唯一の部位なので、絶滅した鳥類の生態を調べる上では骨が主要な情報源になります。絶滅種の骨の化石と現代の種の骨の形を比較してわかったことを紹介します。

骨の化石からわかること

ご存じのとおり、鳥は飛んだり走ったり泳いだり、さまざまな複雑な動きをこなす自然界のアスリートです。このような複雑な動きを可能にしているのは、いったい何でしょうか？「筋肉」、という答えは半分だけ正解です。半分だけ、というのは、やわらかい筋肉だけでは関節を曲げたり伸ばしたりといった複雑な動きは難しく、せいぜいミミズやタコのような動きにしかならないからです（彼らも見方によっては十分複雑な動きをしている、ということはとりあえず脇においておきましょう）。

鳥を含む脊椎動物が複雑に動くことができるのは、頑丈な骨が適切に関節して筋肉の縮む動きを複雑な曲げ伸ばし運動に変える仕組みがあるからです。つまり、ある意味では、骨が組み合わさってできる骨格が〝鳥を鳥たらしめる動き〟を可能にしていると言えます。

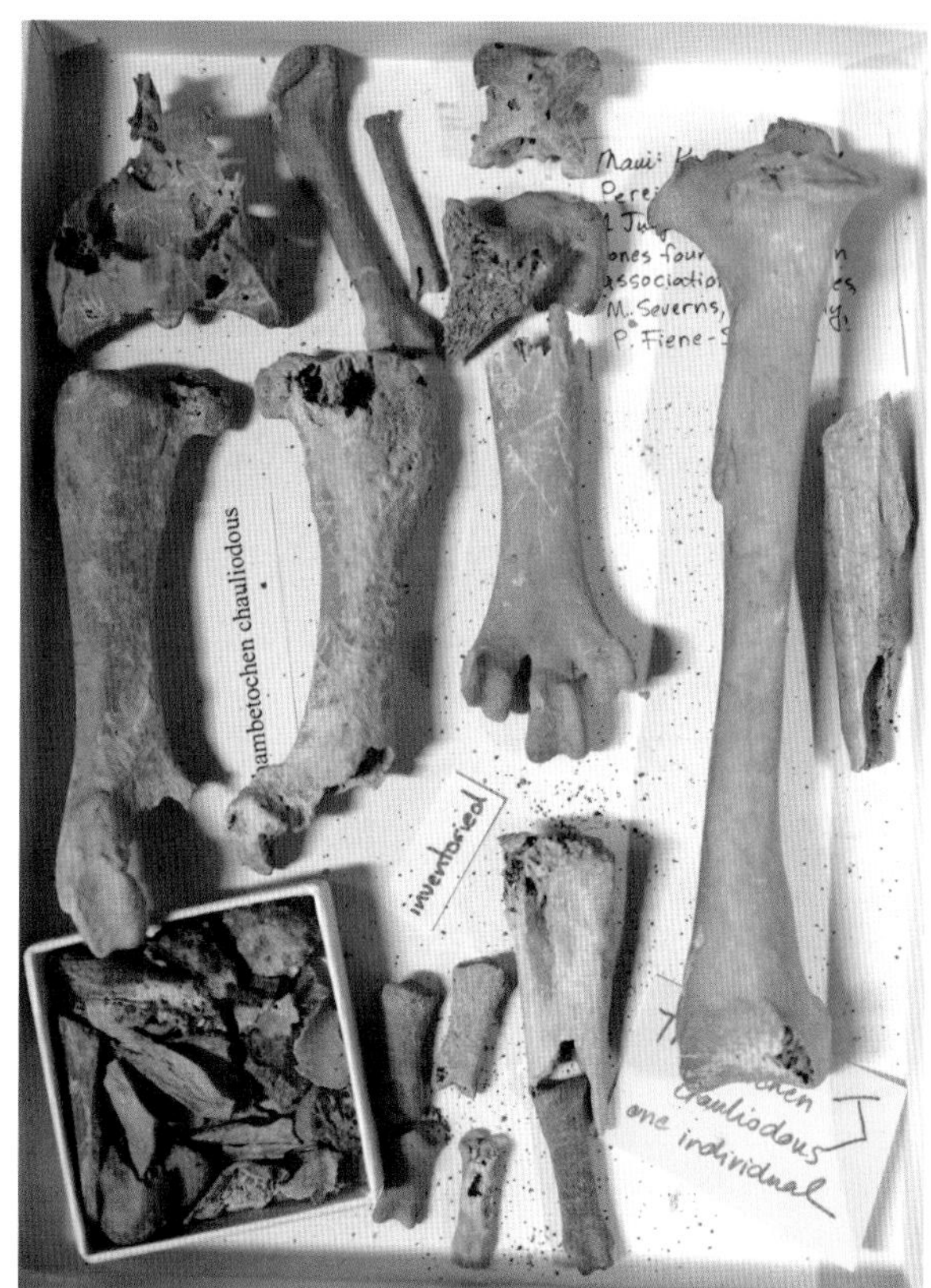

ハワイ、マウイ島から出土した化石カモ類の骨格。米国国立自然史博物館所蔵標本

骨の形は、鳥の体のさまざまな動きを可能にするようにできており、さらにそれぞれの種のもっとも得意な動きを、効率よく行なえるようになっています。そのため、骨の形を見れば、その鳥が歩いたり走ったりするのが得意なのか、泳いだり水に潜ったりが得意か、あるいは滑空が得意なのか、といった運動様式を、ある程度推定することができます。

また、硬い骨は動物が死んだ後も長い間分解されずに残るため、化石として保存されうるほぼ唯一の部分です（写真）。ごくまれに羽毛の痕跡なども保存されることがありますが、そのような例は非常に少なく、ほとんどの化石種は、骨のみからその存在が知られることとなるのです。そのため、化石種の生態や進化を考える上では、骨がほぼ唯一の情報源となります。そこで、化石を研究する古生物学者たちは、鳥類などさまざまな動物で骨の形と生態との関連をさかんに研究し、化石からその生きものの生態を推定してきました。

絶滅した生物のおもしろいところのひとつは、現在生きている生物には見られないような変わった生態をもったものがいることです。例えば、南米にはかつて身長2ｍを超えるような巨大な肉食性の飛ばない鳥が生息していましたし、世界の海には翼開長が最大4ｍを超えるような巨大な海鳥がいたことも知られています。

このような例に比べると少し地味かもしれませんが、絶滅したガンカモ類の中には飛ぶ力を失ったものが多く知られています。中には体重20kgを超えるような巨大なものや、くちばしの縁がノコギリ状になっており、シダなどの植物を切り取って食べていたと考えられているものなど、多くの変わり者がいます。

飛ばない化石ガンカモ類がほんとうに飛ばなかったのかを判定

世界で知られる化石ガンカモ類のうち、15種ほどが飛ばないとされていますが、意外なことに、彼らが飛ぶ能力をもっていたかどうかについては、はっきりした推定法が定まっておらず、研究者ごとに意見の食いちがいが起こることもしばしばありました。

そこで、最近私は、現在生きているカモ類の飛ぶ種と飛ばない種の骨格の形を比較することで、化石ガンカモ類が飛ぶ能力をもっていたかどうかを判定する方法をつくりました。鳥類の四肢の骨格のプロポーションは、運動様式と密接に関連していると考えられているため、翼と脚の主要な骨の長さを測ったほか、翼を羽ばたかせるための筋肉が付着する部位である胸骨の胸骨稜という部分の高さも測り、これらのデータをもとに統計的な解析を行ないました（図）。

統計的な規準を使って、どの計測部位

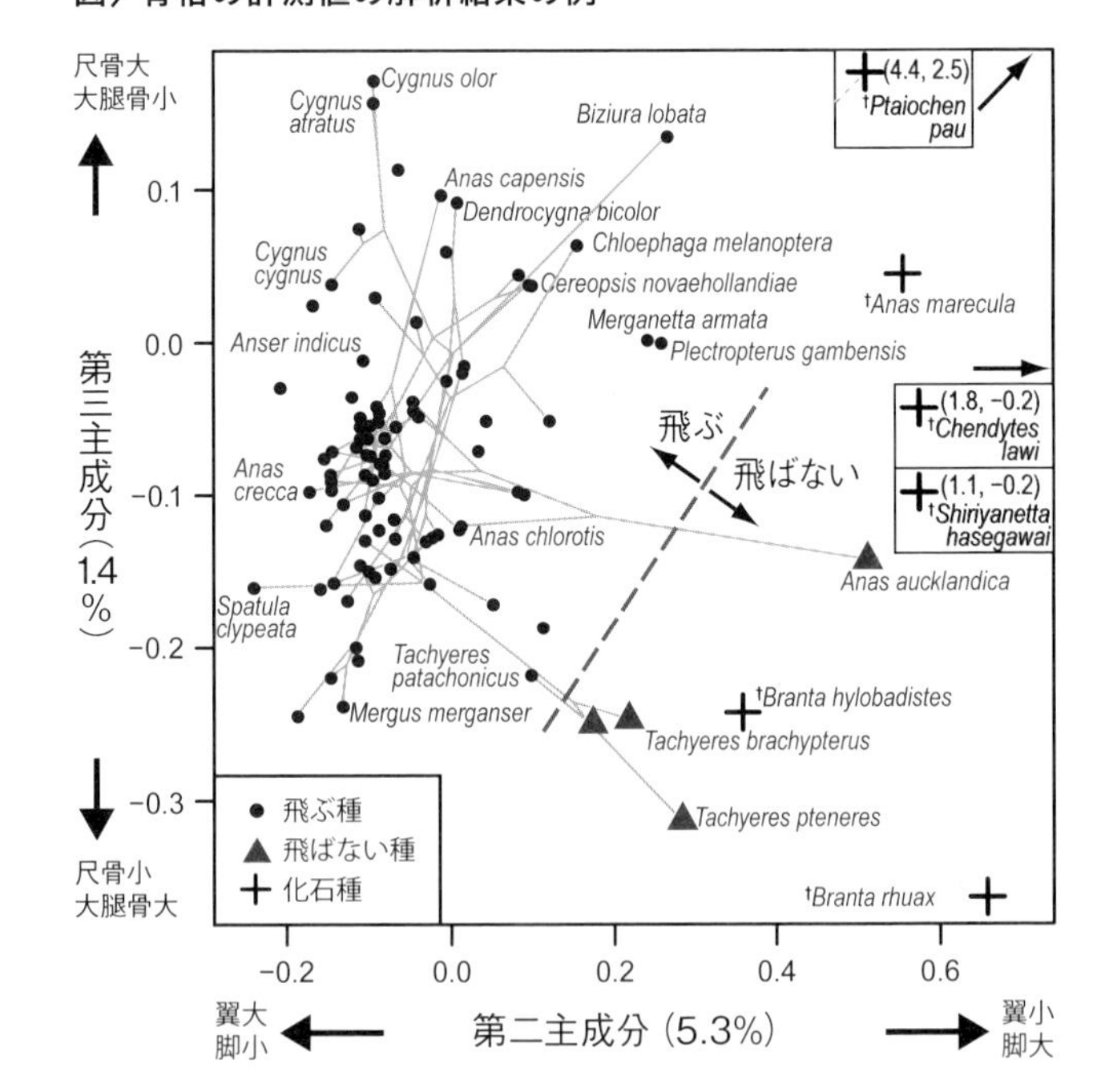

主成分分析により骨格のプロポーションの種間でのバリエーションを示したプロットで、枝分かれした線は系統樹上での進化を表している。現在生きている種で、飛ぶものと飛ばないものの分布が分かれており、飛ばないものは右下よりに分布している（＝翼が小さく、特に尺骨が短い）ことがわかる。第一主成分は体のサイズの成分だったので示していない。Watanabe（2017）より改変

がカモ科の飛翔力の有無の判定に有効かを検討したところ、翼の上腕骨、尺骨、手根中手骨と脚の大腿骨という4つの骨の長さを比べるのが最適であるという結果になりました。

選ばれた計測部位を使って解析を行なったところ、飛ばない種では尺骨や手根中手骨といった翼の先のほうの骨がとくに短くなっており、これらの骨の長さと胴体に近い部分の骨の長さの比が、飛ぶ能力の有無を判定するのに有効であることがわかりました。

結果として得られた判別法をさまざまな化石ガンカモ類に適用して、それらが飛んでいたかどうかを判定しました。多くの種ははっきりと判定ができたのですが、一部の種類は、現在生きている種の飛ぶものと飛ばないものの中間くらいの形をしており、はっきりとした判別が難しい、という結果になりました。

そのような難しい種を扱うときには注意が必要ですが、ともかく大多数の化石ガンカモ類については飛ぶ能力の有無を客観的に判定するための手法をつくることができました。このような研究から、それぞれの種がどのように進化し、どのように暮らしていたのかを考える上で重要な情報が得られるのではないかと期待しています。

飛ばない鳥へと進化するメカニズムとは

先に述べたように、鳥類の進化の歴史の中では、飛ぶ力を失ったものが数多く知られています。このような進化を引き起こすメカニズムとして、成長過程の変化が候補に挙げられています。

多くの鳥では孵化直後には翼や胸骨稜が小さく、その後これらの部位が急速に成長しますが、もし成長が途中で止まったり成長速度が遅くなったりするような変化が起これば、ヒナのような体形をした飛ばない成鳥ができあがる、という説です。

そのような成長の速度やタイミングの変化はさまざまな生物で実際に起こっているらしいことが知られていますが、鳥類でこのような進化について詳しく研究した例はありません。また、この仮説が正しければ、鳥類の分類群の間での成長のしかたのちがいが、飛ばなくなる進化の起こりやすさと関係するのではないかと考えられます。しかし、そもそも鳥類の多くの分類群では骨格の成長に関するデータがほとんどないため、この予想を検証するのも難しいのが現状です。化石種も含めた多くの鳥類でデータを積み重ねていくことが、将来的にはこのような進化のメカニズムを解き明かすことにつながるのではないかと考えています。

chapter 2 7

骨で知る鳥 3

遺跡から出土した骨で明らかにする

過去のアホウドリの分布

文 写真 江田真毅

気候も環境も現代とは異なっていた数千年前、そこに生息していた鳥は今と同じとは限りません。それを調べるほぼ唯一の手掛かりは、分解されることなく遺跡から出土した鳥の骨です。オホーツク海南部や日本海におけるアホウドリの過去の分布についての最新研究を紹介します。

写真1
香深井1遺跡（北海道礼文島・オホーツク文化期）から出土した鳥類の骨

日本海やオホーツク海南部にもアホウドリがいた！

皆さんは考古学という学問をご存じだろうか？　そんなの知っているに決まっているという方、それでは考古学では中生代末に絶滅したいわゆる恐竜は研究しないことをご存じだろうか？　びっくりした方はぜひ周りの方にも教えてあげてほしい。考古学は、遺跡から出土する物質的遺物から、過去の人類の生活を復元する学問であること。そして、恐竜の研究をするのは古生物学者だということを。

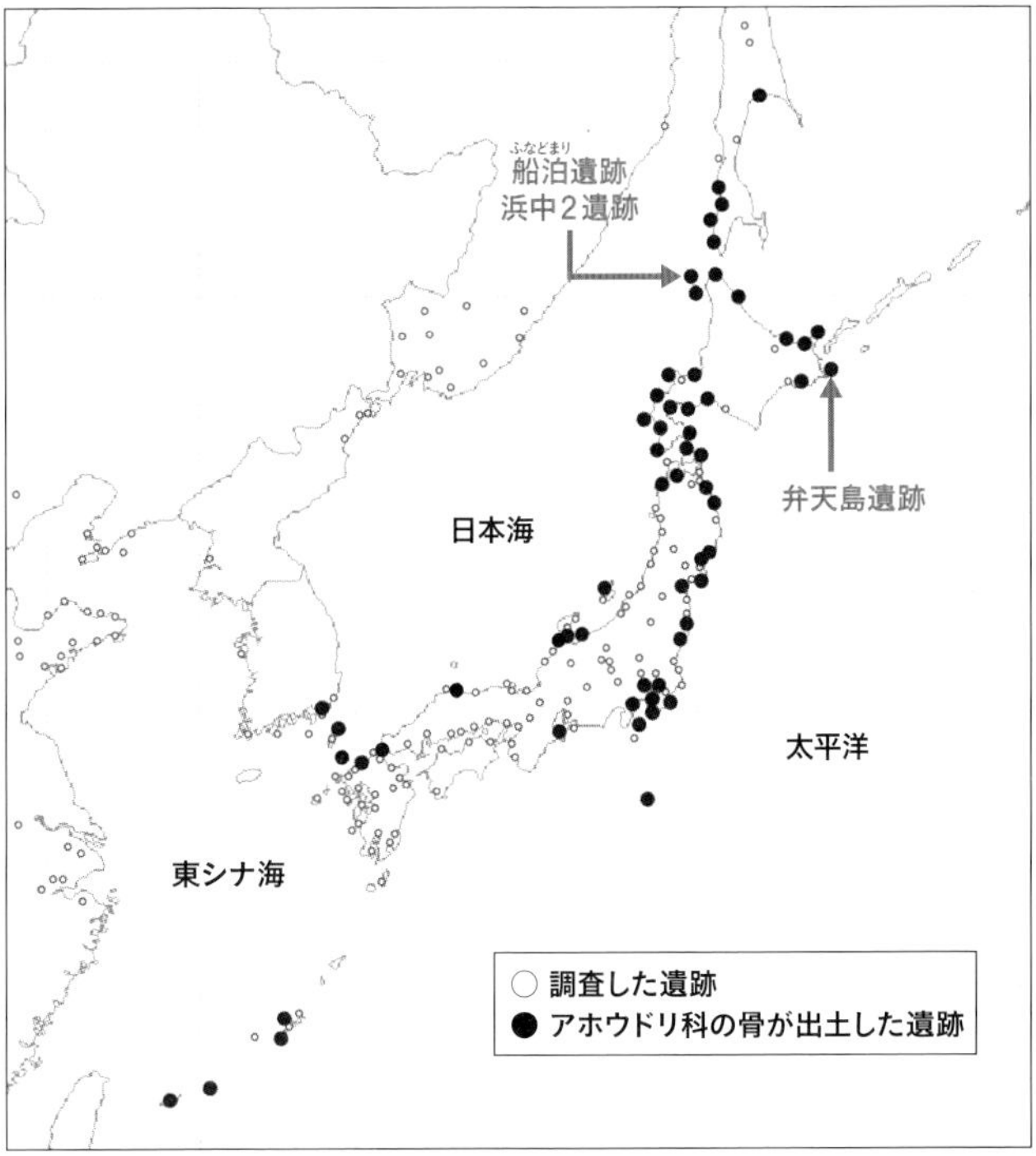

アホウドリ科の骨が出土した遺跡の位置

（Eda & Higuchi 2004を一部改変）

遺跡から出土する遺物には、さまざまなものが含まれる。日本で一般的によくみられるのは、土器や石器だ。一方、本稿の主役である「骨」はあまり出土しない。その理由は、日本列島の大部分が火山灰性の土壌で覆われており、さらに高温多雨の温帯モンスーン気候の影響から、骨の保存に適していないためだ。

それでも貝塚や低湿地、洞窟など、骨が保存される遺跡もある。遺跡から出土する動物の骨を研究する考古学者、動物考古学者は、これらの骨を遺物と捉えて人類の生活を復元する（写真1）。

一方で、これらの骨は動物の死体でもある。その生物学的研究から、分布など、動物の過去の生態が復元できる。「考古動物学」、鳥類に限れば「考古鳥類学的研究」と呼ばれるものだ。

図は、アホウドリ科の骨が出土した日本列島の遺跡を示したものだ。アホウドリ科の骨は、縄文時代早期（約1万2000年～7000年前）以降の各時代の遺跡から報告されている。地理的にはオホーツク海、日本海、太平洋、東シナ海の沿岸の遺跡から出土している。人々が、アホウドリ科の鳥を遺跡周辺で入手したことを前提とすると、これらの海域にアホウドリ科の鳥が生息していたと推定できる。「アホウドリ科の骨」の出土遺跡を調べたのは、日本の遺跡から出土する鳥骨のほとんどが、「科」を単位に同定されているためだ。

写真2
アホウドリの繁殖地
(伊豆諸島鳥島)

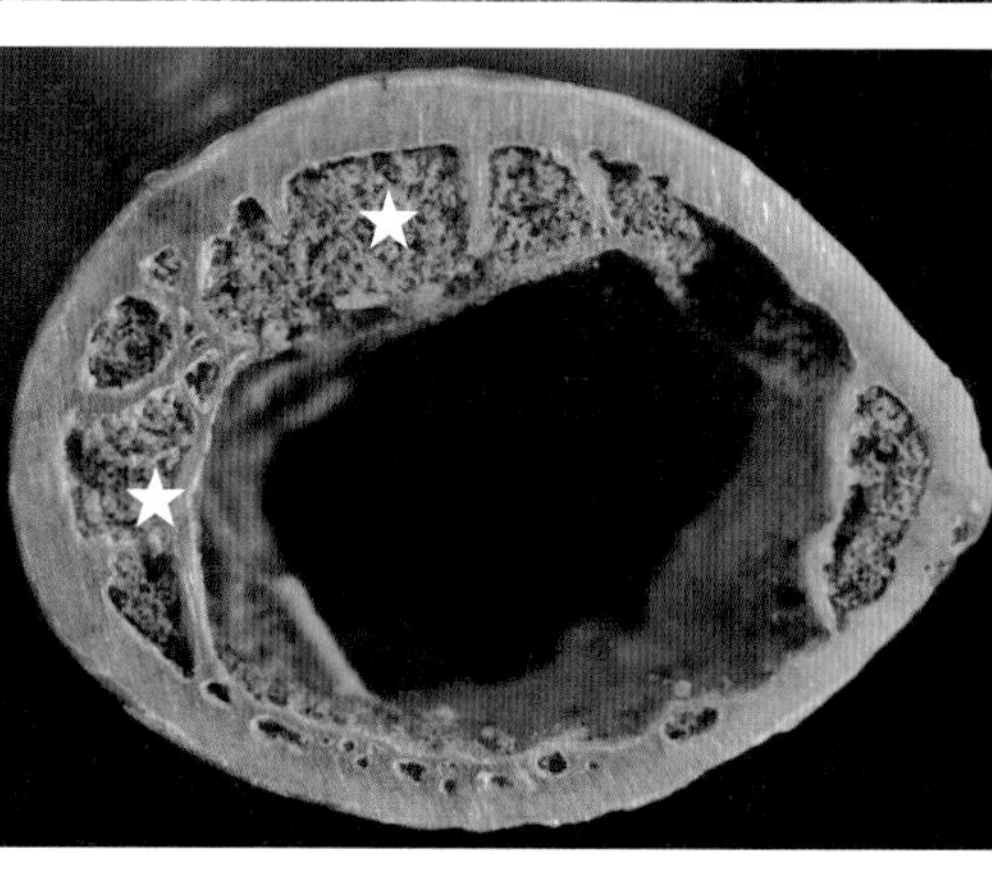

写真3
出島和蘭商館跡遺跡
(長崎県長崎市・江戸時代)から出土した、ガン類の骨で確認された骨髄骨(★)

現在、日本近海に生息するアホウドリ科の鳥は、アホウドリ、クロアシアホウドリ、コアホウドリの3種。これらの種は、日本周辺では伊豆諸島や小笠原諸島、尖閣諸島で繁殖している(写真2)。アホウドリ科の鳥は、これらの島の近海と北太平洋や東シナ海沿岸で主に観察される。一方、オホーツク海や日本海沿岸では近年記録がほとんどない。遺跡からの骨の出土状況から、アホウドリ科の鳥が、オホーツク海や日本海に分布しなくなったことが考えられる。

「古代DNA解析」で「科」から「種」の同定が可能に

日本海やオホーツク海に分布しなくなったアホウドリ科の「種」は何か？ この特定のため、私たちは北海道礼文島の船泊遺跡(縄文時代後期：約4000〜3000年前)と浜中2遺跡(オホーツク文化期：約1600〜800年前)、および根室市弁天島の弁天島遺跡(オホーツク文化期)から出土したアホウドリ科の骨から、DNAを抽出して分析した。

遺跡から出土した骨のDNA解析は「古代DNA解析」と呼ばれる。ミトコンドリアDNAの一部の塩基配列を決定して現生のアホウドリ科と比較した結果、3つの遺跡とも分析に成功したすべての骨が、アホウドリのものと同定された。このことから、アホウドリが日本海やオホーツク海から消えたことがわかった。

古代DNA解析の対象とした3つの遺跡をはじめ、北海道北部や東部では多数のアホウドリ科の骨が出土している。また出土した鳥類の骨に占めるアホウドリ科の骨の割合が、70%以上と非常に高い遺跡も多い。このような話をすると、「昔は北海道周辺にもアホウドリの繁殖地があって、そこで狩猟されたのか?」とよく質問を受ける。しかし、私たちはその可能性は非常に低いと考えている。

理由は、アホウドリ科の幼鳥の骨や骨髄骨を含む骨が出土しないことだ。一般に鳥類の骨は成長が早く、飛行を開始するまでにほとんどの骨の形成が完了するとされる。一方、骨髄骨は、産卵前後の期間のみ、雌鳥の骨中に二次的に形成される骨だ（写真3）。最近はティラノサウルスなどの絶滅したいわゆる恐竜にも骨髄骨のあったことがわかっている。人々がアホウドリを繁殖地で狩猟していた場合、幼鳥の骨や骨髄骨を含む骨が出土すると想定される。

しかし、これまでのところ、北海道北部や東部の遺跡で、アホウドリ科の幼鳥の骨や骨髄骨を含む骨は報告されていない。このことから、昔もアホウドリは日本海北部やオホーツク海南部では繁殖しておらず、周辺海域には採食回遊時に訪れたと考えられる。

遺跡の骨からわかること、わからないこと

すると「クロアシアホウドリやコアホウドリは日本海やオホーツク海にいなかったのか?」と質問されることもある。この質問には答えるのが難しい。その理由は、遺跡から出土する骨は、過去の人々の選択の結果を反映しているためだ。

アホウドリ科の洋上分布を比べると、アホウドリは大陸棚周辺で採食し、もっとも沿岸性だ。対してコアホウドリはもっとも遠洋性で、クロアシアホウドリは両者の中間にあたる。オホーツク海南部や日本海北部にコアホウドリやクロアシアホウドリが生息していても、人々はより近海で狩猟を行なっており、両種が捕獲対象にならなかった可能性は十分に想像できるものだろう。

出土したものは付近にいたと言える一方、出なかったものがいなかったかどうかはわからない。これは遺跡から出土した骨から昔の鳥の分布を復元する上で、いかんともしがたい資料上の制約である。一方で、遺跡から出土する骨は、文献記録のない時代の鳥類の分布を復元する、ほぼ唯一にして強力なツールであることもまた、まちがいない。

生息地をまるごと保全する「野鳥保護区」

B 日本野鳥の会の歴史❺

日本野鳥の会では、タンチョウ、シマフクロウ、シマアオジなどの絶滅危惧種の生息環境を守るため、独自の野鳥保護区を設置しています。それは1987年に、北海道根室市にあるタンチョウが生息していた民有地を会員からの寄付を資金に買い取り、保護区としたことに始まります。生息地ごと保全するこの施策は、ナショナルトラスト運動の一種です。

国定公園や鳥獣保護区など、国や自治体によって法的に守られている土地以外にも、絶滅危惧種が生息している場所があります。そうした民有地は、いつ開発の対象になってしまうかわからず、ある日突然、そこにあった生息地が破壊されてしまうこともあります。そうした事態を防ぐため、希少種が生息している場所を調べ、その土地が民有地で自然環境が損なわれる可能性がある場合に、寄付を資金として土地を買い取ったり、所有者と「開発しない」という協定を結び、野鳥保護区として保全しているのです。

野鳥保護区は、絶滅危惧種だけでなく生物多様性の保全という役割も担っています。例えばタンチョウ1つがいを保護している保護区には、118種の鳥類、335種の植物が確認されています。食物連鎖の生態系の上位にいるタンチョウやシマフクロウが生息するには、エサとなる魚や小動物が必要であり、その魚や小動物が生きるために必要な動植物、河川や森や草地が必要です。野鳥保護区では、タンチョウやシマフクロウをひとつのシンボルとして、そこに生息するすべての動植物を守っているのです。

2024年現在、絶滅危惧種を対象にした日本野鳥の会の野鳥保護区は全国で4000haに及び、日本の自然保護に大きく貢献しています。

シマフクロウのための野鳥保護区

野鳥保護最前線
日本野鳥の会の取り組み

chapter 3

A special lesson on wild birds

本章は日本野鳥の会による絶滅危惧種の保護活動の紹介で、各本文は、一部、修正・追記はしていますが、会報誌「野鳥」掲載時点での内容となります。

chapter 3 1

シマアオジの危機

絶滅する前に、今、何をすべきか──

1 日本での減少

文 玉田克巳　写真 大橋弘一

涼やかなさえずりを響かせ、北海道に夏の訪れを知らせていたシマアオジ。かつては北海道全域で普通に観察できましたが、1990年代以降に個体数が減少し、今ではほとんど見ることができません。危機的状況にもかかわらずあまり知られていない、違法捕獲などの減少原因と、今後求められる国際的な保護に向けての動きを紹介します。

北海道のシマアオジ

図鑑を見ると、シマアオジは国内では北海道だけに生息していることになっており、本州以南の方たちにはなじみの薄い鳥だと思います。しかも、近年では激減しており、生息地である北海道でも、最近バードウォッチングを始めたような方たちと話をしていると、「見たことがない」という方が大勢います。

私は静岡県に生まれ育ち、高校生のころにバードウォッチングにのめり込みました。1980年代の中頃に帯広の大学に入学が決まり、初めて北海道で鳥を見始めたのですが、シマアオジはノゴマやオオジュリンと同じように、大学の農場に行けば普通に見られる鳥でした。

1990年代に入り、大学を卒業した私は、道東の根室管内に就職しました。そして根室の鳥仲間から、「最近、シマアオジを見かけなくなった」と聞かされました。野付半島や春国岱（しゅんくにたい）には、たびた

全長15cm。オスの夏羽は上面が赤栗色で、顔からのどが黒く、下面は鮮やかな黄色。北海道の草原や湿原、牧草地などに夏鳥として渡来。低木の枝や草にとまって「ヒーヒーヒーチョリチョリ」と透明な美声でさえずる
(写真／大橋弘一)

びバードウォッチングに出かけていましたが、たしかにシマアオジはいません。しかし私は、かつてシマアオジがたくさんいた野付半島や春国岱を知りません。ほんとうに減ったのか、それとも鳥を探すポイントが悪いのか、よくわかりませんでした。

このころから、開館したばかりの根室市春国岱原生野鳥公園ネイチャーセンターのレンジャーたちが、シマアオジの減少に焦点をあてた実態調査を開始します。この調査結果は『ストリクス』（日本野鳥の会発行、1997年15号）にも掲載されていますが、おそらく世界で初めてシマアオジの減少を明らかにした科学的

な資料だと思います。当時、ネイチャーセンターに入り浸っては、レンジャーたちと「なぜ減ったのだろうか?」とシマアオジ談義をしたものです。

世界におけるシマアオジ

世界に視野を向けると、分布域はかなり広いことがわかります（図1）。繁殖地は、極東地域ではサハリン、カムチャツカ半島、アムール地方から、西はフィンランドあたりまで、ユーラシア大陸の北側に広く分布します。繁殖地に比べて越冬地は狭く、中国南部、インドシナ半島、インド北東部などの地域です。そして、国内では北海道のほかに、1976年に青森県むつ市で、1982年には秋田県の八郎潟干拓地で巣が見つかっています。

渡りについては、詳しい調査の結果はありません。日本海側の離島などで、渡り時期にときどき見られることはあるようですが、本州以南でシマアオジはほとんど見られません。そのため、北海道のシマアオジは本州を経由しないで、北海道からユーラシア大陸に直接渡るのだろうとする仮説が、1970年代に出されています。そしてこのことが外国の図鑑にも記述されています。

最近、ジオロケーターという小鳥の渡りを調べる装置が開発され、北海道のノビタキが、本州を経由しないで直接大陸へ渡り、中国の東部を南下して越冬地のインドシナ半島や中国南部にたどり着くことが明らかになりました。北海道のシマアオジも、ノビタキのような渡りをしている可能性があります。

減少の実態を調査

ウズラ、アカモズ、アカショウビンなど、近年、北海道で減少が危惧されている鳥類は少なくありません。しかし、減少実態を明らかにするのは容易なことではありません。その理由は、減少が危惧される前の生息実態がよくわからないからです。イギリスやアメリカでは、国土全域を対象とするような鳥類調査が毎年行なわれているため、普通種の動向もよくわかっています。

一方、日本の全国規模の鳥類調査は、環境省（庁）が日本野鳥の会に委託して実施した自然環境保全基礎調査（緑の国

図1／シマアオジの世界分布

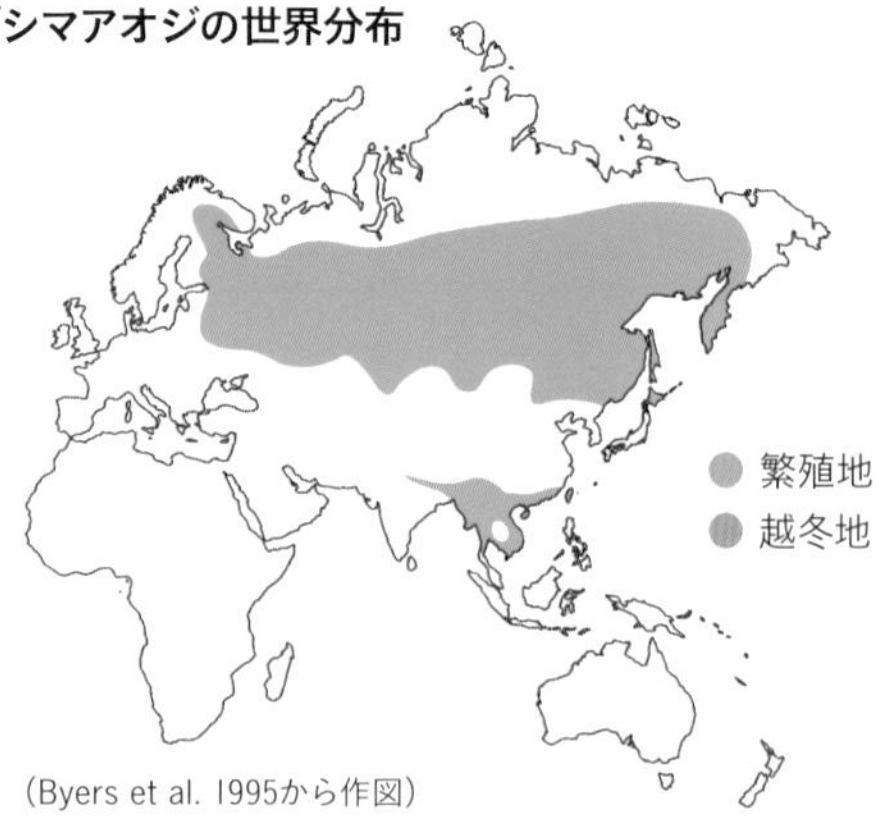

繁殖地
越冬地

(Byers et al. 1995から作図)

図2／シマアオジの分布の変化

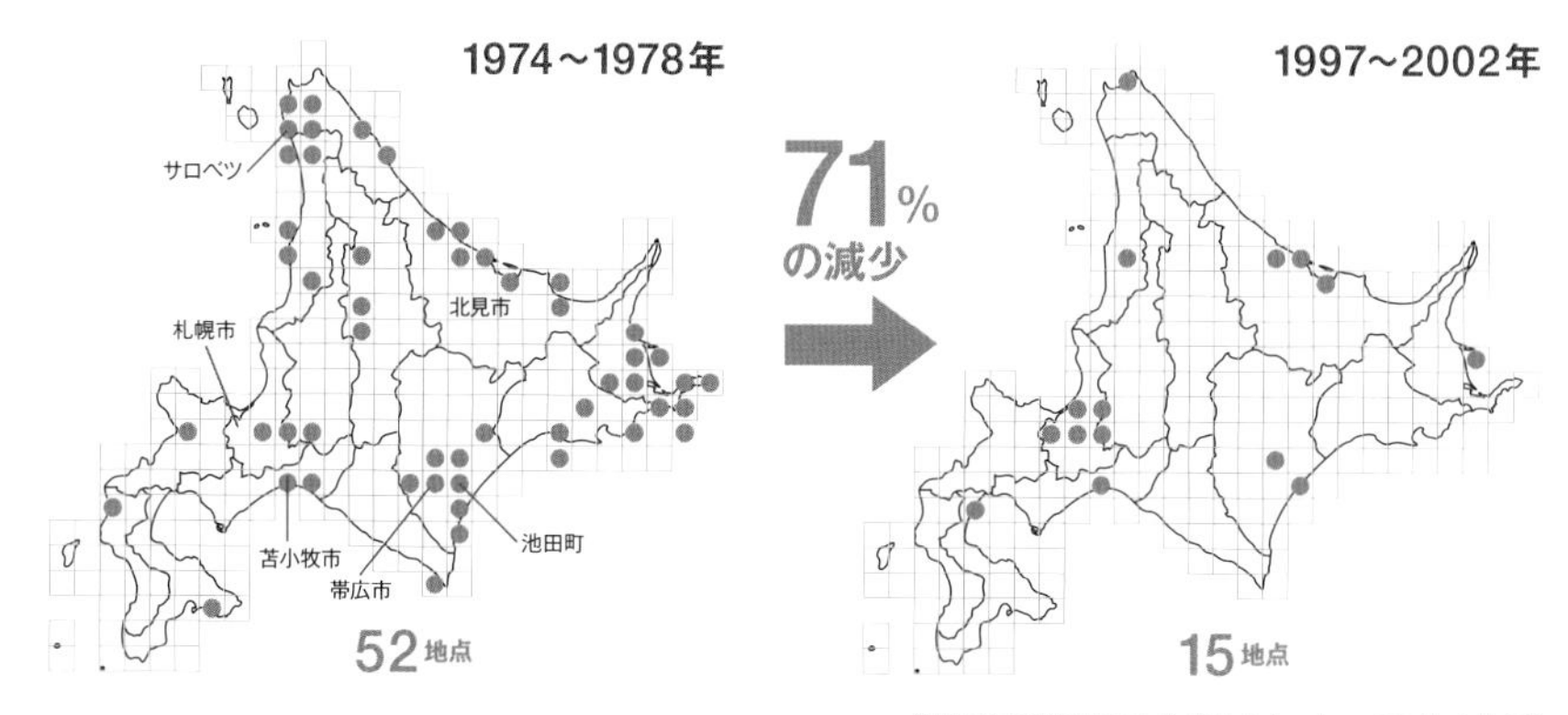

（環境省自然環境局生物多様性センター 2004から作図）

表／北海道内の探鳥会におけるシマアオジの出現状況

場所（市町村）	1980	1981	1982	1983	1984	1985	1986	1987	1988	1989	1990	1991	1992	1993	1994	1995	1996	1997	1998	1999	2000	2001	2002	2003	2004	2005	2006	2007	2008	2009	2010	2011	2012年
植苗（苫小牧市）	○	○	○	○	○	○	○	○	○	○	○	○	○	○	○	○	○	○	○	○	○	○	○	×	×	×	×	×	×	×	×	×	×
福移（札幌市）	×	×	○	○	○	×	○	○	×	×	×	×	○	−	○	○	○	○	○	×	×	○	×	×	×	×	×	×	×	×	×	×	×
東米里（札幌市）	−	−	−	−	○	×	×	×	×	○	×	○	○	×	×	×	×	×	×	×	×	×	×	×	×	×	×	×	×	×	×	×	−
モエレ沼（札幌市）	−	−	−	−	−	−	−	−	○	○	○	○	○	×	×	×	×	−	−	−	−	−	×	−	−	−	−	−	−	−	−	−	−
畜大農場（帯広市）	−	○	○	−	−	−	−	−	−	−	○	○	−	−	○	−	−	−	−	×	−	−	−	−	−	−	−	−	−	−	−	−	−
ワッカ原生花園（北見市、旧常呂町）	−	−	−	−	−	−	−	−	−	−	○	○	−	−	−	−	○	−	×	−	−	−	−	−	−	−	−	−	−	−	−	−	×
池田キモントー（池田町）	−	−	−	○	−	−	−	−	−	−	−	−	−	−	−	−	−	−	−	−	−	−	−	−	○	○	○	○	○	○	○	×	×

○：シマアオジが確認された探鳥会　×：シマアオジが確認されなかった探鳥会　−：探鳥会が開催されていない

勢調査）があります。しかし、繁殖期の分布を調べたものは１９７０年代に実施してから、20年後の１９９７〜２００２年に第2回目が行なわれているだけです。２０１６年から、バードリサーチや日本野鳥の会などの呼びかけで3回目の調査（全国鳥類繁殖分布調査）が始まりましたが、今後の詳しい結果や分析が待ち望まれます。

　また、ウズラ、アカモズ、アカショウビンなどは探鳥会でもあまり出現する鳥ではなく、過去に行なわれたラインセンサス（歩いて調べる調査）などでもあまり出現しないので、生息実態がなかなか明らかにできません。

　これに比べると、シマアオジについては、比較的情報が豊富でした。まず、自然環境保全基礎調査では１９７４〜78年には52地点で観察記録がありますが、１９９７〜２００２年には15地点に減少しています（図2）。地点数だけ比べると、実に71％の減少です。

明るく開けた場所を好み、草の種子や昆虫類などを食べる。メスは上面が褐色で、眉斑と下面が薄黄色（写真／大橋弘一）

同様に１９７４～85年に、北海道各地の草原で行なわれた25か所のラインセンサスの結果を抜き出すことができました。これを２００２年と03年に追試してみました。シマアオジは１９７４～85年には24か所で生息が確認されていたものの、２００２～03年には6か所しか確認できませんでした。出現した箇所数の減少率は75%となり、自然環境保全基礎調査と同様の結果が得られました。

１９９０年代以降、探鳥会でも観察されず

　ではシマアオジは、いつごろから減少したのでしょうか。草原環境で継続的に行なわれている探鳥会の情報が、７か所から得られました（１６５頁表）。この記録では、シマアオジの消滅は１９９３年から始まり、２０１０年まで生息していた地域でも翌年から姿を消しています。さらに、日本野鳥の会の北海道ブロック支部連絡協議会でもたびたびシマアオジの減少が議題にのぼったことから、支部会員の方たちが詳しい観察記録を残してくれています。結果の詳細は割愛しますが、減少は１９９０年代前半から始まり、２０１０年になってもまだ減っていることがうかがえました。

　バードウォッチャーが鳥を見て、記録に残すこと、その結果を行政や研究者の行なう調査結果などとつなぎ合わせることで、欧米並みとは言えないまでも、減

少実態のかなりの部分は明らかにできたのではないかと考えています。

国内に原因はないのか？

減少の原因を突き止めることは、さらに困難です。前述のとおり、私はシマアオジがたくさんいたころの野付半島や春国岱を知りません。しかし、これらの地域はシマアオジが減少するずっと前から道立自然公園に指定されており、乱開発は行なわれていません。かつてシマアオジが普通に見られた大学の農場も、よくバードウォッチングに訪れた湧洞沼をはじめとする十勝地方の海岸草原も、大きな環境変化は見られません。

しかし、この事実だけでただちに「北海道に原因がない」と結論付けるのは、ちょっと短絡的だと感じています。捕食者や病気なども含めて、何か、シマアオジだけに作用する原因があるのかもしれません。心の中では、おそらく北海道側には原因はないだろうと思いつつも、客観的な証拠を示すことはできませんでした。

中国での捕獲が減少原因か？

１９９２年10月、香港に近い、中国の仏山市三水区でシマアオジを食べるお祭りが開催されました。シマアオジは〝空飛ぶ朝鮮人参〟として薬効があると言われていたそうで、数万羽単位で食べられていたようです。しかもこの地域では、シマアオジはイネを食べる害鳥でもあり、獲って食べることは、当時は違法行為ではなかったようです。このお祭りの存在は、高育仁という方が１９９６年に中国語の記事を書いており、北海道でも１９９７年７月に北海道新聞のコラム記事として紹介されています。１９９０年代前半からの減少、１９９２年からの中国での捕獲、時期は一致します。

しかし、これでもまだ北海道のシマアオジの減少が、中国の捕獲が原因であると結論付けるには、時期尚早だと考えていました。なぜなら、北海道と中国三水区を結ぶ確たる証拠がないからです。シマアオジの繁殖地は、前述のとおりユーラシア大陸北部に広く分布しています。ロシアや中国北部ではどうなっているのでしょうか。断片的な情報では、これらの地域を訪れた方たちがシマアオジを見たとか、現地の方たちからのあまり減っていない、という情報もいくつかありました。

三水区でのお祭りは１９９７年に終わり、２０００年には中国でもシマアオジは保護鳥に指定されます。しかし、違法捕獲は横行しており、中国の新聞では摘発事例がたびたび記事になっています。

越冬地でも急激に減少

２０１５年、状況が大きく変わります。ドイツの研究者が筆頭著者になった一編の研究論文が、アメリカの科学雑誌に掲載されたのです。この論文では、北海道のみならず、ロシアやフィンランドの多数の繁殖地のほか、越冬地でも急激な減少が見られたとあります。

そして、この原因について検証したところ（１７４頁参照）、中国での捕獲がもっともよく説明できたとされています。モデル分析に使ったシマアオジの生態情報にはやや疑問があるものの、原因が中国の捕獲にあるとするひとつの根拠が示されたことになります。

さらにこの論文では、北海道の各地でも激減していることが示されています。論文には文献調査と記述されているだけで、どの文献を参照したのか、具体的な根拠は示されていませんが、北海道のバードウォッチャーがシマアオジの観察情報を丹念に記録に残したことが、大きく貢献したものと思われます。

国による法的な保護対策は手つかず

さて、シマアオジの減少実態は明らかになりました。原因を断定するにはまだ多少の疑義はありますが、中国での捕獲が一因になっている可能性があることも示唆されました。このような状況の中で、どのような保全対策が立てられるでしょうか。

環境省のレッドデータブックでは、シマアオジは２００７年に絶滅危惧ＩＡ類に指定されています。絶滅危惧種のランクとしては最上に位置し、シマフクロウやコウノトリと同じランクで、タンチョウやクマゲラより高いランクに指定されています。シマフクロウ、コウノトリ、タンチョウ、クマゲラは、種の保存法に基づく国内希少野生動植物種に指定され、クマゲラを除く3種は保護増殖事業計画が策定され、国による具体的な保護対策が講じられています。

しかし、シマアオジは２０１７年に種の保存法に基づく国内希少野生動植物種に指定されましたが、保護増殖事業計画は策定されていません。現在、16種の鳥類で保護増殖事業計画が策定されていますが、これらの種を概観すると、オジロワシとオオワシを除く14種が留鳥もしくは国内で繁殖する海鳥です。タンチョウを例にすれば、事業計画は１９９３年に、環境庁、農林水産省、建設省の3省庁の連名で策定されています。関係省庁のほかに、研究者や関係者が一堂に会する会議が定期的に開催され、タンチョウを増やすための対策が論じられ、給餌事業をはじめとする具体的な事業が展開されています。一年中同じ地域に生息する留鳥や、繁殖地での保全が急務である海鳥については、このような方法で事態が改善できると思われます。

保全のための国際協力が必要

しかし、シマアオジのように、減少の原因が国外にある可能性があるような種の場合は、国内の保全対策事業の展開だけでは事態の改善が望めません。渡り鳥の保全を考える場合、種の保存法に基づく種指定、事業計画の策定、保全事業の展開という、現在の保全対策の枠組みでは限界があるのだと思います。

さて、少し視点を変えると、日本はロシアと日ロ渡り鳥等保護条約、中国とは日中渡り鳥等保護協定を結んでいます。シマアオジは２０１７年に、ＩＵＣＮ（国際自然保護連合）のレッドリストにおいてもＣＲ（環境省のレッドリストの絶滅危惧ＩＡに相当）に選ばれています。

このほか中国では、中国国内法である野生生物保護法で、シマアオジを２０２１年に国家一級重点保護野生動物に指定しました。これは、パンダやキンシコウ（孫悟空のモデルになったオナガザルの仲間）と同じ扱いです。さらに、２０１９年12月に中国の武漢で端を発した新型コロナウイルスの感染拡大は、世界中で猛威をふるってきました。コロナウイルスは野生動物が由来とされていますが、２０２０年1月に中国当局は、中国国内での野生動物の取引を禁止することを発表し、厳しい取り締まりが始まっているというニュースが流れています。

何かと難しい日中関係、日ロ関係ではありますが、シマアオジを保全するという視点では、共通の目標をもつことができるはずです。今後の国際協力が待ち望まれます。

シマアオジ その後

文 葉山政治

2017年以降、シマアオジの保護については、日本、中国、ロシア、韓国間の二国間渡り鳥保護条約・協定等会議での情報交換や、これらの国で取り組んでいる東アジア陸生鳥類モニタリングのフラグシップ種とするなどの取り組みが行なわれてきました。中国では国家野生生物保護法の第一級保護種に掲載されました。国内では減少傾向のままですが、ロシアでは繁殖の途絶えた場所で再びシマアオジが確認されるなどの明るい兆候も見られています。2021年現在は、各国のNGOや研究者が共同で保護調査のための国際行動計画案を作成しています。今後はこの行動計画案をもとに、シマアオジの生息域の政府・NGOが協力して保護活動を進めることによる、シマアオジの復活が望まれます。

2 中国での捕獲の状況

シマアオジの危機

文 写真 シンバ・チャン

シマアオジの個体数が80％以上減少したという中国。いまだに続く密猟と、始まった国際的な鳥類保護の枠組みでの活動を解説します。

市場に出回る〝空飛ぶ朝鮮人参〟

中国の広大な平原を渡るシマアオジは、かつては壮観な眺めでした。秋になると、数万羽の群れが低地を飛んで移動したのです。「大きな群れで渡る」というこの渡り戦略は恐らく成功度が高く、捕食者に捕らえられる危険を減らしたと思われます。20世紀の半ばまでは、シマアオジの繁殖域が徐々に東ヨーロッパまで広がっていたことが知られていたからです。しかし、19世紀末に北米でリョコウバトが絶滅したのと同様に、この戦略は、人口が増加し、狩猟方法が向上し、狩猟が商業化されると、シマアオジを非常に危惧される状態にしたのです。

1万羽を超えるシマアオジの大群は、1990年代には中国南部の広東省の珠江デルタでまだ見ることができました。広東省では古くから、シマアオジをはじめとする多くの野生種が食べられていました。シマアオジは、市場では〝コメ食い鳥〟と呼ばれますが、それは彼らがやって来るのがコメの収穫時期に当たるからです。そのため彼らは害鳥と考えられ、食糧として捕獲するのに反対する人はいませんでした（※）。

1980年代初頭に中国が解放され経済改革が始まると、広東省は香港に近いこともあって、その先頭に立ちました。広東の人たちが豊かになるに従って、野生生物の売買が急増しました。広州市に近い仏山市の三水区では、毎年秋になると「コメ食い鳥フード・フェスティバル」が開催され、観光客向けの格好の呼び物として当局からの支援があったほどです。シマアオジは〝空飛ぶ朝鮮人参〟と言われて人気がありました。

1990年代末になって、北海道でのシマアオジの繁殖個体数が明らかな減少の兆しを見せたことから、日本の鳥類学者から本種に対する懸念の声が出始めま

※中国語ではシマアオジを「禾花雀」などと表記する（禾はイネの意）

した。これによりフード・フェスティバルは終了を迎え、シマアオジの市場での売買は禁止されました。

中国は2000年に本種を国の保護種と宣言しましたが、保護の水準は最低レベルです。ほとんどの人は、今でもこの〝普通種〟が危惧される状態にあるとは信じていません。いまだに闇市では普通に売られているのです。

いまだなくならない密猟

2004年に予備調査が行なわれた後、『BirdingAsia』誌にシマアオジの現状が発表され、これが本種をIUCN(国際自然保護連合)のレッドリストで準絶滅危惧種に指定することを後押ししました。本種への関心が高まるに伴い、より多くの情報が入手できるようになり、2008年には絶滅危惧Ⅱ類、2013年には絶滅危惧ⅠB類に指定されました。

ドイツとロシアの科学者の共同研究により、シマアオジの分布域で個体数が80%を超える減少があり、欧州の一部の国では絶滅したことが明らかにされました。

この状況は、リョコウバトの絶滅の歴史と比較されました。リョコウバトは19世紀末に野生個体が絶滅するわずか40年前

2012年11月に中国で警察が発見した密猟の現場。シマアオジは大群でねぐらに入るため、罠で容易に捕らえられる

香港の市場で12羽70香港ドル(約9米ドル)で売られていたシマアオジ(1997年11月撮影)

には〝特別に数の多い種〟とされていたのです(捕獲飼育されていた最後の1羽は1914年に死亡)。

シマアオジの世界的な状況への配慮と日中渡り鳥等保護協定に対する義務により、中国政府はシマアオジの違法捕獲の取り締まりを始めました。しかし、小型のスズメ目の鳥の個体数動向に関するデータがないことと、中国が1989年に発効した野生生物保護法を変更していないことから、この対策は優先順位が高いものとは考えられていません。

広東省はシマアオジを捕獲するのに最適地ではなくなりましたが、密猟は中国北部、とくに渡りの個体が集中する河北省の沿岸部と天津市に場所を変えて、今でも行なわれています。

2016年末にもいくつかの密猟事件が明らかにされました。最悪の事例は、6100羽のシマアオジが他のスズメ目の鳥3万羽と共に密猟されていたことが判明したことです。これらの鳥は近隣の地域で捕獲され、広東の市場に輸送されるのを待っている状態でした。

ほかにも、中国の自然保護NGOが10月の初めに唐山(とうざん)市の野鳥収集の拠点を発見しましたが、そこでは毎日2000羽のシマアオジが渡りの途上で捕らえられているとのことでした。

また、広東省では森林警察が仏山市の何軒かのレストランを急襲し、わずか1週間で1064羽の冷凍されたシマアオジを見つけました。これらはおそらく氷山の一角なのでしょう。

高まる保護意識、取り締まり強化へ

シマアオジは他の野生生物種と同様に、中国では今も食べられています。幸いなことに、中国の国家林業局は現在、この問題に今まで以上に厳しく取り組んでいます。2017年1月1日に施行された改正野生生物保護法では、シマアオジが国の保護対象として、これまでよりも高いレベルに記載されました。改正法では、保護対象の野生生物は、捕獲や売買だけでなく食べることも犯罪と見なされます。これにより、多くの人がシマアオジを買うことを思いとどまるでしょう。

さらによいのは、中国で保護の認識が高まっており、多くの人々、とくに若い世代が野生生物の利己的利用を悪いことだと考えていることです。近年、多くのボランティアグループが生息地である田園をパトロールするために組織され、警察に密猟を報告するようになりました。野生生物の保護はマスメディアによっても広く報道されています。

２０１６年11月上旬に、バードライフ・インターナショナルは広州市の中山（ちゅうざん）大学でシマアオジに関するワークショップを開催しました。このワークショップの主な目的は、シマアオジや他の減少しつつあるホオジロ類に関する国際的な行動計画を取りまとめることでした。ワークショップにはほとんどのシマアオジの分布国が招かれ、狩猟は一部の東南アジアの国においても深刻であることが明らかにされました（１７４頁参照）。

２０２１年２月、中国はシマアオジを一級重点保護野生動物に指定したことを公式に発表しました。

2015年、中国で一般の認識を高めるために作成されたポスター

小型スズメ目の保護にも貢献

シマアオジの減少は、アジアにおける小型スズメ目の鳥の減少にも警鐘を鳴らすものです。最近、ヨーロッパとアジアの鳥類学者が発表した論文で、東アジアを主な越冬地とするカシラダカの減少が明らかにされました。香港観鳥会による別の個体数解析でも、過去30年間に香港で越冬するすべてのホオジロ類が減少したことを明らかにしました。この状況は、小型スズメ目の鳥すべての渡りのルートにある適切な環境が、住居や産業の用地として開発され、さらに中国や多くのアジアの国の農地で農薬の使用頻度が高いことにより、一層悪化するでしょう。

このような、アジアにおける小型スズメ目の減少傾向に対する脅威について、一般にはほとんど知られていません。そこで、バードライフ・インターナショナルはアジアでの陸鳥のモニタリングと保護のプログラムを開始しました。モニタリングは個体数の傾向に関する情報を提供するものとしてとくに必要です。日本野鳥の会をはじめ、日本のＮＧＯなどが行なっているモニタリングの取り組みは、中国、ロシア、韓国および他のアジアの国々にとって大いに参考になるものと考えています。

このプログラムは、環境省、日本野鳥の会、バード・リサーチおよび山階鳥類研究所の支援と地球環境基金からの資金支援を受けています。これらの支援に深く感謝するとともに、アジアに保護活動家のネットワークを構築することを期待しています。それにより、私たちはシマアオジを救うだけでなく、他のスズメ目の鳥を守り、アジア全域に健全な環境を維持することができるでしょう。

chapter 3 3

3 国境を越えた保護の取り組みを！

シマアオジの危機

文 葉山政治

シマアオジ激減の危機的な状況を受けて、バードライフ・インターナショナルが2016年11月に中国の広州市にある中山大学で開催した「シマアオジと陸生渡り鳥の保全のためのワークショップ」から、各地での取り組みと今後の保全策について紹介します。

"普通の鳥"が絶滅危惧種に

シマアオジは、東は極東から西はフィンランドまでという広い範囲で繁殖し、1980年代には推定個体数も約1億羽と、旧北区（※1）の草原環境でもっとも普通の鳥のひとつでした。しかし、1910～20年代にはフィンランドまで拡大していた繁殖地が縮小に転じ、2000年代にはフィンランドでの繁殖は見ら

当会を含めたバードライフ・インターナショナルのパートナー団体を中心に、シマアオジの研究者など約50人が各国から集まった

※1　生物地理区のひとつで、北半球のヨーロッパからアジアにかけての広い地域

れなくなりました。1990年代にはバイカル湖以西のロシアでの減少が確認され、2015年に出されたヨーロッパ版のレッドリストでは、絶滅危惧IA類にリストアップされました。また、日本をはじめモンゴルや極東ロシアでの減少も報告されだして、2013年にはIUCNのレッドリストでも絶滅危惧種（EN）にリストアップされました。

ワークショップでは、前述の世界的なシマアオジの状況を評価した論文の執筆者であるドイツのカンプ博士から全体的な減少の状況の説明があり（図1）、その要因として、中国での過剰な捕獲がもっとも可能性として高いことが示されました。カンプ氏は減少の要因を、①過剰な捕獲、②繁殖地の喪失、③越冬地における環境悪化、④農薬などによる直接的な死亡率の増加、およびそれらが複合的に起きた場合に分けて、シマアオジ減少の観測データと要因別での減少の再現をモデルで試算して重ね合わせたところ、過剰な捕獲がもっとも影響がありそうだとのことでした（図2）。

さらに、越冬環境の悪化や農薬などによる死亡についても影響の度合いは不明だが、潜在的に重要な要因となっていると指摘。一方で、繁殖環境自体が激減しているわけではなく、個体数減少には影響はなさそうだと解析していました。

シマアオジのように長距離の渡りをする小鳥類は、留鳥や短距離の渡りをする

図1／シマアオジの分布の変化

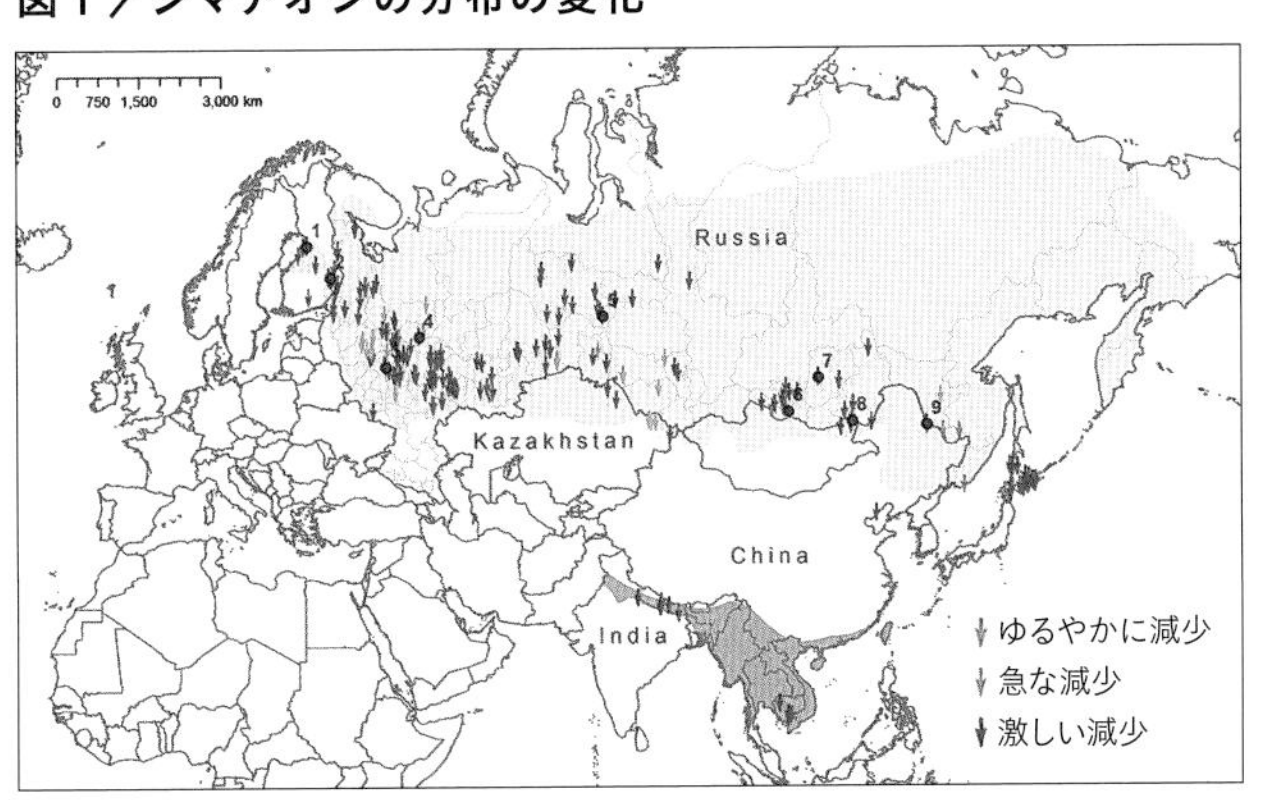

オレンジ色の繁殖地、青の越冬地、ともに減少が見られている　(Kamp et al.2015)

図2／減少の予測モデル

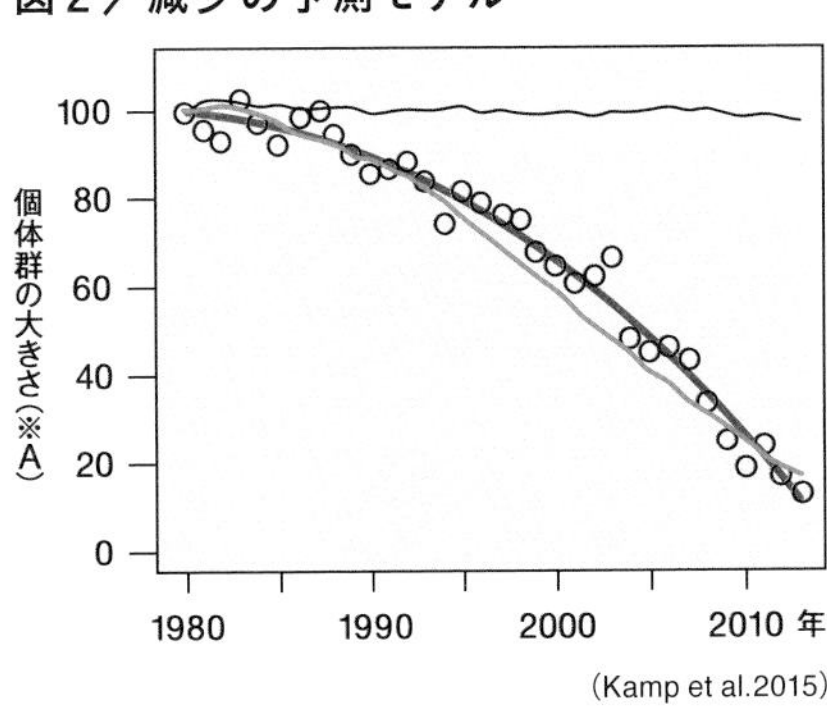

(Kamp et al.2015)

シマアオジ減少の観測値（○）をグラフ化したカーブ（赤線）と、過剰捕獲による減少の予測カーブ（青線※B）がほぼ一致した（黒線は、捕獲しなかった場合を表す）

※A 1980年を100とした場合の個体群の大きさを表す
※B 毎年個体群の2％が捕獲され、さらに年に0.2％ずつ捕獲率が上がると予測

種よりも減少傾向にあると指摘されているにもかかわらず、基礎的なデータが不足しています。中継地や越冬地で何が起きているか、より詳しい調査・分析が求められます。

繁殖地で進められている減少原因の究明

カンプ氏の報告に続き、繁殖地、中継地、越冬地での状況についての共有が行なわれました。繁殖地としてモンゴル、ロシア東部のアムール川流域とサハリン、および日本から、いずれの地域でも減少が著しいことが報告されました。

モンゴルでは現在、準絶滅危惧種と評価されていますが、世界的な状況を考慮して、昨年から新たにデータを取り直し、今後、繁殖状況の調査を行なうとともに、牧畜や気候変動による影響を調査していくとのことです。

アムール川流域からは、ムラヴィオフカ自然保護区で行なわれている調査の報告がありました。保護区内最大のシマアオジ繁殖地では、今世紀に入って個体数に50％もの減少が見られ、その要因を探るために草原の野火の影響や繁殖成功率、ジオロケーターを使った渡りの調査を行なっているそうです。

また、サハリンでは昨年の夏に行なわれた繁殖確認調査の報告がありました。サハリンのシマアオジは日本で繁殖するシマアオジと同じグループではないかと言われており、将来、日本でのシマアオジを復活させるために重要な場所です。サハリンでも１９７０年代から80年代にかけては普通に見られる種でしたが、90年代以降限られた場所でしか見られなくなりました。今回の調査では、41つがいの繁殖が確認されたものの、南部では繁殖が確認されず、中部でも9つがいしか確認できなかったそうです。２０１６年は前年調査ができなかった北西部の調査を行なうことが報告されました。

越冬地では新たな脅威が

中継地としての韓国からは、標識調査によるモニタリングが行なわれ、その結果から絶滅危惧種と評価されたそうです。中国からは、近年増えてきた各地のバードウォッチング団体のデータを用いての報告がありました。それによると、中国では4月から5月にかけてと10月の渡りの時期を中心に観察され、近年ではシンバ氏の原稿にあったように（１７０頁参照）、数万、数千といった群れでは見られないようです。また、市場での調査も行なわれていますが、公の市場での流通は見られず、現状では減少の主要因ではないとのことでした。

越冬地の状況については、ベトナム、カンボジア、タイ、ミャンマーから報告がありました。これらの国では小鳥類のモニタリングが断片的にしか行なわれておらず、シマアオジが減少しているかどうかは不明で、普通の冬鳥という評価でした。一方で、近年の農地利用の変化や都市化による農地の消失、湿地の乾燥化などが、シマアオジの重要な生息環境である水田の状況を悪化させる可能性があることが懸念されていました。

また、食料としての捕獲以外に、宗教的な放生会（ほうじょうえ）（※2）の慣習による捕獲も悪要因のひとつであることや、密猟されたシマアオジが中国から輸入され、バンコクの高級ホテルで食材として供されていたことが報告されました。

保護策について具体的に協議

次いでワークショップでは、保護に役立ちそうな事例として、日本から標識調査やモニタリングの手法、当会の「かすみ網撲滅運動」の経験などが、香港から生物多様性保全型の農業の取り組みなどが紹介されました。これらを参考に、調査・保全・普及啓発の分野で、今後どのような活動が必要かのアイデアを出し合いました。これはその年、国際的な枠組みで行なわれるシマアオジの保護活動のアクションプランづくりのためのアイデア出しの一環で、中国での渡りルート（中継地・越冬地）や東南アジアでの稲作と越冬状況の関係の解明、政府との連携による密猟取り締まりの強化など、各国からさまざまな案が出ました。

日本に関する部分では、サハリンや大陸のオホーツク沿岸に分布するシマアオジが、遺伝的に北海道のものと同じかを明らかにすることが必要です。仮に北海道の個体がいなくなった場合、これらの地域での分布の拡大が命綱となるからです。そのためには、標本や捕獲した個体を用いたDNAの分析が必要です。場合によっては、野外の個体を捕獲しての増殖も必要な時期かもしれません。

各国の連携が必須

中国での密猟による過剰捕獲がなくなった場合、シマアオジの個体数は回復できるでしょうか。20世紀におけるシマアオジの分布の拡大は、中継地である中国や越冬地である東南アジアでの稲作の拡大が寄与したとの説があります。シマアオジの状況改善にはこうした地域での生物多様性に配慮した農業の促進も必要と考えられます。そして、これらの活動の評価のためのモニタリングも重要です。

さらにこのワークショップでは、シマアオジに加えて、各国からカシラダカなど、ホオジロ類の多くに減少が認められるとの報告もありました。シマアオジを保護するには、2か国間の渡り鳥条約も有効でしょうが、多くの関係国の協力が必要です。このような枠組みにはボン条約（※3）がありますが、アジアの関係国では日本も含めて不参加の国が多いことから、アジア独自の新たな枠組みが必要と考えられます。当会では各国のNGOと協力し、シマアオジの復活をめざして活動を行なっていきます。

※2　捕獲した鳥獣や魚を、改めて野に放つことで、殺生を戒める仏教儀式
※3　渡り性の動物の保護のための国際条約。ドイツのボンで1979年に採択。アジアの加盟国は、フィリピン、モンゴル、バングラデシュと限られている

chapter 3 4

1

ひろがるタンチョウ生息地

タンチョウ保護、新たなステージへ

保護の大きな成果と新たな課題

文 原田 修 写真 深沢 博

日本野鳥の会がタンチョウ保護の拠点として、北海道の鶴居村にサンクチュアリを開設したのが１９８７年。２０１６年、タンチョウの個体数はサンクチュアリ開設時の３８３羽から１８００羽に増え、保護事業の方針は転換期を迎えています。

道央への進出

２０１１年、ひとつがいのタンチョウが道央地方の日高山脈の西側に現れました。それまでも、繁殖期にこの地域で飛来が確認されたことはありましたが、このつがいは越冬期も胆振(いぶり)地方の日高町、むかわ町周辺に留まりました。その後、毎年営巣するようになり、これまでに3羽のヒナが巣立ちました。自然分散の最前線として注目されるこの地域で、私たちは初期の段階から地元と協力し、つがいの動向を把握し、地域との共存のためのアドバイスを行なっています。

1800羽――めざましい数の回復と新たな課題

一度は絶滅したと思われていたところから、ほかに例をみないほど急激な回復を遂げたタンチョウは現在、１８００羽を超えました。道東の根室・釧路地方で

むかわ町の水田でエサを探すタンチョウ親子
(2016年7月13日)
(写真／深沢 博)

4. 2000年代～ 道北
3. 1980年代～ 網走
2. 1970年代～ 十勝
札幌市
千歳市
長沼町
苫小牧市
2011年～ むかわ町
1. 1920年代～ 釧路・根室

タンチョウの生息地の推移

1920年代～1960年代まで、タンチョウの生息地は釧路・根室地方に限られていたが、十勝、道北、道央にひろがってきている

は生息数の限界といわれる数に達しており、徐々に分散を始めています。これは歓迎すべきことですが、新たな生息地は自然環境も社会環境も今までとは異なります。道東地域にはない水田がひろがり、人口も多い場所では、人との間に新たな軋轢(あつれき)が生じる可能性があります。

保護事業の方針を大きく転換

当会は、保護に携わって30年、野鳥保護区設置による繁殖地の確保と、冬期の給餌による個体数の維持・増加に貢献してきました。将来、全道の湿原で繁殖し、人工給餌に頼らずに越冬することをめざし、今後は、タンチョウと共存できる社会の実現に向け、地域での取り組みを進めます。また、冬でも自ら採食できる冬期自然採食地の整備や、河川環境保全への働きかけを行なっていきます。

chapter 3 5

2

個体数回復の軌跡

タンチョウ保護、新たなステージへ

文・写真 黒沢信道

国の特別天然記念物であるタンチョウは、ときとして日本の「国鳥」ではないかと誤解されるほど存在感のある鳥です。また絶滅の危機にあったところから劇的な復活を見せたことは、鳥類保護のすばらしい成功例として取り上げられています。
これまでの歴史とこれからの課題について紹介します。

絶滅に瀕した背景

タンチョウは水辺を主な生息地とし、広い湿原で営巣します。江戸時代までは関東地方にもいたとされ、おそらく越冬のために飛来していたと思われます。繁殖地となっていたのは北海道が中心で、今では穀倉地帯となっている石狩低地帯から千歳市にかけての湿原で、多くのタンチョウが繁殖していた記録があります。

しかし明治時代になると銃器による乱獲のため数が減り、「ツル捕獲禁止令」が出されたにもかかわらず、生息地である湿地の開拓も重なって姿を消し、一時は絶滅したものと考えられていました。

ところが大正13（1924）年、人目につかない釧路湿原の最深部で、ごく少数がひっそりと生き残っているのが再発見されました。彼らは渡りもせず、厳冬期には不凍湧水の周りでわずかなエサを採り、生き延びてきたのでしょう。しかしその後もしばらくは具体的な保護策もなく、絶滅に瀕したままでした。

昭和27（1952）年の大雪の冬、阿寒町（今の釧路市阿寒町）で人の与えた穀物をタンチョウが食べたことから給餌活動が軌道に乗り、地域住民による給餌が草の根的に広がりました。冬のエサが少ないために数が増えなかったタンチョウは、このときから順調に数を増やし始めました。保護というより、困っている隣人を助けようという気持ちからの成果

営巣地の比較図（1993年と2002年）

タンチョウの営巣地点を示した地図。10年足らずで河川上流に残る河畔の狭い湿地で繁殖するつがいが著しく増加したことがわかる
（環境省資料より作成）

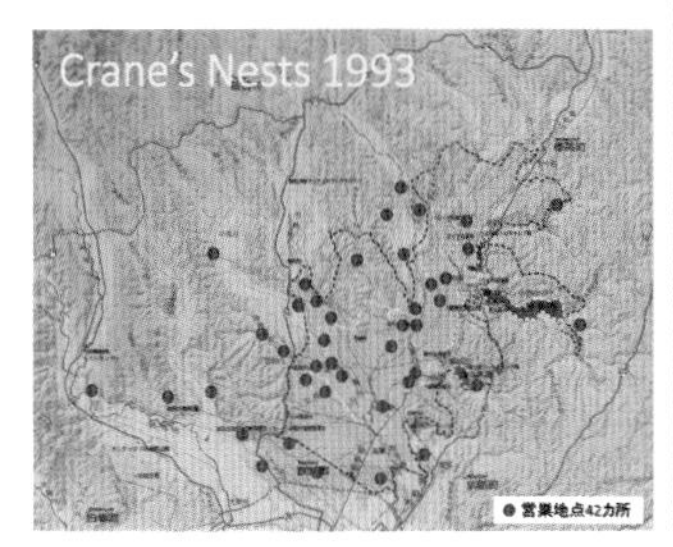

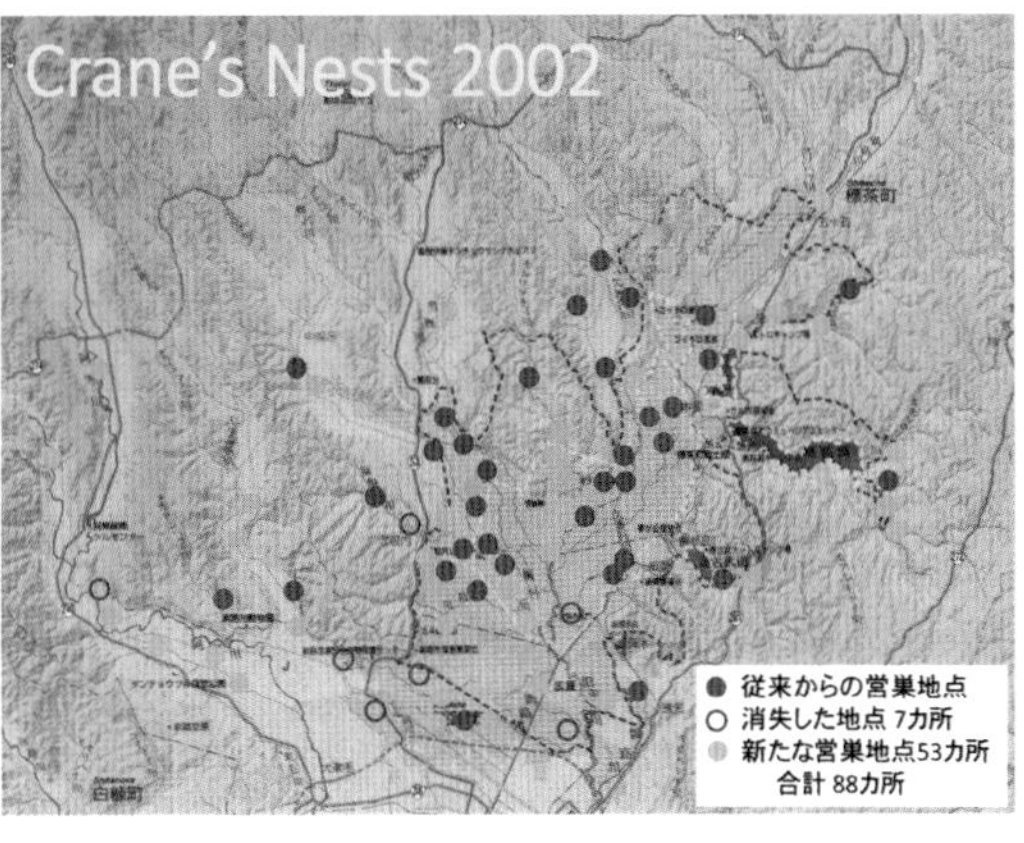

タンチョウ生息数の推移（５年ごとの最大確認数）

冬季の給餌が始まった1952年以降、個体数は右肩上がりに増加してきた。近年は分布が拡大し、見落としがあるため、現在の実数は1800羽ほどとみられている（調査日の気象でばらつきが出るため、５年間の最大値をとりグラフ化した）
調査：北海道庁

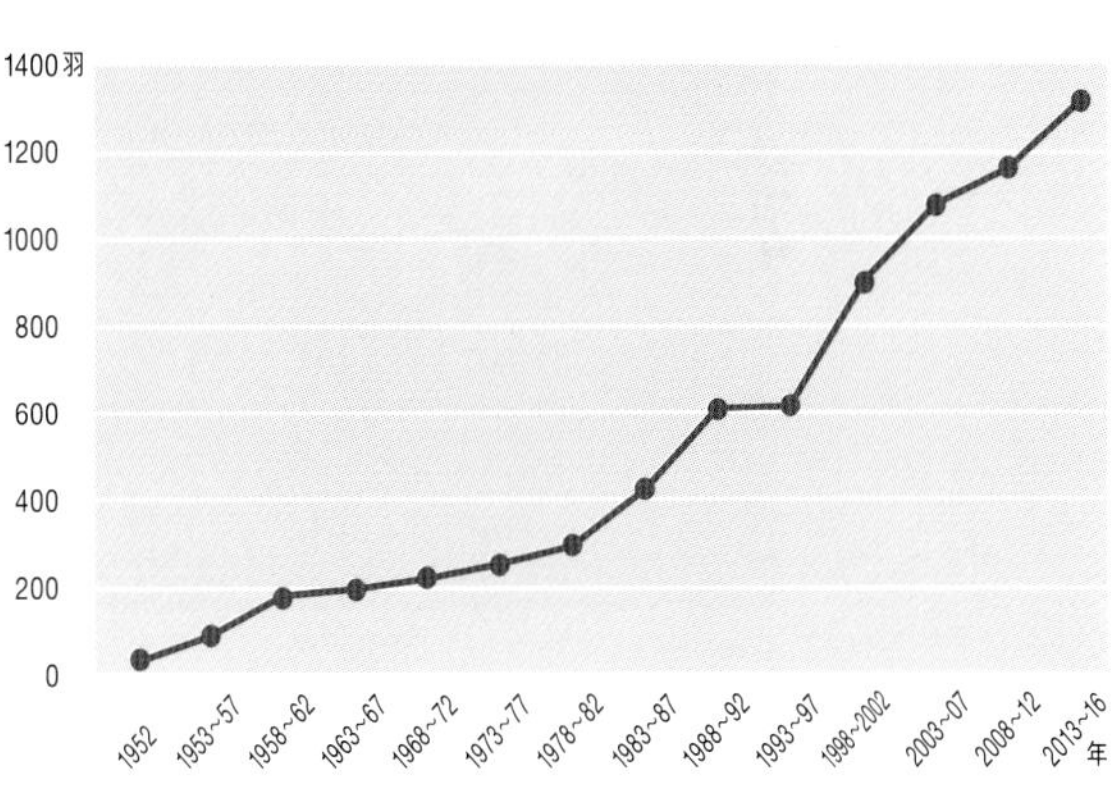

でした。その後は北海道庁や環境省（当時は環境庁）が給餌を事業とし、監視や個体数調査も含め、行政の主導で保護活動が進められてきました。

給餌での増加で人との軋轢が発生

個体数が増えてくると、主な繁殖地だった釧路・根室地方の湿原では広さに限界があるため、間もなく飽和して生息地を拡大していくだろうと考えられていました。実際に、同じような環境のある十勝地方の海岸沿いの湿原地帯、あるいは網走方面、さらには道北のサロベツ原野にまで繁殖地が広がっていきました。一方で、釧路湿原周辺では、それまで繁殖に適さないと思われていた上流の狭い湿地でも繁殖するつがいが増加していきました。これらのタンチョウは人工的な環境にも次第に慣れてきて、道路の近くで営巣したり、農場周辺に出没してエサを採ったりする姿を頻繁に見るようになり

ました。

　このように人とツルの距離が近くなったことは、決してよいことではありません。人里に近づいて、電線に衝突して命を落としたり、交通事故や列車事故にあったりと、新しい災厄に見舞われることになりました。一方で、コーン畑で蒔き付けられた種子や芽を食害したり、牛舎内に侵入して牛のエサを失敬したり、排泄物で汚したりという問題も起こすようになりました。限られた地域での過密状態は明らかで、被害を受けた農家の人は「環境省はツルをどれだけ増やすつもりなんだ」と怒りだしたのです。

農場に現れたタンチョウの家族。最近はごく小さいヒナのうちから、農場での採餌を教える親もいるという（頭部が茶色い個体は今年生まれの幼鳥）

電線に衝突して死亡したタンチョウ。1970〜80年の生息数増加率の停滞は、電線事故が多発したためとも言われている
（鶴居村中雪裡）

　タンチョウの現状は、個体数だけで言えば絶滅の危機を脱したかもしれません。しかし冬場は人工給餌に頼っていること、それも３大給餌場と言われる鶴居村と阿寒町の給餌場に全数の６割以上が集中すること、道東地方以外での越冬がほとんどないことなど、いまだに不安材料がいっぱいなのです。個体数で判断するのではなく、給餌に頼らない個体群の創出、それを支えられる自然環境、そして地域や産業との共生が最終目標になるでしょう（タンチョウ保護の最終到達目標、音成邦仁ほか２００９）。

給餌廃止・分散計画

　このような状況を受け、環境省は平成２５（２０１３）年に、「タンチョウ生息地分散行動計画（アクションプラン）」をつくりました。その中で、３大給餌場周辺への過度な集中を緩和すること、遠くない時期に生息地（繁殖地および越冬地）を道東地域から全道に広げること、その先には本州まで越冬分散させるとのビジョンを掲げました。しかし今のタンチョウの個体群は、もともと釧路湿原に周年生息していたものの子孫です。もしかしたら渡りの性質を持ち合わせていないのかもしれません。そうなると、広域分散はなかなか難しいことになってきます。そして、分散して行く先で自然のエサはあるのか、繁殖適地はあるのか、また地域の人々の理解や農業分野での対策など社会的な条件は整うのかという課題もあります。

そんな中、平成27年度に環境省は3大給餌場での給餌量削減を始めました。26年度の給餌量を基準に毎年1割ずつ削減していき、5年後には半減させ、将来的には給餌を全廃したいとの考えです。

「鶴居モデル」策定に向けて

これを受けた地元、とくに私の住む鶴居村は、真剣にタンチョウ保護のあり方を考える方針を宣言しました。タンチョウは住民が守ってきた村の誇りであり、重要な観光資源でもあります。また同時に、農業をはじめとした人間社会との軋轢（あつれき）対策を考えていかなくてはなりません。まさに「国から地元に投げ返されたボール」を受け止めて、タンチョウと共存する「鶴居モデル」をつくり上げようと動きだそうとしているのです。

ひとつがいから始まり、最大の給餌場となった鶴居・伊藤タンチョウサンクチュアリで給餌をする故・伊藤良孝氏（平成7年ごろ）

農場のスラリータンク（糞尿溜め）に落ちたタンチョウ（写真／日本野鳥の会レンジャー）

コーン畑に侵入し、芽をつつくタンチョウ

3 生息域を拡大するために今後何を考えればよいか

タンチョウ保護、新たなステージへ

文・写真 中村太士　写真 戸塚 学

道東地区での生息地が過密化する中、分散の必要性が指摘されています。とはいえ、タンチョウが生息・分散できそうな土地は、北海道にどれだけあるのでしょうか。ここでは、湿地環境だった耕作放棄地は生息地としてのポテンシャルが高いこと、またタンチョウのために環境を整備した土地に飛来するようになった実例について紹介します。

北海道の自然・社会的環境の変化とタンチョウの生息域の拡大

北海道を代表する鳥であるタンチョウの個体数が1800羽を超えました。これも鶴居・伊藤タンチョウサンクチュアリ、タンチョウ保護研究グループ、鶴居村をはじめとした釧路湿原周辺自治体、そして釧路自然環境事務所の皆さんなど、多くの方々の努力の賜物だと思います。

個体数としてはすでに安定した個体群を維持できる数に増加したタンチョウですが、「遺伝的にはどうか」と問われますと、それほどよい状況ではないことがわかっています。

2012～14年まで環境省の環境研究総合推進費により「シマフクロウ・タンチョウを指標とした生物多様性保全─北海道とロシア極東との比較（代表：中村太士）」研究が実施されました。その中で北海道大学の増田隆一教授グループが実施した遺伝子分析の結果では、北海道

図1／湿地と耕作放棄地における鳥相と生息密度

タンチョウの好む生息環境である湿地と、耕作放棄地の鳥相にはかなりの類似性がみられる。ただし、湿地のほうが鳥の密度が高い

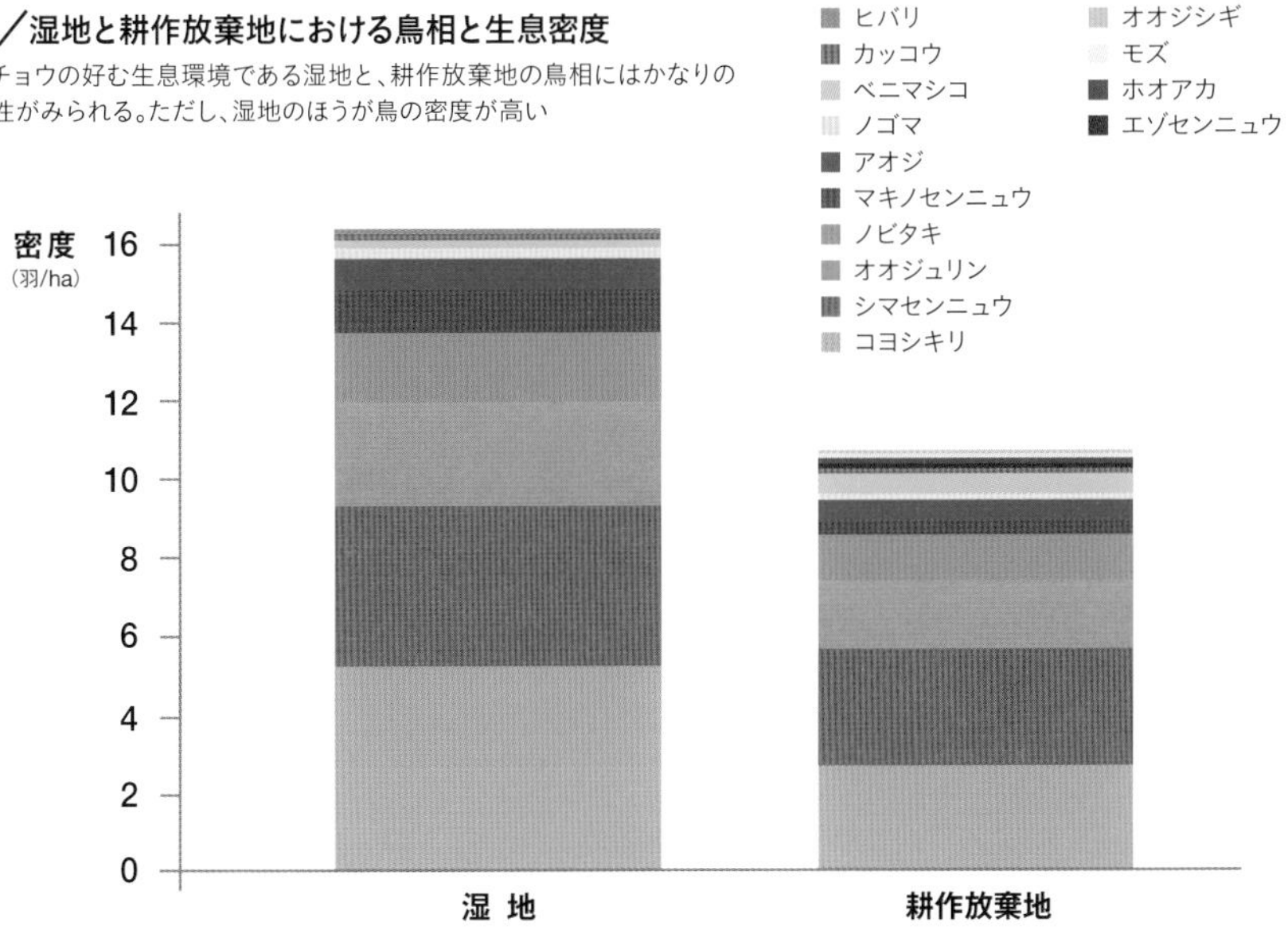

ヒバリ
カッコウ
ベニマシコ
ノゴマ
アオジ
マキノセンニュウ
ノビタキ
オオジュリン
シマセンニュウ
コヨシキリ
オオジシギ
モズ
ホオアカ
エゾセンニュウ

密度（羽/ha）
16
14
12
10
8
6
4
2
0

湿 地　耕作放棄地

コヨシキリ 　シマセンニュウ 　オオジュリン

写真 戸塚 学

におけるタンチョウの遺伝的多様性は非常に低く、画一的な遺伝的組成を有し、過去約100年間、遺伝的組成・多様性に大きな変化は観察されませんでした。

さらに、免疫関連の遺伝子も多様性が非常に低く、病原体に対する抵抗性も低いことが明らかとなっています。過去、大幅に個体数を減らしたことが、今なお大きな課題として残っていると考えられます。

遺伝的多様性の低い集団が狭い範囲に高密度で生息すると、感染症等が発生するリスクも高くなります。そのため、繁殖地や越冬地を分散させることが重要になってきます。今後は、北海道もしくは東北地方も含めて、タンチョウが繁殖・越冬できる生息地を拡大する必要がありますが、過去の湿地帯のほとんどはこれまで農地として利用されてきました。しかし、近年、道東や道北では急激な人口減少に伴い耕作放棄地が広がり、その一部にタンチョウが飛来しています。

さらに、地球温暖化による洪水頻度の増加も生息地拡大に影響を及ぼします。２０１６年に北海道を襲った台風は、十勝や網走地方で甚大な被害をもたらしました。一方で釧路地方では大きな災害もなく被害は最小限に抑えられました。これこそが釧路湿原の防災力であり、湿地帯は洪水調節に大きな威力を発揮したと思われます。土地利用変化の流れを生かしながら、洪水氾濫区域からのヒトの撤退が可能になれば、その場所は、タンチョウなどの湿地性鳥類を保全できる自然再生区域になると思われます。そして同時に、地球温暖化に伴う洪水頻度・規模の増加に適応した緩衝空間として、防災的にも機能すると考えます。また、タンチョウが食の安心・安全のシンボルとして地域社会に受け入れられれば、人口減少下における地域おこしにも大いに貢献するのではないでしょうか。

耕作放棄地は湿地性鳥類の代替生息地になりうるか

さて、それでは耕作放棄地は湿地性鳥類の代替生息地になりうるのでしょうか。当研究室では、管理放棄された牧草地の湿地性植生、地表性甲虫、そして鳥類相の変化を調べてきました。これらの調査結果によると、営農を停止すると明暗渠（めいあんきょ）の機能が衰え地下水位が上昇し、放棄牧草地に湿生植物種が出現しました。

そして25年程度が経過すると外来の牧草種は少なくなり、湿原の種組成に似た植物群落へと遷移することが明らかになっています(Morimoto et al. 2017)。また、地上土壌中に残っている埋土種子には、地上植生にはみられない湿原の構成種が存在していました。

これらの結果より、明渠の埋め戻しによって地下水位を上昇させたり、表土の一部を撹拌する、そして掘削深度を変えて多様な地下水位条件を創出する、といった事業を実施することによって、湿原植生に復元できる可能性が高くなります。

また、湿地性オサムシ類の種構成は耕作放棄地と湿地で類似しており、耕作放棄地が湿地性オサムシ類の代替生息地として機能することが明らかになっています。湿地性オサムシ類は、土壌水分が高く、湿地環境が維持されている場所を好んで出現するのですが、耕作放棄地には湿地で出現しない開放地性のオサムシ類が生息していたことや、湿地に限って出現する種が少なかったことなどを考慮すると、耕作放棄地が湿地生態系に戻るためには30年以上を要するようです（Yamanaka et al. 2017)。

鳥類については、湿地同様に耕作放棄地でもコヨシキリ、シマセンニュウ、オオジュリンなどが優占し、多くの湿地性鳥類が生息できることが明らかになりました（１８５頁図1）。また湿地性鳥類14種のほとんどは、60 ha程度の耕作放棄地に1個体以上生息していることが推定できました。さらに個体数については、20ha程度の耕作放棄地には湿地15haと同程度の個体数の鳥類が生息していることが推定でき、鳥類生息場所の代替地として大きく機能することが示されました。

以上のように、耕作放棄地はこれまで失われた湿地環境を復元できる環境を備えており、タンチョウにとっても重要な代替生息地となるポテンシャルをもっていると思われます。

タンチョウの分布域拡大と地域とのつながり

現在、タンチョウの分布域は道東地方だけでなく、道北や道央のむかわ町周辺にも拡大しています。農地および耕作放棄地のなかで、もともと湿地帯であった地域を図示すると図2(a)のようになります。さらに、近年のタンチョウの繁殖地を図示すると図2(b)のようになります。

現在、タンチョウが分散し繁殖し始めている地域は、明らかにもともと湿地帯であった場所であり、タンチョウはそのことを知っているようです。

こうした湿地性の農地は一般的に水はけも悪く、河川の後背湿地であることが多いように思います。つまり、農地としても生産性が悪く河川が氾濫した場合に水につかる可能性が高い地域といえます。

こうした地域に発生した耕作放棄地を選択的に遊水地として利用し、湿地再生すれば、平常時はタンチョウの生息地として、洪水時は氾濫を許容できるグリーンインフラとして機能すると思われます。グリーンインフラとは、自然生態系がもつさまざまな機能を賢く利用し、社会と経済に寄与する国土形成手法のことです(中村 2015)。

こうした事例が、道央の長沼町にあり

図2／湿地履歴をもつ農地の分布 (a) とタンチョウの繁殖状況 (b)

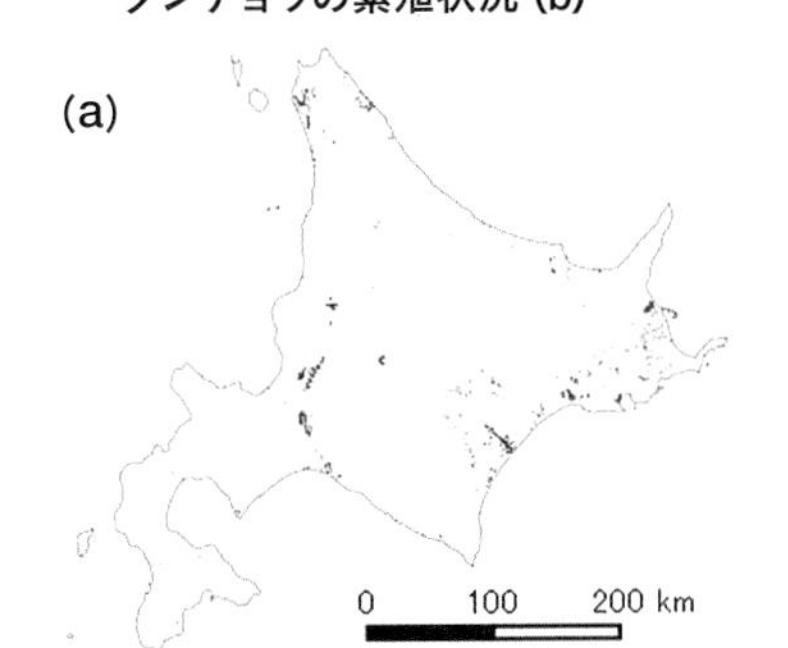

(b)のタンチョウが現在繁殖している、赤く色づけされた場所は、湿地や湿地履歴をもつ農地であることがわかる。今後は、(a)にある道北、道南の湿地履歴をもつ農地においても、繁殖できる可能性がある

(b)

ます。低平地が広がる千歳川流域は、洪水時の石狩川本川の高い水位の影響により水害が起きやすく、2年に1回程度、洪水被害に見舞われる水害常襲地帯でした。1981年に甚大な洪水被害に見舞われたことを契機に、流域4市2町に遊水地群を整備する等の治水対策が国の事業により行なわれています。

図3はかつてタンチョウが生息していたと考えられる地域で、石狩低地帯は多くの文献資料によってその生息が裏付けられています。長沼町にも「舞鶴小学校」「繁殖橋」という地名が残っており、かつてタンチョウの生息地であったことはまちがいありません。

その豊かな湿地環境を遊水地に再生し（写真1）、タンチョウを呼び戻そうという気運が地域で高まり、遊水地を造る北海道開発局札幌開発建設部と長沼町が連携して「タンチョウも住めるまちづくり検討協議会」が設立され、筆者はその委員長に就任しました。

この協議会ではタンチョウ研究の第一人者である正富宏之先生にも参加いただき、さまざまなアドバイスをいただいています。そんな我々の期待を知ったのか、2015年くらいからタンチョウがこの遊水地に舞い降りるようになってきました（写真2）。そこで、繁殖環境を整えるため、ヨシが生育できる水位環境を造成したり、周辺地域に冬季結氷せずにエサとなる生物が生息できる湧水環境がないかなど、遊水地を越えて周辺環境の整備を進めてきました。その甲斐あってか、

図3
過去の資料や地名からタンチョウが生息していたと考えられる地域

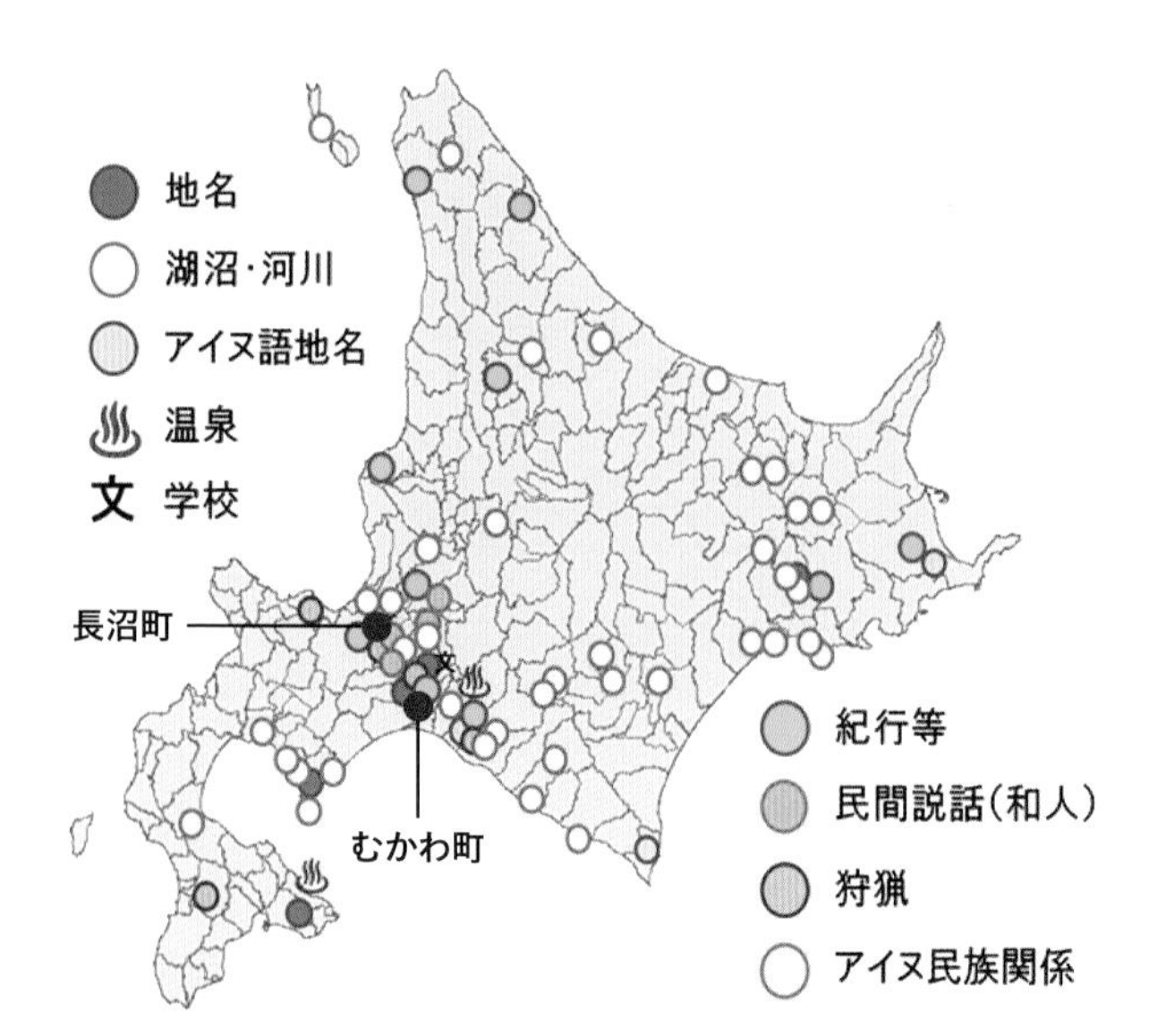

過去、北海道西部にも多く生息していたことがよみとれる
（久井貴世氏作成）

写真1
上空から見た舞鶴遊水地。北海道夕張郡長沼町では洪水防止のために造成された遊水地に湿地を再生し、2015年からはタンチョウが訪れている
（写真提供／北海道開発局）

写真2
長沼町舞鶴遊水地に舞い降りたタンチョウ
（写真提供／タンチョウも住めるまちづくり検討協議会）

2019年に初めて越冬し、さらに2020年春に見事に繁殖に成功しました。

地域の中には、タンチョウをシンボルとして減農薬や無農薬の野菜や米をつくり、安心・安全な長沼ブランドを醸成していくことに興味を示す営農者も現れ、コウノトリやトキのブランド化で先進的な取り組みをしている豊岡市や佐渡市を訪問しています。長沼町だけでなく、同様なモデルは、タンチョウの生息に適した場所があれば、北海道はもちろん本州でも可能で、新たな生息地の創生とそれを生かした地域づくりが広がることを期待しています。

タンチョウの保護や分散の流れが、地域の生業に寄与し、異常豪雨に対しても安心・安全な地域づくりに貢献できるならば、人口減少下でも明るい未来が拓けるのではないでしょうか。そんな夢を見ています。

〔引用文献〕

- Morimoto, J, Shibata, M., Shida, Y., and Nakamura, F. (2017) Wetland restoration by natural succession in abandoned pastures with a degraded soil seed bank. Restoration Ecology 25: 1005-1014.
- 中村太士（2015）グレーインフラからグリーンインフラへ．進行する気候変動と森林（分担：森林環境研究会編集）森林文化協会：89-98.
- Yamanaka, S., Akasaka, T., Yabuhara, Y., and Nakamura, F. (2017) Influence of farmland abandonment on the species composition of wetland ground beetles in Kushiro, Japan. Agriculture, Ecosystems & Environment 249: 31-37.

chapter 3 7

4

鶴居・伊藤タンチョウサンクチュアリとタンチョウの保護

タンチョウ保護、新たなステージへ

文 原田 修 写真 （公財）日本野鳥の会

1987年に日本野鳥の会が鶴居・伊藤タンチョウサンクチュアリ（以下、鶴居サンク）を開設してから30年が経ちました。野鳥保護区を設置し、越冬期の給餌体制を維持するなど、鶴居村をはじめ多くの人に支えられて取り組んだこれまでの保護の歩みを振り返ります。

持田野鳥保護区東梅の親子

保護事業のスタート
〜鶴居村にサンクチュアリを〜

当会の、湿地の野鳥保護のシンボル的な存在であるタンチョウの保護活動は、1984年に会の創立50周年記念事業として、日本のツル類を守るための「ツル保護特別委員会」が設置されたことに始まります。その後、全国的かつ組織の枠を超えたネットワークである、この委員会により策定された「タンチョウ保護の基本構想」と「鶴居村サンクチュアリ基本構想」を受け、サンクチュアリの設置場所がタンチョウの越冬地として有名な

管理された給餌により最大300羽の越冬を支えている

①	永野野鳥保護区飛雁川
②	渡邊野鳥保護区飛雁川
③	野鳥保護区ヤウシュベツ
④	渡邊野鳥保護区ヤウシュベツ
⑤	株式会社明治野鳥保護区牧の内
⑥	株式会社明治野鳥保護区槍昔
⑦	渡邊野鳥保護区ソウサンベツ
⑧	藤田野鳥保護区酪陽
⑨	三菱UFJ信託銀行野鳥保護区酪陽
⑩	エクソンモービル野鳥保護区·春国岱
⑪	持田野鳥保護区東梅
⑫	渡邊野鳥保護区フレシマ
⑬	早瀬野鳥保護区別寒辺牛湿原
⑭	渡邊野鳥保護区別寒辺牛湿原
⑮	渡邊野鳥保護区尾幌川
⑯	石澤野鳥保護区尾幌川
⑰	渡邊野鳥保護区大別川
⑱	こと野鳥保護区厚岸トキタイ
⑲	渡邊野鳥保護区チャンベツ
⑳	早瀬野鳥保護区温根内
㉑	古山野鳥保護区温根内
㉒	渡邊野鳥保護区温根内

(2017年12月末時点)

北海道東部の阿寒郡鶴居村に決定し、設置に向けた動きが加速しました。

１９８６年、当会は、鶴居村で酪農のかたわら長年、冬期の給餌をしていた故・伊藤良孝さんから、ネイチャーセンター用の土地を購入し、牧草地を給餌場として使用する協定を結びました。苦労して開拓された土地を「よそもの」の団体に提供するという伊藤さんの英断と卓見がなければ、鶴居サンクは実現しなかったでしょう。

また、建設資金にはチャリティイベント「バードソン」第１回、２回で集まった合計３０００万円や、全国からの募金が充てられました。こうして、１９８７年11月29日、ついに鶴居サンクがオープンしました。

鶴居村の人口は約２８００人（当時）。近所付き合いも濃厚で、レンジャーは業務のかたわら地域の行事や冠婚葬祭に顔を出したり、隣の酪農家の牛のお産を手伝ったりしました。また、タンチョウに

鶴居・伊藤タンチョウサンクチュアリ30年の活動年譜

1985年
- ツル保護特別委員会発足
- タンチョウ保護を考えるシンポジウム開催（釧路）
- 鶴居村へのサンクチュアリ設置が決定

1987年
- ネイチャーセンター　オープン
- タンチョウ保護のための野鳥保護区設置を開始
- コニカパッケージエイド開始（～2000年）
- 賛助会タンチョウ383人の会設立（～1997年）

1994年
- タンチョウイラスト展開始

1996年
- 伊藤良孝氏より、給餌を引き継ぐ

オープン当初のネイチャーセンター

タンチョウの野鳥保護区第1号となった持田野鳥保護区東梅

故・伊藤良孝氏の思いを引き継いだ給餌

■タンチョウの数
■野鳥保護区の面積

年	野鳥保護区の面積	タンチョウの数
1987	7.6ha	383羽
1992	40.1ha	611羽
1997	750.6ha	616羽

※タンチョウの総数は、北海道（2002まで）とNPO法人タンチョウ保護研究グループ（2007年以降）の調査結果より

よる牛の飼料用トウモロコシ畑への食害が問題になったときには、すぐに動けない行政に代わり、いち早く畑の巡回や追い払いに走りまわりました。

　こうした取り組みの積み重ねにより、鶴居サンクの活動は地域の皆さんに少しずつ認められ、現在は、タンチョウの保護に欠かせないさまざまな情報をいただいたり、相談を受けられたりするようになっています。

繁殖環境の保全で数の増加をめざす ～野鳥保護区設置と環境管理～

　繁殖地である湿原を保全する有効な手法として、土地の確保による野鳥保護区の設置は、基本構想でも謳われていました。くしくも鶴居サンク開設の年に、根室市で競売にかけられたタンチョウが営巣する湿原を、会員の故・持田勝郎氏のご支援により購入できました。これが、当会のタンチョウの野鳥保護区第1号と

1997年
・新賛助会タンチョウふぁんクラブ設立

1999年
・早瀬野鳥保護区温根内で
タンチョウの生息環境復元事業を開始
（2002年に8年ぶりに繁殖確認）

2000年
・伊藤良孝氏ご逝去。勲六等瑞宝章受章

2001年
・コニカ・タンチョウフォトコンテスト開始
（～2009年）

2004年
・タンチョウティーチャーズガイド発行
（2007年に改訂）

2010年
・冬期自然採食地整備を開始
（2013年までに15か所整備）

2011年
・新たな生息地である
むかわ町で地域の保護活動支援を開始

2012年
・企業がCSRで
冬期自然採食地整備に協力開始
（2012年日本製紙クレインズ、
15年佐々木建設、16年日本航空）

2017年
・開設30周年記念シンポジウム等の事業実施

ハンノキ伐採によるヨシ原の復元で、再営巣が実現した野鳥保護区の維持管理

給餌に頼らない越冬環境の保全をめざした冬期自然採食地整備。15か所すべてが利用された

タンチョウ見守り隊や子ども向けイベント等で、新規生息地での地域の取り組みをサポート

年	面積	羽数
2002	1118.7ha	908羽
2007	2164.5ha	1248羽
2012	2583.8ha	1437羽
2016	2673ha	1750羽

なる持田野鳥保護区東梅です。

以来、購入や、土地所有者との協定の締結などにより保護区を設置し、現在は22か所、計2673haを確保しています。2015年に行なった航空調査では、保護区内に15巣、その近接地で12巣、計27つがいが当会の保護区を利用して繁殖していることがわかりました。

一方で、保護区設置だけでは、恒久的な保護はできないこともわかりました。早瀬野鳥保護区温根内では、設置後数年で営巣が見られなくなりました。調べると、営巣に適したヨシ原が減り、ハンノキの林が増えていました。周辺の森が開発され、湿原に流入する土砂が増えたことが原因ではないかと考えられました。

そこで1998年から、営巣環境を回復するため区画を決めてハンノキを伐採し、その後の環境の変化を慎重に調べながら伐採を繰り返した結果、次第にヨシ原が回復し、4年後以降は、再営巣しヒナも確認されるようになりました。このように、繁殖できる環境を維持することも、必要な取り組みとなっています。

給餌で絶滅回避し、今後は自然採餌を
～越冬できる自然採食地の整備～

サンクチュアリ開設当時、越冬期のタンチョウ保護で重要とされていたのは、安定した給餌場とねぐらの保全でした。鶴居村でもっとも大きなねぐらは二級河川として行政が管理していたため、当会が取り組むべき課題は給餌人である伊藤さんの引退への対応でした。１９９６年にレンジャーが伊藤さんの30年にわたる給餌を引き継ぎ、その後も適切に量を管理しながら給餌を続け、越冬期の餌不足解消に寄与しています。

タンチョウを絶滅から救った給餌ですが、個体数が回復するにつれ、人馴れによる農業被害や給餌場近くの電線への衝突事故などの問題に加え、限られた給餌場に集中することによる伝染病へのリスクも指摘されるようになりました。私たちはタンチョウの個体数が１０００羽を超え開設20年を迎えた２００７年以降、給餌に頼らず冬も自然のエサが採れる環境の整備に取り組み始めました。

手始めに鶴居村内の給餌場以外の利用状況調査をしたところ、タンチョウが、上部が開けた農業用排水路や川の支流に入っていく姿が多く観察されました。しかし、湧水で冬も凍らない水辺があっても、周囲に藪や低木があると体の大きなタンチョウは、エサがとれる場所まで入って行けず、利用できないこともわかりました。

そこで、タンチョウが通りやすいように夏から秋にかけて藪や低木を刈り払い、冬にタイマーカメラなどで利用状況を記録し、その結果を翌年の作業に活かしました。このサイクルを継続し、5年間で15か所を整備したところ、そのすべての自然採食地が利用されていることがわかりました。今後、新たな生息地でも給餌に頼らない越冬環境を整備できるよう、ノウハウをまとめています。

また、給餌量の管理によって自然採食へのシフトを促すことも必要です。そこで私たちは２００７年から2年かけて、給餌場での採食量を調べ、その数値を基に給餌量の調整を開始しました。この数値は、現在国が行なっている給餌量削減や過密緩和のために設置された無人給餌場の餌量の基準にもなっています。

自然分散の最前線でノウハウを活かす
～地域の取り組みをサポート～

２０１１年、繁殖地の拡大を始めていたタンチョウが、ついに道央圏のむかわ町に定着しました。以来、私たちは地域の方たちと連携して、その行動を観察してきました。

当初、この場所が大都市に近いことから、人が押し寄せて繁殖が脅かされる危険があると考え、情報公開を控えてきま

した。そのような中、2015年、心ないカメラマンに追われ、2羽のヒナが用水路に落ちて行方不明になる事故が起きました。これをきっかけに関係者で話し合い、情報を「伏せて守る」から、「伝えて守る」に方針を転換。そして地域の方たちが主体となり2016年3月に「むかわタンチョウ見守り隊」が結成されました。

見守り隊は、観察マナーの啓発看板設置や繁殖期の巡回、地元広報紙での連載、リーフレットの作成や周辺農家へ理解を広げる活動を展開しました。私たちは、ウトナイ湖サンクチュアリのレンジャーと連携し、会議の参加や、報告会や研修会で講師を務めるなど、地域の見守り活動をバックアップしています。むかわ町での取り組みは、今後、他の地域でも起こるであろう自然分散に対応する際の、貴重な先進事例となっています。

タンチョウ保護のこれから

タンチョウ保護は、これまでの「個体数を増やす」段階から「自然状態で安定的に存続できる」という新たな目標に向け、舵が切られました。国による給餌量の削減・終了方針を受けて、鶴居村では保護と地域産業の共生に向け、地域主体で取り組む機運が生まれています。

新たな自然分散地では、これまでのタンチョウの生息地にはなかった水田という環境もあり、新たな課題も生じることでしょう。私たちは、将来、タンチョウが全道の湿原で繁殖し、給餌に頼らずに越冬することをめざしています。

そのためには、自然環境の保全とともに、タンチョウを受け入れる社会環境の整備が重要です。地域のタンチョウを地域主体で守るために、これまで培ってきたノウハウを活かして、その地域の実情に合った方法を地域とともに創りながら、引き続き保護に取り組んでいきます。

タンチョウ その後

文 原田 修

2021年2月の調査で、個体数は1900羽以上になりました。道央圏では、2020年には苫小牧市ウトナイ湖、長沼町舞鶴遊水地など4か所で親子が確認され、繁殖していない個体も含めると十数羽以上が生息しており、新規生息地での定着に向けて、関係者と連携し取り組んでいます。

鶴居村は、環境省の給餌終了後を見据え、村独自の給餌継続を含む、地域主体の共生の形を創る会議を起ち上げ、当会レンジャーは委員として関わっています。自然採食地では、餌資源量調査を基に、エサとなる生き物を増やす取り組みをしています。

タンチョウは、その姿を見た者の心を捉え「人と野生動物との共生」について考えさせる、不思議な魅力をもっています。これからも人とタンチョウのよい関係づくりに努めます。

chapter 3 8

シマフクロウ保護の課題

文・写真 増田隆一
写真（公財）日本野鳥の会

1 遺伝的多様性と未来への展望

日本野鳥の会が森林の生物多様性の象徴として、重点的に保護に取り組んでいるシマフクロウ。微増して約１６０羽になったとの報告を受け、今後、さらなる個体数回復をめざして、いま抱えている課題について取り上げます。

シマフクロウ（*Bubo blakistoni*）は、北海道とロシア沿海地方に生息しており、北海道に生息する成鳥では体重約４kg、体高約70cm、両翼を広げると約１８０cmになります。

国の天然記念物、環境省のレッドリストでは絶滅危惧ＩＡ類（ＣＲ）にランクされ、その保護事業が進められています。シマフクロウが生息地とする自然豊かな原生林は、これまでの人間活動によって減少し、集団は孤立・分断化したため、絶滅の危機に瀕しています。

シマフクロウ（写真／野鳥保護区事業所）

私たちのグループは、シマフクロウ集団の遺伝的現状を把握し、今後の保全対策を検討することを目的として研究に取り組んできました。本稿では、これまでに明らかになったシマフクロウの遺伝的特徴を紹介したいと思います。

北海道のシマフクロウはロシア大陸の亜種とは別種レベル

集団の遺伝的多様性を計測するためには、いろいろな遺伝子を指標に分析することになります。私たちは、母系遺伝するミトコンドリアDNA（mtDNA）、両性遺伝するマイクロサテライトDNA、そして免疫機能をもつ主要組織適合遺伝子複合体（MHC）遺伝子を指標にして、シマフクロウ集団内の多様性を解析しました。

まず、北海道集団とロシア集団のちがいを解明するため、mtDNAの全遺伝情報を解読し、比較分析しました

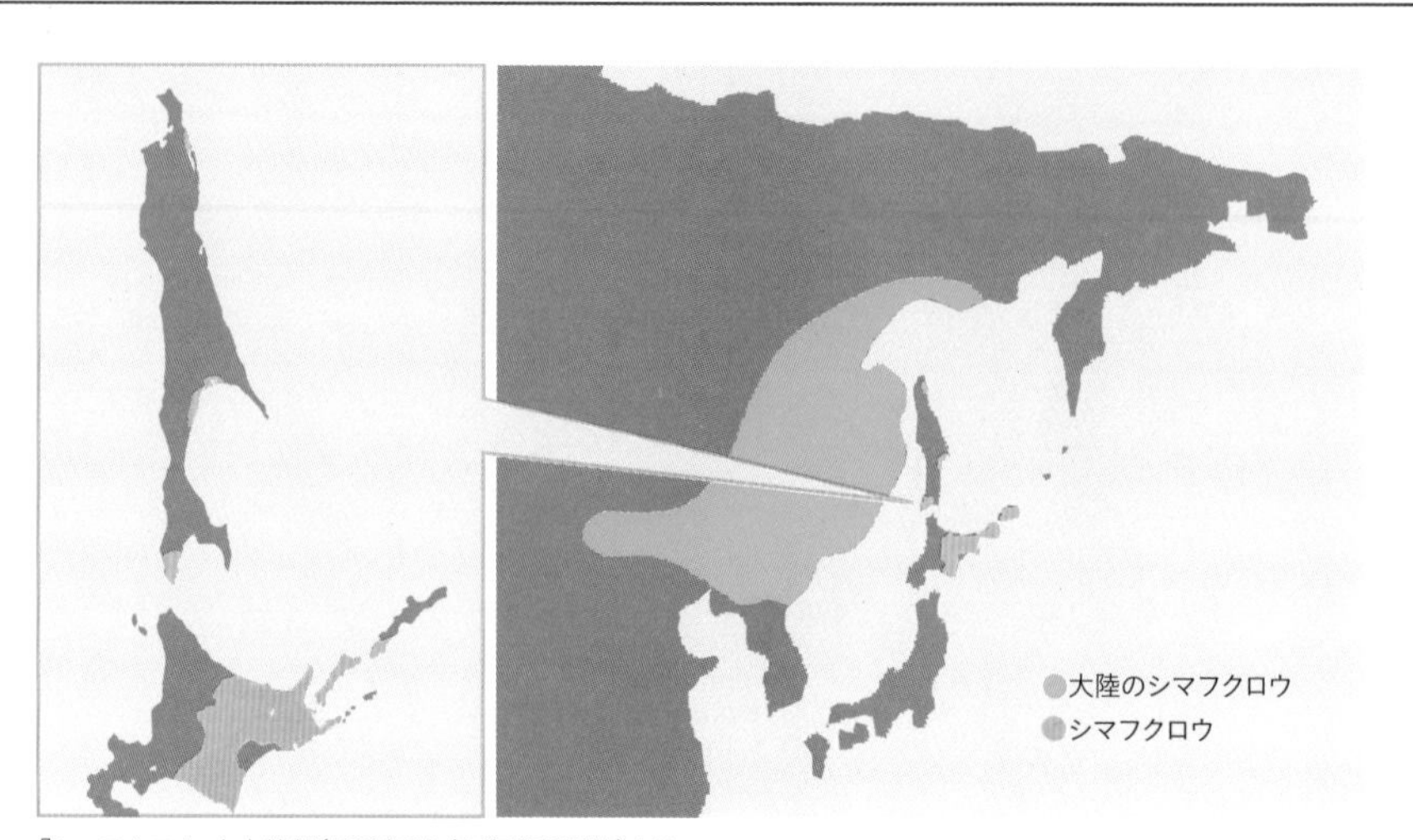

『シマフクロウ』山本純郎（1999年刊／北海道新聞社）より
※サハリンにおける分布は、最近確認されていない

図1／ミトコンドリアDNA全塩基配列に基づく北海道と大陸のシマフクロウの系統樹

比較した外群種はウオミミズク。系統樹横の目盛りの数字は分岐年代。系統樹上集団は今から少なくとも50万年以上前に分岐し、各集団内では1万年前に多様化したことが示された。黄色の帯は統計上の変異幅

Omote et al. (2018) より

年代（×1000年前）
3,600
3,461
3,400
3,200
800
600
400
200
0
10.0
9.3
ウオミミズク（外群種）
北海道のシマフクロウ
大陸のシマフクロウ

(Omote et al. 2018)。すると驚くべきことに、その全長は2万1000塩基対以上となり、これは既報の脊椎動物のmtDNAの中でもっとも長いことがわかりました。さらに、その遺伝情報に基づいて分子系統樹を描いたところ、北海道集団と大陸集団は遺伝的に大きく分化していることが明らかになりました（図1）。つまり、両集団間での個体の移動はほとんどないと考えられます。

その分岐年代は今から少なくとも50万年以上前であると算出されました。この

図2
DNA分析のためにシマフクロウの古い剥製標本の羽毛をサンプリングした。北海道大学北方生物圏フィールド科学センター植物園の博物館にて

結果は、現在、別亜種にされている両集団を別種レベルに位置付けるべきであることを意味しているのかもしれません。今後の形態学的・生態学的な比較研究がぜひとも必要です。さらに、北海道集団内および大陸集団内の分岐年代を計算するとおのおの今から1万年以内前となり、最終氷期後に各集団内の多様化が進んだものと推定されました。

道内430羽をDNA分析 生息地分断化で多様性が減少

ｍｔＤＮＡコントロール領域という、多様性が比較的高いＤＮＡ領域に着目して、北海道内の計４３０羽以上の個体を分析することができました（Omote et al. 2015）。この分析の一部では、私たちのグループの北海道大学・西田千鶴子先生が１９７０年代から凍結保存されてきた皮膚培養細胞を試料にしました。西田先生は環境省から毎年春に提供された幼鳥の皮膚組織片を無菌培養し、その培養細胞の染色体分析により性別判定を行ない、種の保全活動に貢献されてきました。

また、環境省および猛禽類医学研究所の協力により、交通事故死亡個体の組織や傷病個体からの血液試料や、各地の博物館から１００年以上前の剥製を含め羽毛標本を提供いただきました（図２）。これらの貴重な試料を用いて、過去から現在にいたるｍｔＤＮＡ多様性の変遷を分析しました。

その結果、北海道内で5つのｍｔＤＮＡタイプを見いだしました。そのほとんどのタイプは、過去には北海道内に広く分布していたことがわかりました（２００頁図３）。その後、分断化された生息地の集団ごとにｍｔＤＮＡタイプが固定され、集団内の遺伝的多様性が減少したことが明らかになりました。これは、個体数が減少した際のボトルネック効果（※）によるものと推定されます。

※生物集団の個体数が激減することにより、自然淘汰とは無関係に特定の遺伝子が占める割合が増え、さらにその子孫が再び繁殖することにより遺伝子の頻度が偏り、遺伝的多様性の低い集団ができることを言う

ＭＨＣ遺伝子の多様性が低いと新たな病原体や環境変化に脆弱に

マイクロサテライトＤＮＡの遺伝子型に基づいた集団遺伝学的解析で年代を追って有効集団サイズを計算すると、１９８０年代にもっとも低い値を示したことから、このころに個体数がもっとも減少したことが示唆されました（図４）。

さらに、遺伝子型のＳＴＲＵＣＴＵＲＥ解析を行なったところ、分断化された集団間で遺伝的分化が進んでいることが明らかになりました（図５）。知床集団は個体数も多く、遺伝的多様性も比較的高いことが示されました。

前述のｍｔＤＮＡおよびマイクロサテライトＤＮＡは機能遺伝子ではなく、ほぼ中立的な遺伝子です。そこで、私たちは免疫系にはたらく機能のあるＭＨＣ遺伝子に着目しました。

ＭＨＣ遺伝子の多様性が低いと、病原体に対する感受性が低くなり、集団が絶

図3
シマフクロウの北海道集団における
ミトコンドリアDNAタイプ分布の時代的変遷

5つのDNAタイプが見つかった。時代とともに分布域が分断化され、DNAタイプの種類が地域集団ごとに減っていく（多様性が低下する）傾向が見られる
Omote et al. (2015) より

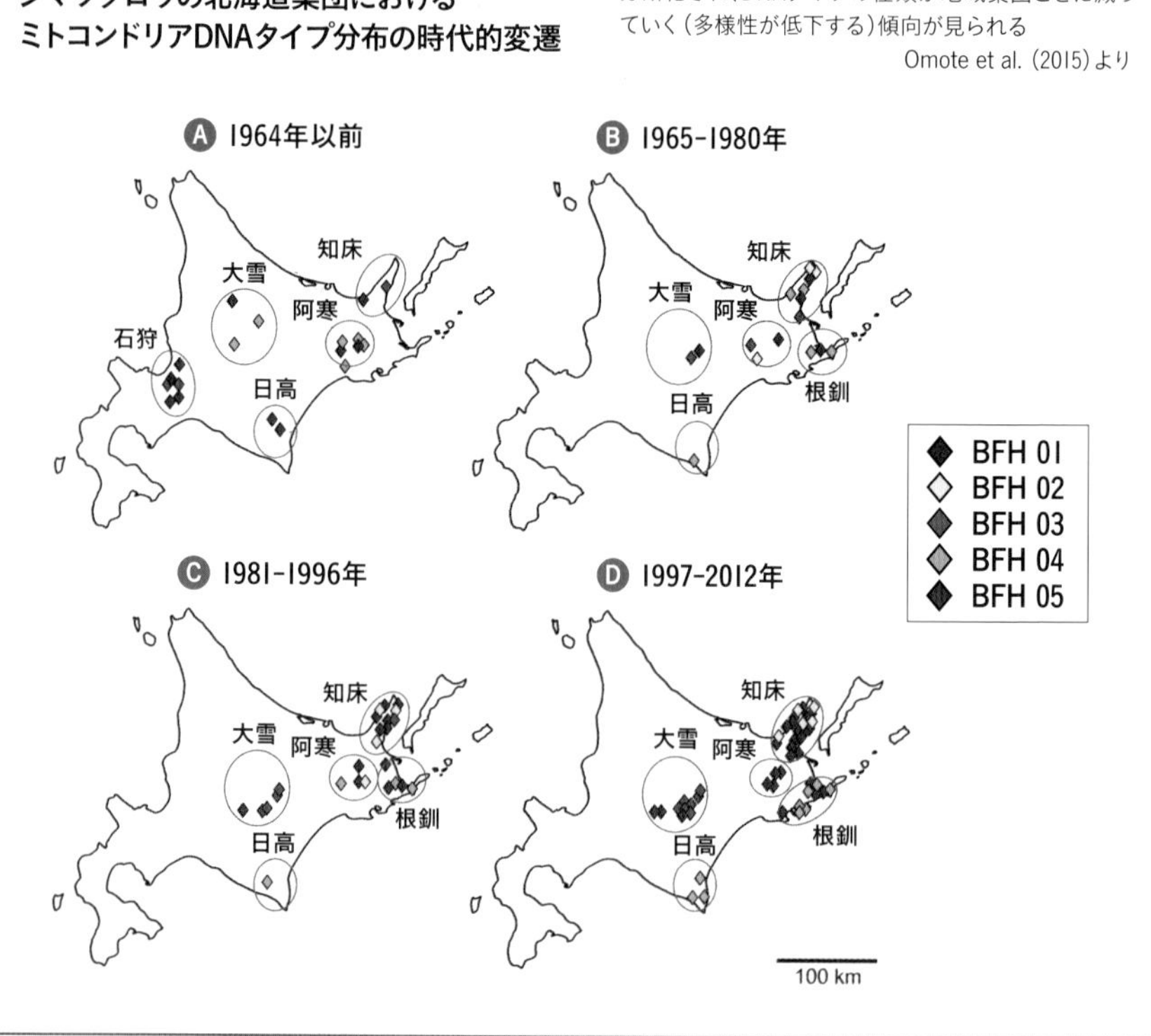

減に向かう可能性が高くなります。MHC遺伝子はその対立遺伝子の種類を多くするために遺伝子座を重複させて進化しています。さらに、種や集団が分かれた後でさえも重要な対立遺伝子を互いの集団内に残したり、多様性を増す方向へ選択がはたらくように進化しています。

このような、複雑なMHC遺伝子の実態を把握するために、できる限りたくさんの対立遺伝子を単離することを目的として、一度に大量の遺伝情報を決定できる次世代シーケンサによる分析を行ないました（Kohyama et al. 2015）。その努力の結果、シマフクロウのMHCクラスⅡBについて、少なくとも8つの遺伝子座があることが明らかになりました。

遺伝的多様性は根釧集団では低く、知床集団では高い

さらにその対立遺伝子の多様性を見ると、全体的には低いことがわかりました。

図4
シマフクロウの北海道集団における有効集団サイズの時代的変遷

マイクロサテライト解析による。黒丸はmoment method、白丸はtemporal methodから得られた値を示す。ともに1980年代に集団サイズが最小値となった

Omote et al. (2015) より

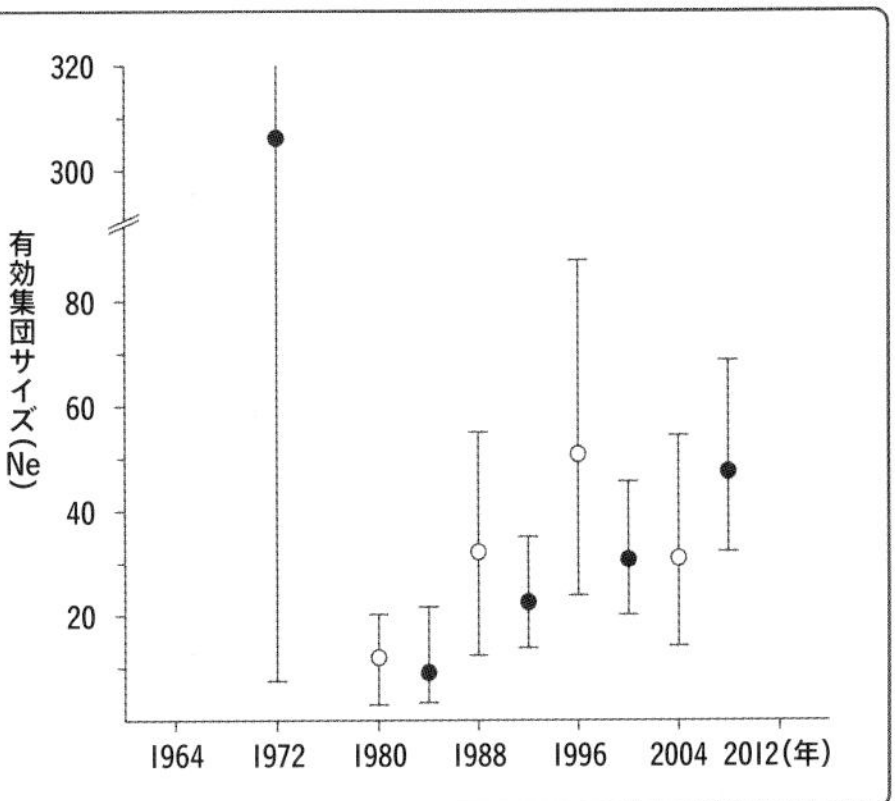

図5／マイクロサテライト解析によるシマフクロウ地域集団間の遺伝的特徴

STRUCTURE解析による4つの遺伝的クラスター分け。縦の線1本が1個体を示す。同じ色をもつ個体どうしは遺伝子型が類似している

1*, 1980年以前；2*, 1981-1996年；3*, 1997-2012年

Omote et al. (2015) より

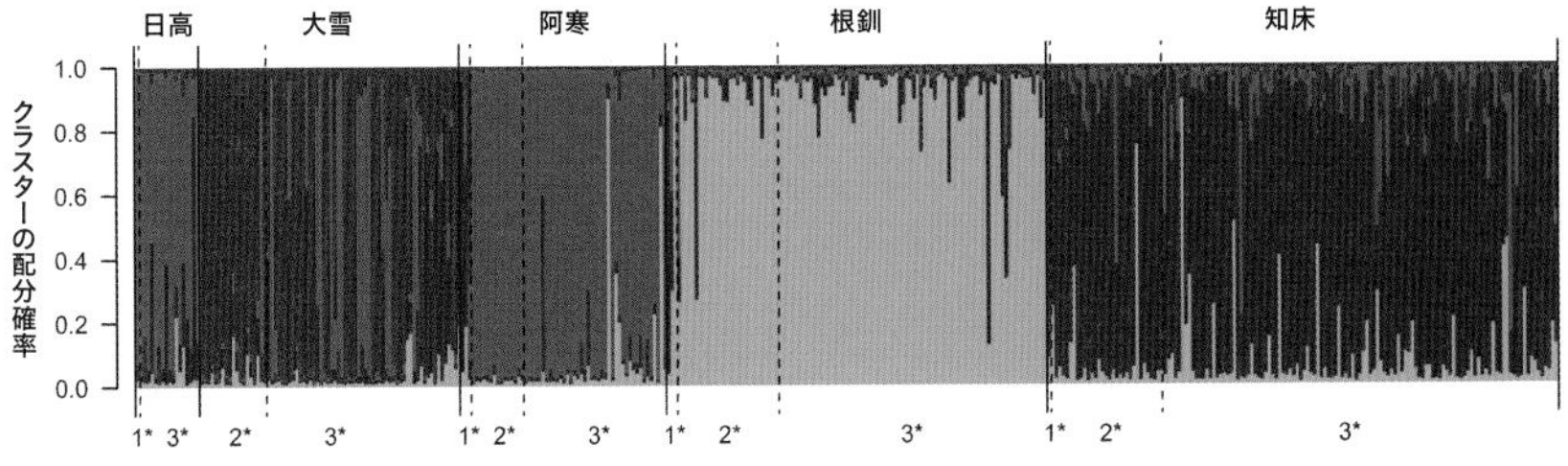

各集団で比較すると、根釧集団の多様性が低く、やはり知床集団は比較的高い多様性を示しました（図６）。

以上のように、ｍｔＤＮＡ、マイクロサテライトＤＮＡ、ＭＨＣ遺伝子の分析すべてにおいて、北海道集団では遺伝的多様性が低下していることが明らかになりました。その原因は少なくとも１９８０年代の個体数減少と生息域の分断化が考えられます。

一方、これまでに進められてきた保全活動によって、徐々にではありますが、遺伝的多様性が回復している傾向がみられます。私たちは、得られた遺伝的多様性のデータをどのように保全対策に生かしていくことができるかを考えています。少なくとも言えることは、北海道集団の個体数は限られているため、現在の遺伝子プールを用いて、なんとか集団の遺伝的多様性を増大させる必要があるということです。

図６／1993年以降のシマフクロウ地域集団における MHCクラスIIB遺伝子タイプの類似度（平面図）

各色の面積が狭いほど多様性が低く、広いほど多様性が高い。根釧の多様性はもっとも低い。
Kohyama et al. (2015) より

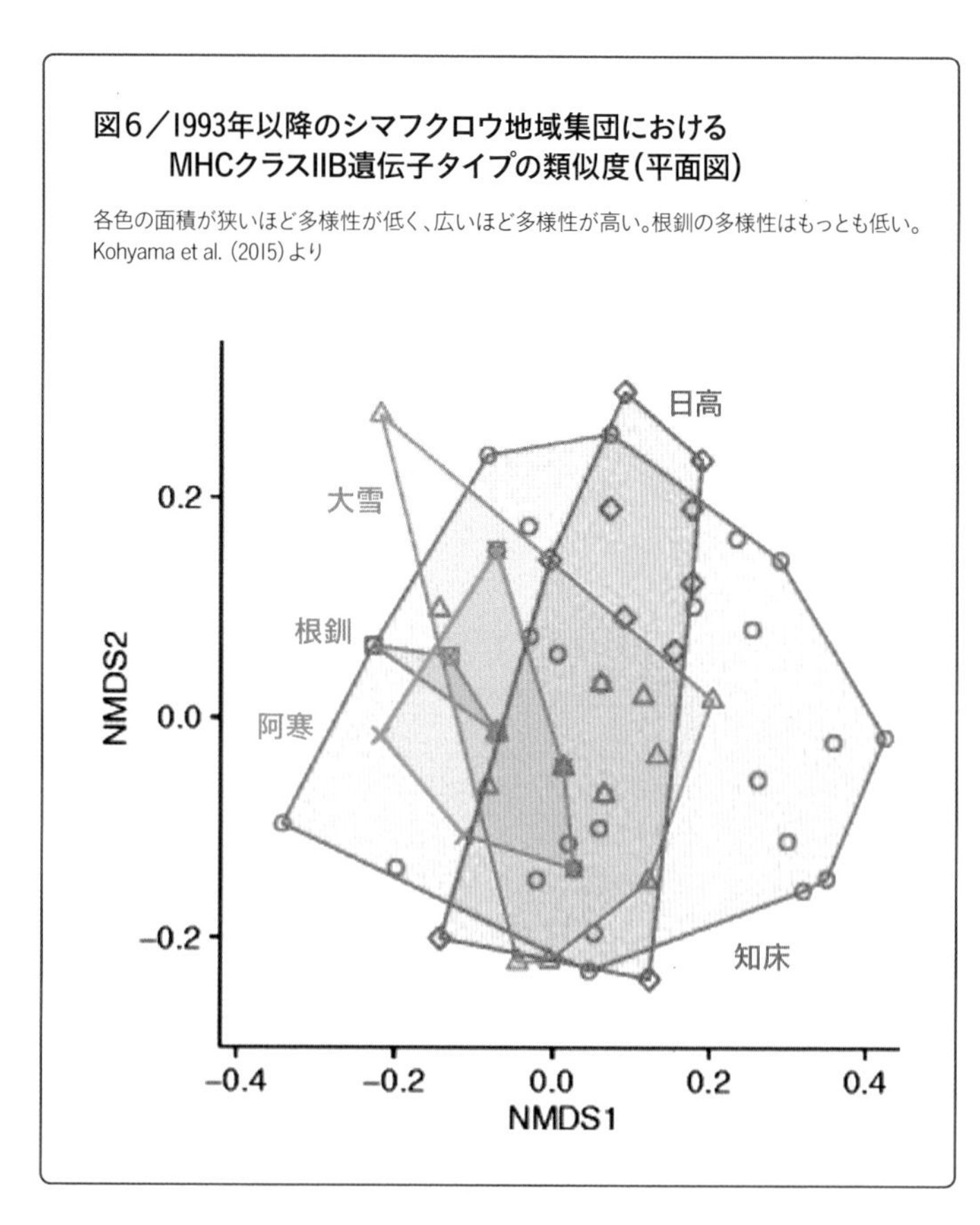

多様性の回復には緑の回廊で分断した生息地を繋ぐことが必要

しかし、現在の生息域は分断化されています。この状態で遺伝的多様性を少しでも増加させ、新しい病原体の侵入を含めた将来の環境変動に備えなければなりません。そのためには、分断化された生息域間での個体の移動を促進し、限られた種類の対立遺伝子の組み合わせを変えることにより、多様性を回復・維持することが方法のひとつかもしれません。現に、わずかな個体の移動が見られた地域で、遺伝的多様性が増していることが確認されました。

個体が移動できるように、まずは現在の分断された生息域を結ぶ森の回廊を形成するような環境整備（復元）が必要ではないでしょうか。シマフクロウの保全事業と学術研究は、環境省、研究者、多くの団体や個人の地道な取り組みによって成果を上げつつあり、今後も互いの協力のもとに、さらなる保全活動の進展が期待されます。

〔引用文献〕

●Kohyama, T.I., Omote, K., Nishida, C., Takenaka, T., Saito, K., Fujimoto, S., and Masuda, R. (2015) Spatial and temporal variation at major histocompatibility complex class IIB genes in the endangered Blakiston's fish owl. Zoological Letters 1: 13. (DOI:10.1186/s40851-015-0013-4)

●Omote, K., Nishida, C., Takenaka, T., Saito, K., Shimura, R., Fujimoto, S., Sato, T., and Masuda, R. (2015) Recent fragmentation of the endangered Blakiston's fish owl *Bubo blakistoni* population on Hokkaido Island, northern Japan, revealed by mitochondrial DNA and microsatellite analyses. Zoological Letters 1: 16. (DOI: 10.1186/s40851-015-0014-3)

●Omote, K., Surmach, S.G., Kohyama, T.I., Takenaka, T., Nishida, C., and Masuda, R. (2018) Phylogeography of continental and island populations of Blakiston's fish-owl *Bubo blakistoni* in northeastern Asia. Journal of Raptor Research 52: 31-41.

シマフクロウ その後

文 松本潤慶

2020年代に入り、シマフクロウの野鳥保護区は1100haを超えました。これらの野鳥保護区を14つがいが利用して繁殖しており、2030年までの目標25つがいまであと半分です。しかしほとんどの野鳥保護区は、広大な行動圏の中の一部でしかありません。そのため現在も周辺の法的な保護がされていない民有地についても引き続き購入を進めています。また、分布域の最前線となる日高山脈以西では、太陽光発電建設やバイオマス発電用の伐採が深刻で、新たな生息地や分散可能な森林を重点的に保全する必要があります。当会では活動拠点を、道東地域から苫小牧市のウトナイ湖サンクチュアリ内に移転し、北海道西部で調査を開始するなど、保全活動を強化しています。

chapter 3 9

2 日本野鳥の会がシマフクロウ保護で果たすべき役割

シマフクロウ保護の課題

話し手 松本潤慶 聞き手『野鳥』誌編集部
写真（公財）日本野鳥の会＋山本純郎 絵 安斉 俊

1970〜80年代には100羽以下までに減少したシマフクロウは、長年にわたり、関係者が熱心に保護活動に取り組んだ結果、2006年に約130羽、2010年に約140羽、そして2017年に約160羽と、着実に個体数を回復させつつあります。野鳥の会も2004年から保護活動に加わり、活動を続けて15年が経過しました。これまでの保護の軌跡と、当会のこれからの保護計画について、野鳥保護区事業所の松本潤慶チーフさんに聞きました。

シマフクロウのための11か所目の保護区となった「持田野鳥保護区シマフクロウ十勝第1」

◆聞 160羽という数字を知ったときの、率直な感想を教えてください。

もちろんうれしかったですが、同時に、もっとがんばらなくてはと身が引き締まる思いでした。私が赴任した2006年当時の個体数は130羽ほどでした。生息場所も限られていましたし、探したからといって、見つかるものではなかった

2017年6月に当会が設置した巣箱（上）と、そこから巣立ったヒナ（左）。環境省の事業として足環がつけられ、分散先で目撃されれば、どこから移動してきた個体かが識別できる

ですからね。今も少ないことに変わりありませんが、調査で新しく生息が確認されることもあります。

◆160羽まで増えてきた理由はなんでしょう？

現在、環境省を中心に設置した巣箱が道内に200個近く、給餌場は12か所あり、個体数の回復に大きく貢献しているのはまちがいありません。

シマフクロウの場合、繁殖するための洞をもつ天然の大木が減少したこと、河川環境が悪化してエサが少なくなったことが、減少の大きな要因です。本来は、自然環境下での回復が好ましいのですが、気候の厳しい北海道では一度伐採されてしまった森林を回復するには数百年近くかかりますし、魚を川に戻すためにも多くの時間を要します。絶滅を目の前にして時間的猶予がない中、巣箱の設置と給餌は必要不可欠な措置です。

当会の野鳥保護区内でも、いけすでの

野鳥保護区内のいけすに現れた幼鳥と親鳥。給餌いけすには繁殖に重要な時期を中心に、ヤマメを入れている。給餌によって繁殖成功率が上がることがわかっている

給餌と巣箱による繁殖の補助を行なっています。２０１７年、当会が初めて設置した巣箱からヒナが巣立つといううれしいニュースもありましたし、給餌いけすを設置している保護区では、定期的にヒナが巣立っており、確実に成果が出ています。

◆最近では、新しい生息地が見つかっているのですか？

はい。私たちの調査でも、これまでシマフクロウがいなかった森で鳴き声が確認されることがあります。

２０１５年には、道央でも羽根が拾われており、若い個体の道内各地への分散は着実に進んでいるようですね。

しかし、巣箱や給餌で繁殖環境が整って繁殖率が上がっても、巣立ったヒナが独り立ちして分散し、新たななわばりを得られないと、数の増加は頭打ちになります。

これまでは、シマフクロウといえば、深い豊かな森林で生息しているイメージだったのですが、最近では人里近くにわずかに残された森林へ定着し、つがいを形成する事例も見られるようになりました。今、北海道では絶対的にシマフクロウの生息に適した森林が不足しており、これからは分散していく若鳥の生息地確保が、生息数をどれだけ回復できるかのカギとなります。

◆根本的な解決には、生息地保全が必要ということですね。

そうですね。当会がシマフクロウの保護を始めたのは２００４年です。大きなご寄付を受け、新しい保護事業を立ち上

当会が保全するつがい数

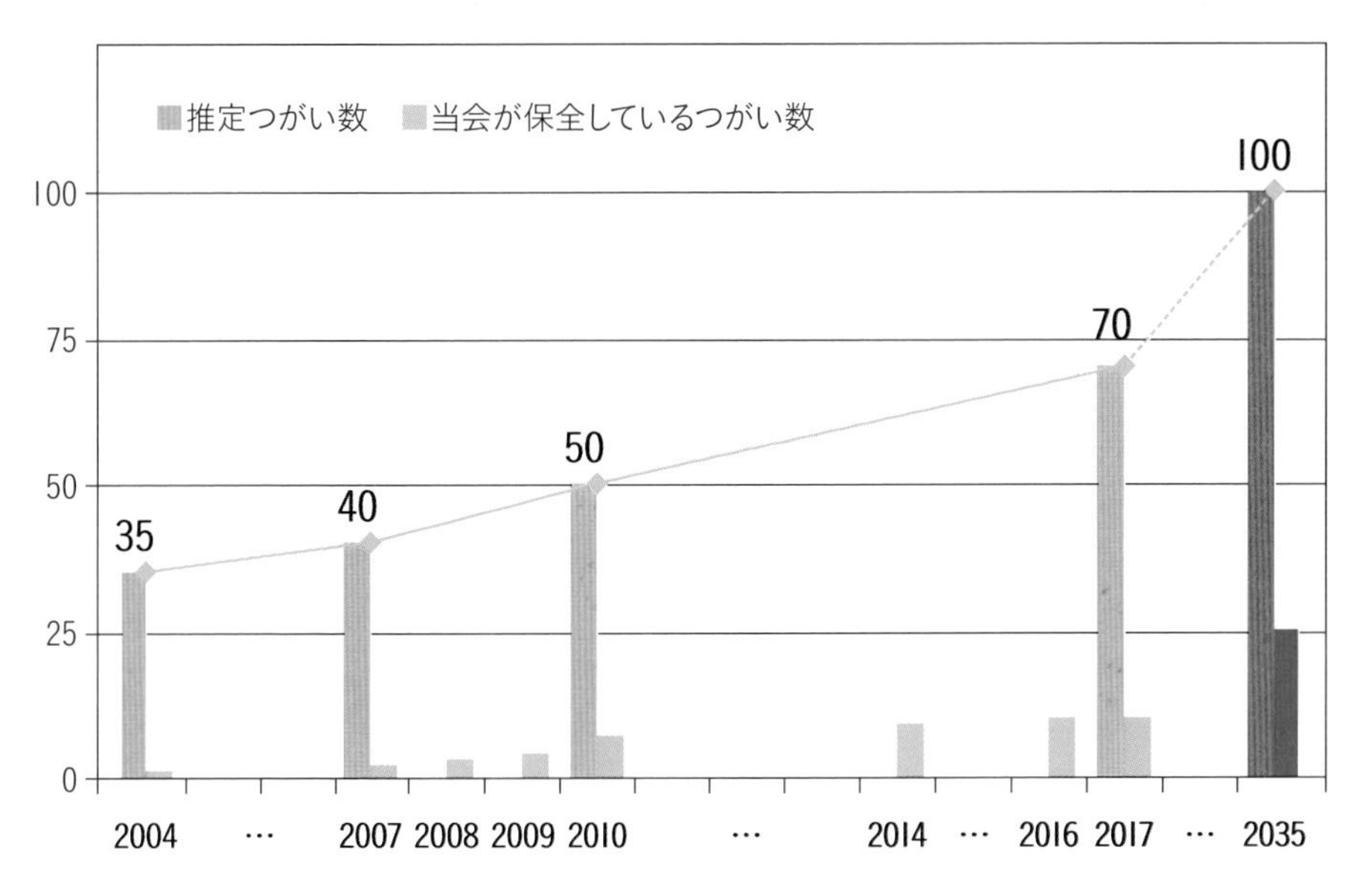

当会は全推定つがい数の約20%の保全に貢献している。
2035年までに25つがいの保全をめざしている

げることとなり、対象種を検討したのですが、このときに、生息地の消失が激しく、その確保が急務であるシマフクロウが候補に挙がったのです。生息地を買い取り、野鳥保護区とすることが、大きな保全の効果につながるということで、プロジェクトがスタートしました。

まずは、今ある生息地を保護して、これ以上数を減らさないということが最優先の課題でした。研究者の方からの生息地情報を基に、法で守られていない民有地を買い進め、今ではシマフクロウのための野鳥保護区は、12か所942haとなり、10つがいの生息環境を保全しています。

◆国や行政の保護地域と、当会の野鳥保護区は何がちがうのですか？

例えば、原生の自然が残っている知床が世界自然遺産に登録されているのは、皆さんもご存じですよね。シマフクロウの全つがいの4割以上がこの知床半島部に生息しています。実際に私が担当になってはじめて購入に関わったのが、知床地域にあるシマフクロウの生息地でした。ここは同じ知床でも、市街地により近い場所です。保護区になる直前に、一部の森を伐採されてしまうという苦い経験をしました。今でも周囲では砂利の採掘などが行なわれています。「知床は世界自然遺産だから、大丈夫だろう」というイメージがありますが、このように、その登録範囲から少しでも外れると、たとえシマフクロウがいても開発を防ぐ術はないのです。

すべての生息地が法で守られればよいのですが、法的な保護指定には、比較的大きい面積がないと難しかったり、たとえ重要な場所でも、利害関係者の合意形成などに時間がかかったり、開発の圧力によって、保護指定ができないということも多くあります。その点、私たちのようなNGOは、小さな面積でも確保することに意義があればすぐに動けますし、開発の危険に対し、迅速に対応できます。

赤い印より右側が当会の野鳥保護区。同じように樹木があった隣地は、境界線ギリギリまで皆伐されてしまった。このように、民有地ではいつ森が伐られてしまうかわからないし、止める術もない

◆シマフクロウが生息できる森林環境について、教えてください。

シマフクロウの英名は「Blakiston's fish owl」。名前のとおり、主な食べ物はヤマメやオショロコマなどの魚です。自然で繁殖できる条件として、100㎡に30尾以上の魚がいるという豊かな河川環境を必要とする研究結果があります。つがいのなわばりは川に沿って10㎞という広さが必要です。針葉樹と広葉樹が適度に混在している森林を好み、巣に使える樹洞を、なわばり内に常に3～4つ程度確保しているのが本来の姿です。

北海道はその面積の70％を森林が占めており、十分な環境を有しているように思えますが、シマフクロウが繁殖に使うのは、直径が1ｍ以上もある木の樹洞で、そういった大木が何本もあるような森は

交通事故にあったシマフクロウの亜成鳥。経験の浅い若鳥が、移動中に事故にあうことも多い
（写真／山本純郎）

少ないのです。

川も同じです。砂防ダムや堰のない川は非常に少なく、魚が遡上できない場所は、生息条件を十分に満たしません。当会では、シマフクロウ生息地の河川で魚類の生息状況調査を行ない、河川環境改善のための基礎情報収集を始めています。

シマフクロウが生息している河川と生息していない河川とで比較すれば、どの程度魚類が回復すれば生息可能になるのか予想できます。それらのデータを基に、環境回復のための働きかけを行なうことが必要だと考えられています。

◆野鳥保護区の候補地は、どのように探すのですか？

現在の生息地は、国や研究者からの情報で、ある程度わかっていますので、周辺の開発の緊急度などに応じて、土地の所有者にあたって交渉をします。

まだ生息が確認されていないところは、

シマフクロウ保護区設置２つの観点

1 巣立った若鳥が独り立ちした後に、定着できる森をつくる

2 現在の生息地域と生息地域をむすぶ場所に、定着できる森を確保し、分散を容易にする

イラスト／安斉 俊

関係者からの情報や、独自の調査で候補地を探しています。具体的には、シマフクロウの生息条件をある程度満たしている森で、法的に守られていない場所を洗い出し、そこで鳴き声による調査や、周辺環境の調査を行なって生息地としての可能性を探っています。

個体数もつがい数も増えてはいますが、今は限られた生息環境を、なんとか使っている状況です。この先数を増やすには、新天地を求めて分散する若い個体が新たに定着した森をいち早くつきとめ、保護にあたったり、さらには定着できるような森を先に保護区として確保することが重要です。

シマフクロウは自分のなわばりに他の個体が入ることを許しませんので、すでに他のつがいがいる森では、分散個体が定着するのは難しいのです。行き先のないまま、両親のいる巣立った森の近くにとどまってしまう例も多々あります。それでは近親交配が起きますし、元のつがいは侵入者の追い出しに労力がかかり、それが繁殖成功率の低下を招きます。だからこそ、早急に分散できる環境を整えることが必要です。

◆今後の保護区の購入の計画や戦略は？

現在の生息地を広げたり、生息地と生息地をつなぐ場所を確保していくことが重要です。現在の６つの主な生息地域間で個体が定期的に移動できれば、新しい血が入り、遺伝的多様性が保たれるからです。

衛星写真を見ると、森がどのように残っているかがよくわかります。シマフクロウが分散するためには連続した森が重要で、そういった場所で開発の危険性が高い場所を積極的に確保していくことを考えています。また、環境を整えることで、生息できる可能性の高くなる場所を押さえ、巣箱の設置や森づくりなどを行なうことも視野に入れて、場所を選定しています。

すでに主要な生息地域にそれぞれ保護区を設けていますが、まだまだ面積としては足りません。２０１５年に出した目標では２０３５年までに50羽25つがいを当会で保全するとしました。これは、１４０羽50つがいだった当時、生息地が法的に保護されていないすべての個体40羽20つがいに加え、将来２００羽１００つがいに回復させるという環境省の目標値を受け、新たに増やす50つがいの10％にあたる10羽5つがいを私たちの守るべき数として掲げたものです。

◆目標達成はできそうですか？

厳しいですが、巣立った若鳥たちがすめる新しい生息地の確保が順調にいけば、実現も夢ではありません。とくに、シマフクロウのための野鳥保護区の設置については、当会の唯一無二の取り組みともいえ、周囲からの大きな期待を感じています。

とはいえ、ナショナル・トラストの手

法を用いた自然保護に対する理解は、日本ではまだまだ浸透していると言い難く、多くの方にこの活動を知っていただくことが大切だと思います。

また、土地の購入には資金調達と、売買の手続きができる人材が必要です。購入後の森林管理にも、かなりの人員が必要になります。なにより、土地は欲しいといって簡単に手に入るものではありませんので、所有者との交渉や購入にこぎつけるまでの過程は、普段は表には出ませんが、苦労の多いところです。

交渉がうまくいかないことも多いですし、何年もかかることもあります。そんな中でも、うれしいことはあります。こうして続けていることで、活動が知られ、シマフクロウのために、愛着のある森をそのまま守ってくれるならと、多少安い金額でも土地を売ってくださるという方も増えました。保護区になった後も、自分の山を散歩するのを日課に、森の様子を見てくださる方もおられます。さまざまな事情があって土地を手放すのですから、私たちもしっかりと守っていこうという気持ちになります。断られることが常だった以前を考えると、とてもありがたく、うれしく思います。

資金調達もこれからの大きな課題だと思います。保護区の買い取りには、支援者の方々からの寄付を充てさせていただいています。こちらも、当会の活動にご理解をいただき、自然保護への想いを託してくださる多くの方に支えられていますが、森林は原野などに比べると金額が高く、今後、保護区を増やしていくためには、必要な土地が買えるだけの基金が必要です。

安心して多額の寄付をしていただくに足る、創立80年以上の当会の歴史と信頼を守り、その信頼を裏切ることがないような取り組みをしていこうと思っています。

がんばりますので、応援をよろしくお願いいたします。

釧路地域にある当会の野鳥保護区とそれに続く森。隣接する日本製紙(株)の社有林では、当会が覚書を交わし、シマフクロウに配慮した施業が行なわれている。連続した森が守られていることは重要である

鳥名さくいん（主なもの）

公益財団法人
日本野鳥の会について

1934（昭和9）年3月11日創立。「野鳥も人も地球のなかま」を合言葉に、野鳥や自然のすばらしさを伝えながら、自然と人間とが共存する豊かな社会の実現をめざして活動を続けている日本最古にして最大の自然保護団体です。

独自の野鳥保護区を設置し、シマフクロウやタンチョウなどの絶滅危惧種の保護活動を行なうほか、野鳥や自然の楽しみ方や知識を普及するため、イベントの企画や出版物の発行などを行なっています。会員・サポーター数は約5万人。野鳥や自然を大切に思う方ならどなたでも会員になれます。

本書の初出誌である会報誌『野鳥』は、日本野鳥の会に入会された方（一部の会員種別を除く）に、毎号お届けしています。

入会・寄付に関するお問合せ

日本野鳥の会 ご支援 検索

https://www.wbsj.org/join/

03-5436-2630（共生推進企画室）

事務局

〒141-0031 東京都品川区西五反田3-9-23 丸和ビル

03-5436-2620（代表）

会報誌『野鳥』初出一覧（掲載順）

鳥たちの求愛行動	2019年5月号（NO.834）
鳥の夫婦関係	2012年4月号（NO.763）
鳥には方言がある！	2017年5月号（NO.814）
鳥の方言からさえずりの進化を知る	2017年5月号（NO.814）
ここまでわかった！シジュウカラの言葉	2017年4月号（NO.813）
オスがつくる求愛のための巣	2017年11月号（NO.819）
裁縫する鳥 セッカとサイホウチョウ	2017年11月号（NO.819）
鳥の巣を活用する昆虫	2017年11月号（NO.819）
鳥の巣や周辺に暮らすダニの仲間	2017年11月号（NO.819）
カッコウ類はどこまでわかったか？ 托卵の不思議	2016年4月号（NO.803）
モズのはやにえの不思議	2021年1・2月号（NO.850）
テクノロジーで解明！ 渡りの科学	2017年6月号（NO.815）
空中と水中を飛ぶ海鳥のチカラ	2020年1月号（NO.841）
漁業に貢献 ウミネコのフンが昆布の栄養源に	2020年1月号（NO.841）
羽の色の不思議	2020年7月号（NO.846）
大事なことは、みんな骨が教えてくれた。	2018年7月号（NO.826）
化石骨から推定する絶滅種の生態と飛ばない鳥の進化	2018年7月号（NO.826）
遺跡から出土した骨で明らかにする過去のアホウドリの分布	2018年7月号（NO.826）
シマアオジの危機	
日本での減少	2017年2・3月号（NO.812）
中国での捕獲の状況	2017年2・3月号（NO.812）
国境を越えた保護の取り組みを！	2017年2・3月号（NO.812）
タンチョウ保護、新たなステージへ	
ひろがるタンチョウ生息地	2017年12月号（NO.820）
個体数回復の軌跡	2017年12月号（NO.820）
生息域を拡大するために今後何を考えればよいか	2017年12月号（NO.820）
鶴居・伊藤タンチョウサンクチュアリとタンチョウの保護	2017年12月号（NO.820）
シマフクロウ保護の課題	
遺伝的多様性と未来への展望	2018年8月号（NO.827）
日本野鳥の会がシマフクロウ保護で果たすべき役割	2018年8月号（NO.827）

執筆者一覧（掲載順）

上田恵介	【うえだ・けいすけ】	立教大学名誉教授、公益財団法人日本野鳥の会会長
松田道生	【まつだ・みちお】	公益財団法人日本野鳥の会参与
濱尾章二	【はまお・しょうじ】	国立科学博物館動物研究部グループ長
鈴木俊貴	【すずき・としたか】	京都大学白眉センター特定助教
那須義次	【なす・よしつぐ】	大阪府立大学客員研究員
鶴見みや古	【つるみ・みやこ】	公益財団法人山階鳥類研究所
西田有佑	【にしだ・ゆうすけ】	大阪市立大学大学院理学研究科特任講師
樋口広芳	【ひぐち・ひろよし】	東京大学名誉教授、慶應義塾大学訪問教授
綿貫 豊	【わたぬき・ゆたか】	北海道大学大学院水産科学院教授
風間健太郎	【かざま・けんたろう】	早稲田大学人間科学部人間環境科学科准教授
森本 元	【もりもと・げん】	公益財団法人山階鳥類研究所研究員
川上和人	【かわかみ・かずと】	森林総合研究所島嶼性鳥類担当チーム長
渡辺 順也	【わたなべ・じゅんや】	バルセロナ自治大学遺伝学微生物学科
江田真毅	【えだ・まさき】	北海道大学総合博物館准教授
玉田克巳	【たまだ・かつみ】	北海道立総合研究機構エネルギー・環境・地質研究所主任主査
シンバ・チャン	【しんば・ちゃん】	元一般社団法人バードライフ・インターナショナル東京
葉山政治	【はやま・せいじ】	公益財団法人日本野鳥の会常務理事
原田 修	【はらだ・おさむ】	公益財団法人日本野鳥の会鶴居・伊藤タンチョウサンクチュアリチーフレンジャー
黒沢信道	【くろさわ・のぶみち】	NPO法人トラストサルン釧路理事長
中村太士	【なかむら・ふとし】	北海道大学大学院農学研究院教授
増田隆一	【ますだ・りゅういち】	北海道大学大学院理学研究院教授
松本潤慶	【まつもと・じゅんけい】	公益財団法人日本野鳥の会野鳥保護区事業所チーフレンジャー

編集協力　公益財団法人日本野鳥の会
デザイン　富澤祐次
イラスト　富士鷹なすび
校　　正　與那嶺桂子
編　　集　神谷有二、平野健太、白須賀奈菜

日本野鳥の会の とっておきの野鳥の授業

2021年12月25日　初版第1刷発行
2024年10月25日　初版第3刷発行

編　者　公益財団法人日本野鳥の会
監　修　上田恵介
発行人　川崎深雪
発行所　株式会社 山と溪谷社
〒101-0051
東京都千代田区神田神保町1丁目105番地
https://www.yamakei.co.jp/

印刷・製本　株式会社光邦

◎乱丁・落丁、及び内容に関するお問合せ先
山と溪谷社自動応答サービス　TEL. 03-6744-1900
受付時間／11:00-16:00(土日、祝日を除く)
メールもご利用ください。
【乱丁・落丁】service@yamakei.co.jp
【内容】info@yamakei.co.jp
◎書店・取次様からのご注文先
山と溪谷社受注センター
TEL. 048-458-3455　FAX. 048-421-0513
◎書店・取次様からのご注文以外のお問合せ先
eigyo@yamakei.co.jp

定価はカバーに表示してあります。
乱丁・落丁などの不良品は送料小社負担でお取り替えいたします。

ISBN978-4-635-06309-8